大学计算机信息技术实验教程

主 编 李 娟 沈维燕
　　　 古秋婷 仓基云
副主编 陈月霞 陈爱萍
　　　 郭海凤 范小春
　　　 刘 晶 邹凌君
　　　 朱丽丽

南京大学出版社

图书在版编目(CIP)数据

大学计算机信息技术实验教程 / 李娟等主编. —南京：南京大学出版社，2023.10(2024.2 重印)
ISBN 978-7-305-26626-3

Ⅰ.①大… Ⅱ.①李… Ⅲ.①电子计算机–高等学校–教材 Ⅳ.①TP3

中国国家版本馆 CIP 数据核字(2023)第 191162 号

出版发行	南京大学出版社	
社　　址	南京市汉口路 22 号　　邮　编 210093	

书　　名 大学计算机信息技术实验教程
DAXUE JISUANJI XINXI JISHU SHIYAN JIAOCHENG
主　　编　李　娟　沈维燕　古秋婷　仓基云
责任编辑　王秉华
照　　排　南京紫藤制版印务中心
印　　刷　南京京新印刷有限公司
开　　本　787 mm×1092 mm　1/16　印张 15　字数 404 千
版　　次　2023 年 10 月第 1 版　2024 年 2 月第 2 次印刷
ISBN 978-7-305-26626-3
定　　价　43.50 元

网址：http://www.njupco.com
官方微博：http://weibo.com/njupco
官方微信号：njupress
销售咨询热线：(025)83594756

* 版权所有，侵权必究
* 凡购买南大版图书，如有印装质量问题，请与所购图书销售部门联系调换

前　言

　　《大学计算机信息技术》课程是针对高等院校学生提供计算机知识、能力与素质方面的教育,旨在使学生掌握计算机及其他相关信息技术的基本知识,培养学生利用计算机解决问题的意识与能力,为将来应用计算机知识与技术解决自己专业的实际问题打下基础。我们邀请长期从事计算机基础教学的专家进行指导,组织长期从事计算机基础教学的教师进行编写。

　　本书按照高等学校非计算机专业大学生的培养目标,围绕全国计算机等级考试一级(MS OFFICE)和二级公共基础知识考试大纲要求编写,全书分为实验教程和学习指导两个模块。

　　实验教程模块是学生学习《大学计算机信息技术》实践指导用书。本模块讲述了 Windows 7 操作系统、Office 2016 办公软件、计算机网络基础以及计算机新技术,涵盖了全国计算机等级考试一级(MS Office)考试大纲中上机操作的相关内容。通过本模块的学习,读者将具备一定的信息素养和计算思维能力,以及通过现代计算机工具解决实际问题的思维与应用能力。

　　学习指导模块包括基础篇和提高篇,其中基础篇包括计算机基础知识、计算机系统、因特网基础与简单应用三章,提高篇包括数据结构与算法、程序设计基础、软件工程基础和数据库设计基础四章。每章由两大部分组成:一是内容简介,归纳了各个小节的知识点;二是章节测试,根据历年的考试真题,结合教学典型例题,帮助学生系统地掌握各章节的知识点。本模块作为《大学计算机信息技术》课程的辅导书,帮助学生将所学的知识点进行串联,从而更系统地掌握计算机信息技术基础知识,并在计算机等级考试中取得优异的成绩。

　　本书在编写过程中,得到了从事《大学计算机信息技术》课程教学的老师们大力支持和帮助,他们提出了许多宝贵的修改意见和合理化建议,在此一并表示感谢。

　　由于作者水平有限,本书中难免有不妥和错误之处,欢迎广大读者批评指正。

编　者

2023 年 8 月

目　　录

第一篇　实验教程

第一章　Windows 7 操作系统 ·· 3
实验 1　Windows 7 的基本操作 ·· 5
实验 2　文件与文件夹管理 ·· 12
实验 3　操作系统的管理与维护 ·· 18

第二章　文字处理软件 Word 2016 ··· 27
实验 4　编辑排版文档 ·· 28
实验 5　制作电子板报 ·· 40
实验 6　设计、应用表格 ··· 48
实验 7　长文档排版 ··· 54

第三章　电子表格处理软件 Excel 2016 ·· 66
实验 8　Excel 表格的基本操作 ··· 68
实验 9　Excel 公式计算与图表建立 ·· 76
实验 10　Excel 数据处理与汇总 ·· 89

第四章　文稿演示软件 PowerPoint 2016 ······································ 97
实验 11　制作简单演示文稿 ··· 98
实验 12　演示文稿的个性化 ·· 108

第五章　计算机网络基础 ·· 120
实验 13　信息检索 ·· 121
实验 14　电子邮件(E-mail)的收发 ·· 127

附录　全国计算机等级考试一级计算机基础及 MS Office 应用考试大纲(2021 年版) ·········· 131

第二篇　学习指导

基础篇

第 1 章　计算机基础知识 ······ 137
  1.1　计算机的发展 ······ 137
  1.2　信息的表示与存储 ······ 138
  1.3　多媒体技术简介 ······ 140
  1.4　计算机病毒及其防治 ······ 140
  第 1 章章节测试 ······ 140

第 2 章　计算机系统 ······ 148
  2.1　计算机的硬件系统 ······ 148
  2.2　计算机的软件系统 ······ 155
  2.3　操作系统 ······ 156
  第 2 章章节测试 ······ 158

第 3 章　因特网基础与简单应用 ······ 167
  3.1　计算机网络基本概念 ······ 167
  3.2　因特网初步 ······ 170
  3.3　因特网的简单应用 ······ 172
  第 3 章章节测试 ······ 174

提高篇

第 4 章　数据结构与算法 ······ 177
  4.1　算法 ······ 177
  4.2　数据结构的基本概念 ······ 177
  4.3　线性表及其顺序存储结构 ······ 178
  4.4　线性链表 ······ 178
  4.5　栈和队列 ······ 179
  4.6　树与二叉树 ······ 180
  4.7　查找技术 ······ 182
  4.8　排序技术 ······ 182
  第 4 章章节测试 ······ 183

第 5 章　程序设计基础 192
5.1　程序设计方法和风格 192
5.2　结构化程序设计 192
5.3　面向对象的程序设计 193
第 5 章章节测试 194

第 6 章　软件工程基础 196
6.1　软件工程基本概念 196
6.2　结构化分析方法 197
6.3　结构化设计方法 198
6.4　软件测试 199
6.5　程序的调试 200
6.6　软件维护 201
第 6 章章节测试 201

第 7 章　数据库设计基础 213
7.1　数据库系统的基本概念 213
7.2　数据模型 215
7.3　关系代数 216
7.4　数据库设计方法和步骤 217
第 7 章章节测试 217

参考答案 229

第一篇

实验教程

第一篇

光波光学

第一章　Windows 7 操作系统

　　操作系统是控制和管理计算机系统资源、方便用户操作的最基本的系统软件,任何其他软件都必须在操作系统的支持下才能运行,它已成为计算机系统必不可少的基本组成部分。操作系统负责对计算机的硬件和软件资源进行统一管理、控制、调度和监督,使其能得到充分而有效的利用。

　　一般情况下,用户都是先通过操作系统来使用计算机的,所以它又是沟通用户和计算机之间的"桥梁",是人机交互的界面,也就是用户与计算机硬件之间的接口。没有操作系统作为中介,用户就难以直接使用计算机。因此,掌握操作系统的常用操作是使用计算机的必备技能。

　　当前最流行的操作系统有 Windows 系列、UNIX、Linux、OS 等。就个人计算机而言,Windows 操作系统以其图形化的用户界面、方便的操作和强大的资源管理功能赢得了众多用户的青睐。

　　打开主机的电源开关后,系统首先进行硬件的测试,测试硬件没有问题后便开始系统的引导过程,将 Windows 操作系统从硬盘(或光盘)载入到内存储器中自动运行。Windows 启动后,展现在用户面前的屏幕区域称为桌面,桌面上的一个个小图片称为图标,它们可代表某一对象(磁盘驱动器、文件、文件夹等),也可以是某一对象的快捷方式。图标的排列方式有自动排序和非自动排序两种。若用鼠标右击桌面空白处,在弹出的快捷菜单中选择"排序方式"子菜单,则可分别选择将图标按名称、大小、项目类型和修改日期等进行自动排序;用户也可以拖动桌面上的图标按照自己的喜好来安排它们在桌面上的位置。移动鼠标,将箭头指向桌面的一个图标后双击鼠标左键,根据图标所代表的对象不同,或启动程序运行,或打开文档,或显示一个磁盘驱动器根目录区内容,或显示一个文件夹中的内容等。

　　桌面的最下面一行称为任务栏。任务栏一般出现在屏幕的底部(也可以根据用户的设置出现在桌面的其他位置)。任务栏的最左边是"开始"按钮 ,单击该按钮将显示"开始菜单",通过"开始菜单"可以运行已安装的程序、打开文档、查找文件或阅读 Windows 的联机帮助文档。一个正在运行的程序称为一个任务,Windows 允许多个任务存在,并为每个任务在任务栏上显示一个任务按钮,单击这些按钮可以快速地从一个任务的显示窗口切换到另一个任务的显示窗口。当前活动窗口对应的按钮颜色突出,用鼠标单击非活动窗口对应的按钮,其对应的窗口则成为活动窗口,活动窗口是唯一的。

　　在 Windows 中,每个应用程序运行时一般都会显示一个窗口。所谓窗口,就是显示在桌面上的一个矩形工作区域。在运行某一程序或在这个过程中打开一个对象后,窗口会自动打开。Windows 窗口分为两类:应用程序窗口和文本窗口。窗口的顶端一行称为标题栏,用于显示窗口标题,窗口标题栏的右边一般都有一组按钮,单击这组按钮可分别对窗口进行最小化 、最大化 、还原 和关闭 操作。关闭操作意味着程序终止运行或文本的关闭。在程序窗口的上方,一般会有一行菜单栏。所谓菜单是一组组命令的集合,命令用于完成某项功能,每个应用程序都有自己的菜单。Windows 操作系统都把命令列在菜单上,用户可以从中选择所需的命令,执行时只需用鼠标单击菜单栏中欲打开的菜单名,在弹出的下拉菜单中单击相应的命令即可。

存储在硬盘上的程序或文档称为文件。计算机的软、硬件资源都是以文件的形式组成的，Windows操作系统通过文件来控制和管理计算机资源，系统提供了"计算机"工具用于文件管理。双击桌面上"计算机"图标，系统便打开了"计算机"运行窗口。在该窗口，用户可以快速查看硬盘、光盘驱动器以及映射网络驱动器的内容，还可以从"计算机"中打开"控制面板"，修改计算机中的多项设置，以及卸载或更改程序。利用计算机"管理"工具，可以查看计算系统一些相关软、硬件信息，也可对计算机的软、硬件资源进行管理。

为了有效地管理文件，Windows操作系统采用了树形结构文件夹的管理机制。所谓文件夹，就是用来存放文件和子文件夹的相关内容，子文件夹还可以存放子文件夹，这种包含关系使得Windows中的所有文件夹形成一种树形结构（参见本章实验2中的图2-1）。用户可以自己建立文件夹，并把若干个相关的文件保存在同一个文件夹中。

利用Windows操作系统中的"计算机"，可以建立文件或文件夹，能够对文件（或文件夹）进行复制、移动、重命名、删除和修改属性等操作，也可以为其创建快捷方式。所谓快捷方式，是指链接到文件或者文件夹的图标，双击快捷方式可以打开指向的文件或文件夹，方便用户操作。

文件除了具有文件名、文件类型、文件打开方式、文件存在位置、文件大小及占用空间、文件创建、修改及访问时间等常规属性等，还有"只读""隐藏"和"共享"三种属性，这三种属性均是可以人为设置改变的。

对操作系统进行正确的维护与管理，可保持系统的稳定运行，提高运行效率，方便用户使用。为此，Windows操作系统专门提供了"控制面板"和一组特殊用途的管理工具，用户使用这些工具可以进行系统设置，调整Windows的操作环境，使系统处于最佳的运行状态。

本章共安排了3个实验，通过上机练习，希望读者掌握Windows 7操作系统的基本操作，熟练进行资源管理器的操作与应用，熟练进行文件（或文件夹）的建立、复制、移动、重命名、删除等操作，掌握文件、磁盘、显示属性的查看、设置等操作，掌握中文输入法的安装、删除和选用，掌握检索文件、查询程序的方法，了解软、硬件的基本系统工具，加深对课本中有关内容的理解，为后续内容的学习以及熟练使用个人计算机奠定基础。

实验 1　Windows 7 的基本操作

一、实验要求

1. 掌握键盘和鼠标的操作。
2. 掌握 Windows 7 桌面外观的设置。
3. 掌握任务栏的相关设置。
4. 掌握窗口和对话框的操作。

二、实验步骤

1. 键盘和鼠标操作

（1）键盘功能键操作

① 打开计算机，按 F1 键，观察此操作的结果。
② 选中桌面上的"计算机"图标，按 F2 键，观察此操作的结果。
③ 在桌面上，按 F3 键，观察此操作的结果。

> **注：十二个功能键的作用**
>
> F1：当用户处于一个选定的程序中而需要帮助时，可以按下 F1，打开该程序的帮助。如果现在不处于任何程序中，而是处在资源管理器或桌面，那么按下 F1 就会出现 Windows 的帮助程序。如果你正在对某个程序进行操作，而想得到 Windows 帮助，则需要按下 Win＋F1。
>
> F2：如果在资源管理器中选定了一个文件或文件夹，按下 F2 则会对这个选定的文件或文件夹重命名。
>
> F3：在资源管理器或桌面上按下 F3，则会出现"搜索文件"的窗口。因此如果想对某个文件夹中的文件进行搜索，那么直接按下 F3 键就能快速打开搜索窗口，并且搜索范围已经默认设置为该文件夹。
>
> F4：这个键用来打开 IE 浏览器中的地址栏列表。要关闭 IE 窗口，可以用 Alt＋F4 组合键。
>
> F5：用来刷新 IE 浏览器或资源管理器中当前所在窗口的内容。
>
> F6：可以快速地在资源管理器及 IE 浏览器中定位到地址栏。
>
> F7：在 Windows 中没有任何作用，在 DOS 窗口中有作用。
>
> F8：在启动电脑时，可以用它来显示启动菜单。
>
> F9：在 Windows 中同样没有任何作用，但在 Windows Media Player 中可以用来快速降低音量。
>
> F10：用来激活 Windows 或程序中的菜单，按下 Shift＋F10 会出现右键快捷菜单。而在 Windows Media Player 中，它的功能是提高音量。
>
> F11：可以使当前的资源管理器或 IE 浏览器变为全屏显示。
>
> F12：在 Windows 中没有任何作用，但在 Word 中，按下它会快速弹出另存为文件的窗口。

(2) 键盘控制键操作

双击桌面上的"计算机"图标以打开资源管理器,然后执行以下操作。

① 按下 Print Screen 键。

② 在"开始"按钮上单击"所有程序",选择"附件"中的"画图"程序。

③ 在画图程序中,按 Ctrl+V 键,观察此操作的结果。

④ 如果在步骤①中同时按下 Alt+Print Screen 键,同样可在画图程序中观察该操作的结果。

(3) 键盘练习——文字输入

> **注:粘贴文字或文件的方法**
> 1. Ctrl+V 快捷键。
> 2. 单击"编辑"菜单,在其下拉菜单中单击"粘贴"命令。
> 3. 在空白区域单击鼠标右键,在弹出的菜单中单击"粘贴"命令。

> **注:键盘上常用控制键的作用**
> Alt:与另一个(些)键一起按下时,将发出一个命令,其含义由应用程序决定。
> Break:用于终止或暂停一个 DOS 程序的执行。
> Ctrl:与另一个(些)键一起按下时,将发出一个命令,其含义由应用程序决定。
> Delete:删除光标右面的一个字符,或者删除一个(些)已选择的对象。
> End:一般是把光标移动到行末。(Ctrl+End:把光标移动到整篇文档的结束位置)
> Esc:经常用于退出一个程序或操作。
> Home:通常用于把光标移动到开始位置,如一行的开始处。(Ctrl+Home:把光标移动到文档的起始位置)
> Insert:输入字符时可以有覆盖方式和插入方式两种,Insert 键用于两者之间的切换。
> Num Lock:数字小键盘可以像计算器键盘一样使用,也可作为光标控制键使用,由本键在两者之间进行切换。
> Page Up:使光标向上移动若干行(向上翻页)。
> Page Down:使光标向下移动若干行(向下翻页)。
> Pause:临时性地挂起一个程序或命令。
> Print Screen:记录当时的屏幕映像,将其复制到剪贴板中。

执行以下操作:

① 在桌面空白处单击鼠标右键,在弹出的菜单中指向"新建"命令。

② 在"新建"子菜单中选择"文本文档"命令,从而在桌面上创建得到"新建文本文档.txt"。

③ 双击打开创建的文档,在空白处输入以下内容。

一路春和景明,艳阳高照,绿树掩映,禽鸟争鸣。过宝界双虹,至蠡湖中央公园,徐步而入,远处仿凯旋门建筑若隐若现,恢宏雄壮。向右数百步,似希腊神庙之宏伟建筑跃入眼帘,神庙庄严肃穆,蓝天白云映衬,更着沧桑之感。拾级而上,空空如也,唯数十根圆柱支撑,却宽敞明亮,八面来风。

出公园,徐前行,恍若置身画中。但见:湖光山色,游人如织。黄发垂髫,怡然自乐。三五情侣,呢喃细语。百十风筝,九霄斗艳。迎风细柳,舞动江南烟雨;绕水长廊,包孕吴越春秋。湖中游鱼,成群结队;林间鸟鸣,不绝于耳。一派春光收眼底,满湖秀色入心田。

④ 继续在该记事本中,使用英文输入法输入以下英文内容。

Youth

Youth is not a time of life; it is a state of mind; it is not a matter of rosy cheeks, red lips and supple knees; it is a matter of the will, a quality of the imagination, a vigor of the emotions; it is the freshness of the deep springs of life.

Youth means a temperamental predominance of courage over timidity, of the appetite for adventure over the love of ease. This often exists in a man of 60 more than a boy of 20. Nobody grows old merely by a number of years. We grow old by deserting our ideals.

> 注：
> - 输入法的切换
> 单击状态栏(任务栏右侧)中的输入法图标,在弹出的菜单中选择所需的输入法;或者同时按下 Ctrl+Shift 键选择另一种输入法,每按一次,就换一种输入法,直到所需的输入法出现。
> - 中英文的切换
> 按 Ctrl+Space 键,则能在中文和西文输入法之间进行切换。
> - 全角与半角的切换
> 选用中文输入法后,用鼠标单击"输入法状态"窗口 中的"全角/半角" 切换按钮,或同时按下 Shift+Space 键,即可改变"全角/半角"的输入状态。在"半角"输入时,所有输入的英文字符和数字、标点符号都只占一个字节的存储空间;在"全角"输入时,则都占两个字节的存储空间。

(4) 鼠标常规操作

① 定位:将光标移至桌面的"计算机"图标上,观察此操作的结果。

② 单击:将光标移至任务栏的"开始"按钮上并单击,观察此操作的结果。

③ 双击:将光标移至桌面的"回收站"图标上并双击,观察此操作的结果。

④ 右击:将光标移至桌面的"回收站"图标上并右击,观察此操作的结果;双击桌面上的"计算机"图标,打开资源管理器,在 C 盘图标上右击,观察此操作的结果。

⑤ 拖动:拖动桌面上的"回收站"图标,观察此操作的结果。

2. 掌握 Windows 7 桌面外观的设置

(1) 隐藏桌面图标

要隐藏桌面上的图标,可以按照以下步骤操作。

① 在桌面空白的位置右击,在弹出的菜单中指向"查看"。

② 在"查看"子菜单中选择"显示桌面图标"命令。

③ 此时"显示桌面图标"前面的符号 ✓ 将消失,同时桌面上的图标也被隐藏。

(2) 自定义桌面背景

桌面背景又称墙纸,即显示在电脑屏幕上的背景画面,它没有实际功能,只起到丰富桌面内容、美化工作环境的作用。

设置桌面背景,其操作步骤如下。

① 右击桌面的空白位置,在弹出的菜单中选择"个性化"命令,在弹出的对话框中单击"桌面背景"命令,如图 1-1 所示。

图 1-1　设置"桌面背景"

②在弹出的对话框左上方的"图片位置"下拉菜单中,可以选择要设置的图片所在的位置,如图 1-2 所示。

图 1-2　选择图片

③以选择"图片库"选项为例,在下方的列表中选择一个喜欢的背景,如图 1-3 所示,此时可以预览到图 1-4 所示的效果。

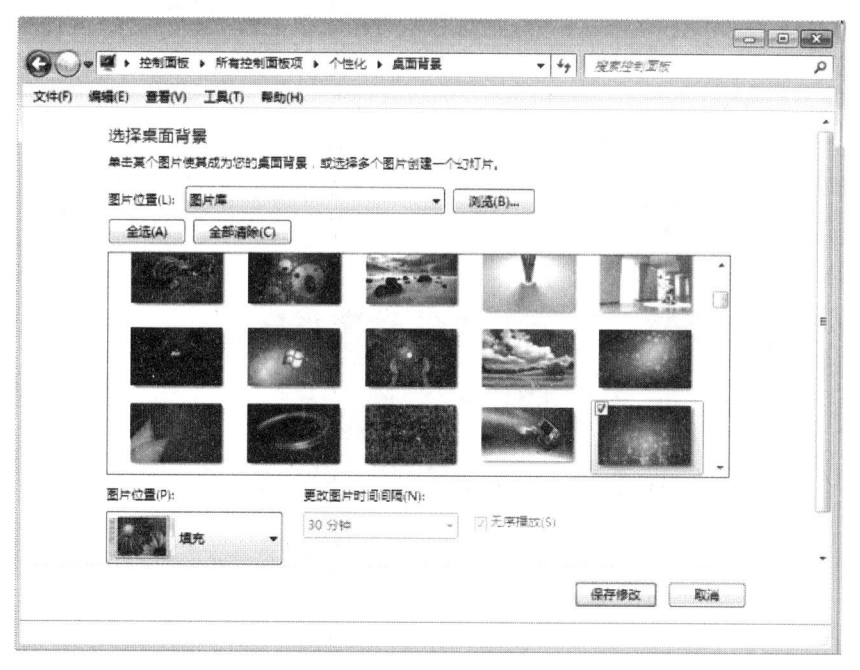

图 1-3 选择背景

图 1-4 "图片背景"的效果

④ 若想使用电脑中其他的图片作为壁纸,则可以单击"浏览"按钮,在弹出的菜单中选择一幅喜欢的图片,单击"打开"按钮。

⑤ 在对话框左下方的"图片位置"下拉菜单中可以选择壁纸以填充、适应、拉伸、平铺或居中等方式进行显示。

⑥ 若是喜欢纯色的背景,也可以在对话框左上方的"图片位置"下拉菜单中选择"纯色"命令,在下拉列表框中选择一种颜色,如图1-5所示,图1-6是设置单色后的效果。

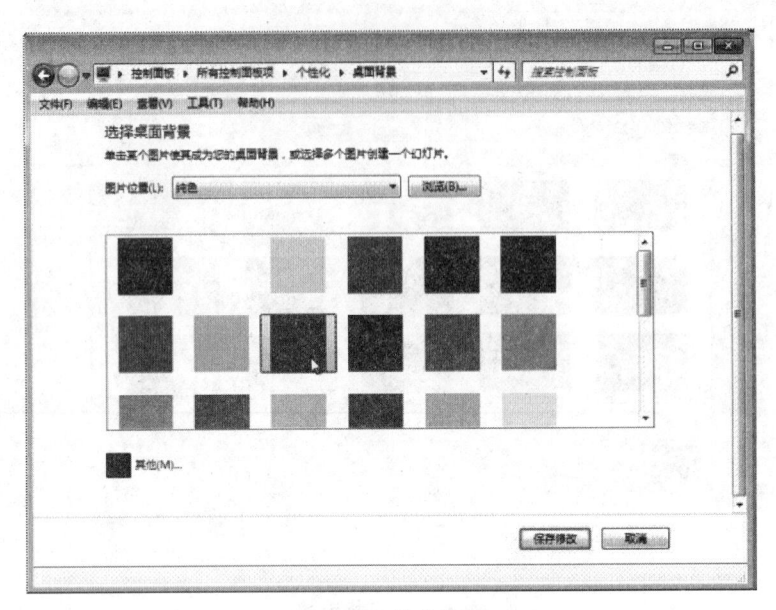

图 1-5 纯色背景

图 1-6 "纯色背景"的效果

⑦ 设置完成后,单击"保存修改"按钮即可。
3. 任务栏操作
(1) 设置任务栏属性

在 Windows 7 系统中,任务栏是指位于桌面最下方的小长条,主要由开始菜单、快速启动栏、应用程序区、语言选项带和托盘区组成,而 Windows 7 系统的任务栏则有"显示桌面"功能。设置任务栏属性可以按照以下步骤操作。

① 在任务栏的空白处右击,在弹出的菜单中选择"属性"命令,弹出"任务栏和「开始」菜单属性"对话框。

② 选择"任务栏"选项卡,在该对话框中选定"自动隐藏任务栏"选项。

③ 单击"确定"按钮,观察当鼠标指针移到任务栏位置和离开该位置时任务栏的变化。

(2) 任务按钮栏

执行以下操作,并观察任务栏上的变化。

① 双击桌面上的"计算机"图标,打开资源管理器,然后访问"C:\Program Files"文件夹,观察任务栏中的变化。

② 保持前一窗口不关闭,双击桌面上的"计算机"图标,打开资源管理器,然后访问"C:\Windows"文件夹,观察任务栏中的变化。

③ 将光标置于任务栏中的资源管理器图标上,观察其变化。

④ 在 Windows Media Player 图标上右击,在弹出的菜单中选择"将此程序从任务栏解锁"命令,如图 1-7 所示,然后观察任务栏的变化。

图 1-7 将程序从任务栏解除

4. 窗口与对话窗口的操作

(1) 窗口基本操作

保持上面打开的窗口,执行以下操作。

① 在"计算机"标题栏上双击,观察窗口的变化;再次在标题栏上双击,观察窗口的变化。

② 将光标移动到"计算机"窗口的标题栏上,拖曳它可随意移动窗口到任何位置。

③ 单击最大化按钮 ▢、还原按钮 ▢、最小化按钮 ▬,观察窗口的变化。

④ 将鼠标指针移动到"计算机"窗口的左右边框上,当鼠标指针变为↔状态时,左右拖曳鼠标,可以在水平方向上改变窗口的大小。

⑤ 将鼠标指针移动到"计算机"窗口的上下边框上,当鼠标指针变为↕状态时,上下拖曳鼠标,可以在垂直方向上改变窗口的大小。

⑥ 将鼠标指针移动到"计算机"窗口的四个角上,当鼠标指针变为↖或↗状态时,拖曳鼠标,可以同时在水平和垂直方向上改变窗口的大小。

⑦ 单击窗口标题栏"关闭"按钮 ✕ ,可关闭窗口。

注:

1. 可以通过在"计算机"窗口的标题栏上右击,在弹出的菜单中选择最大化、还原、大小、移动、最小化、关闭命令对窗口进行操作。

2. 按 Alt+Space 键激活系统菜单,然后利用键盘上的上、下键及 Enter 键,选择最大化、还原、大小、移动、最小化、关闭命令对窗口进行操作。

实验 2　文件与文件夹管理

一、实验要求

1. 掌握资源管理器的操作和使用。
2. 掌握文件和文件夹的建立。
3. 掌握文件和文件夹的复制、移动、删除和重命名。
4. 掌握文件和文件夹属性的设置。
5. 掌握快捷方式的建立与使用。
6. 掌握检索文件、文件夹的方法。

二、实验步骤

1. 资源管理器的操作和使用

（1）资源管理器的启动

Windows 7 操作系统可以通过以下几种方式打开资源管理器：

① 双击桌面上的"计算机"图标，即可打开"资源管理器"。

② 在"开始"按钮上单击鼠标右键，在弹出的快捷菜单中单击"打开 Windows 资源管理器"，即可打开"资源管理器"。

"资源管理器"打开后窗口分为左右两部分：左侧显示"计算机"（"收藏夹""库"）中的文件夹树，右侧窗口中显示活动文件夹中的文件夹和文件（如图 2-1 所示）。

图 2-1　树形结构文件夹

> 注:资源管理器的关闭
> 　　方法一:最简单的关闭资源管理器的方法是单击"资源管理器"窗口标题栏右边的关闭按钮。
> 　　方法二:打开"资源管理器"的"文件"菜单,在下拉菜单中单击"关闭"即可。
> 　　方法三:同时按下 Alt+F4 组合键。

(2) 利用资源管理器浏览 D 盘的文件与文件夹结构

① 单击"资源管理器"左侧窗口中的"计算机"图标左方的"▶"图标,显示计算机中的所有盘符。

② 在展开的盘符中,单击"本地磁盘(D:)",即可在右侧窗口浏览 D 盘内的文件和文件夹;或者,可以单击左侧窗口中的"本地磁盘(D:)"图标左方的"▶"图标,同样可以在左侧显示 D 盘内的所有文件夹。

> 注:
> 　　1. 文件夹树的展开和折叠
> 　　在"资源管理器"左窗口中文件夹的图标左方有"▶"或"◢"。若单击文件夹左方的"▶"符号,将展开文件夹,显示其下一层文件夹,此时左方的"▶"变成"◢"。若单击"◢"符号时,则将文件夹折叠,此时左方的"◢"变成"▶"。
> 　　2. 显示某一文件夹中的内容
> 　　在"资源管理器"左侧窗口的文件树中单击相应的文件夹,此时该文件夹便处于打开状态,在右窗口中将显示该文件夹中的所有内容。
> 　　3. 文件或文件夹显示方式的改变
> 　　单击"查看"菜单中的有关菜单项,可改变文件或文件夹的显示方式。点击"查看"菜单中的"大图标""列表""详细信息""平铺"等菜单项,在资源管理器右窗口观察各操作的不同显示方式。

2. 文件和文件夹的建立

(1) 创建新文件夹

在 F 盘中创建一个名为 EX 的文件夹,执行以下操作:

① 选择新建文件夹存放的位置,即在资源管理器左侧窗口单击 F 盘。

② 打开"文件"菜单,指向"新建"命令(或在资源管理器右边窗口空白区域单击鼠标右击,在弹出的菜单中,指向"新建"命令)。

③ 在"新建"的子菜单中单击"文件夹"命令,此时在右侧窗口出现一个名为"新建文件夹"的新文件夹。

④ 输入一个新名称"EX",然后按回车键或单击该方框外的任一位置,则新文件夹 EX 就建好了。

(2) 创建新文件

在之前新建的 EX 文件夹中创建一个名为 test1 的文本文件,执行以下操作:

① 打开 EX 文件夹。

② 打开"文件"菜单,指向"新建"命令(或在资源管理器右边窗口空白区域右击鼠标,在弹出的菜单中,指向"新建"命令)。

③ 在"新建"的子菜单中单击"文本文档"命令,此时在右侧窗口出现一个名为"新建文本文档"的新文档。

④ 输入新名称"test1",然后按回车键或单击该方框外的任一位置,则新文本文档 test1 就建好了。

⑤ 用鼠标双击文档名 test1,打开该文档,在光标位置输入文档内容即可。

⑥ 单击"保存"按钮或文件菜单中的"保存"命名,将文档存盘。

⑦ 单击"关闭"按钮或文件菜单中的"退出"命令,退出记事本。

3. 快捷方式的建立

在 F 盘的根目录下建立 EX 文件夹的快捷方式,快捷方式的名称为 EX123。执行以下操作:

① 在资源管理器左侧窗口单击 F 盘驱动器图标。

② 打开"文件"菜单,指向"新建"命令(或在资源管理器右边窗口空白区域右击鼠标,在弹出的菜单中,指向"新建"命令)。

③ 在"新建"的子菜单中单击"快捷方式"命令,此时屏幕上出现一个"创建快捷方式"的对话框(如图 2-2 所示)。

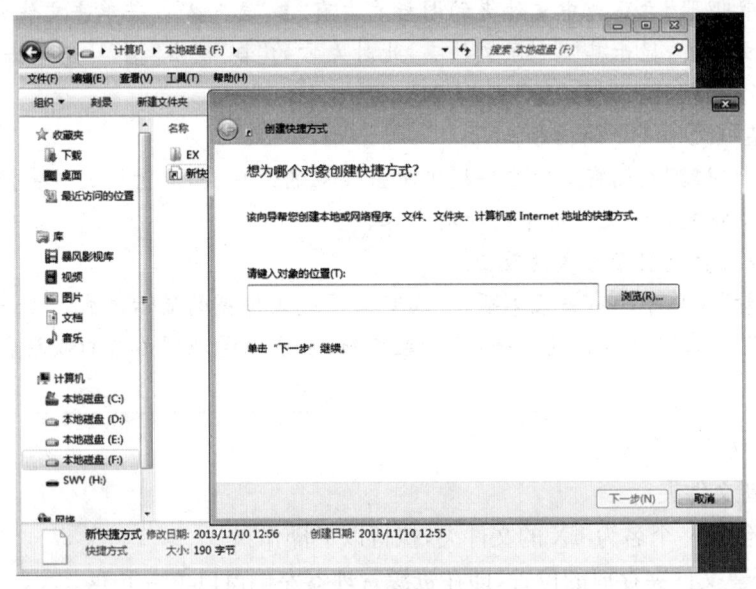

图 2-2 创建快捷方式

④ 在光标处输入需要创建快捷方式的对象名及其完整的路径或位置"F:\EX",或者通过对话框上面的"浏览"按钮选择需要创建快捷方式的对象;然后按"回车键"或用鼠标单击"下一步"按钮;在对话框的光标处输入该快捷方式的名称"EX123",再按"回车键"或用鼠标单击"完成"按钮,则文件夹 EX123 的快捷方式创建完毕。

注:

　　创建快捷方式,也可以在文件浏览窗口先选中一个文件或文件夹,然后单击鼠标右键,在弹出的对话框中,单击"创建快捷方式"命令,则在文件或文件夹所在当前位置处创建了该文件或文件夹的快捷方式。该创建的快捷方式具有缺省的名称,即与文件或文件夹名称相同。

　　通过同样方式,也可以在"开始"菜单中,选择"所有程序",创建相应的程序快捷方式。

4. 文件、文件夹和快捷方式的复制

文件、文件夹和快捷方式的复制是 Windows 最常用的操作之一,在操作前首先应选中要复制的对象,然后再进行复制操作。

将 F 盘 EX1 文件夹中的所有文件复制到桌面。执行以下操作:

① 选择 F 盘中的 EX1 文件夹。

② 选择 EX1 文件夹中的所有文件。

注:文件、文件夹的选择

1. 选择单个文件或文件夹

使用鼠标单击该文件或文件夹的名字即可。

2. 选择连续的多个文件、文件夹

使用鼠标,先单击第一个文件,然后按住 Shift 键不放,再单击要选择的最后一个文件,则其间的所有文件(包括这两个文件)均被选中。

3. 选择非连续的多个文件、文件夹

如需选择不连续的文件,则按住 Ctrl 键不放,逐个单击需要选择的文件。

4. 选择右窗口中全部内容

在资源管理器的"编辑"菜单中,单击"全部选择"命令,可选择右侧窗口中所有内容(包括全部文件和文件夹);或按 Ctrl+A 组合键,同样可以实现上述功能。

5. 取消选择

如果要取消对个别文件的选择,则按住 Ctrl 键不放,同时单击该文件即可;如果要取消对全部文件的选择,则单击非文件名的空白区域即可。

---

③ 将该文档(对象)复制到 Windows 的剪贴板上:单击鼠标右键,在弹出的菜单中,单击"复制"命令;或者,单击"编辑"菜单中的"复制"命令;或者,按 Ctrl+C 组合键。

④ 选择新的存放位置:回到桌面。

⑤ 在桌面,"粘贴"该文档,则所选中的文档被复制到桌面上:在桌面空白区域单击鼠标右键,在弹出的菜单中,单击"粘贴"命令;或者,单击"编辑"菜单中的"粘贴"命令;或者,按 Ctrl+V 组合键。

注:

1. 复制文件也可通过鼠标的拖动进行。方法是先选中需复制的文件,然后按住 Ctrl 键,同时按住鼠标左键并拖动至目标文件夹后释放鼠标,则该文件被复制到目标文件夹中,在不同的磁盘间复制时,可不按 Ctrl 键。

2. 文件、文件夹与快捷方式的复制方法相同。

---

5. 文件、文件夹和快捷方式的移动

将 F 盘 EX1 文件夹中的 test2.txt 文件移动到 D 盘,执行如下操作:

① 选择 F 盘中的 EX1 文件夹中的 test2.txt 文件。

② 将该文档(对象)复制到 Windows 的剪贴板上:单击鼠标右键,在弹出的菜单中,单击"剪切"命令;或者,单击"编辑"菜单中的"剪切"命令;或者,按 Ctrl+X 组合键。

③ 选择新的存放位置 D 盘。

④ 在新的存放位置,"粘贴"该文档,则 test2.txt 文件就被移动到 D 盘中:在桌面空白区

域单击鼠标右键,在弹出的菜单中,单击"粘贴"命令;或者,单击"编辑"菜单中的"粘贴"命令;或者,按 Ctrl+V 组合键。

> **注:**
> 1. 移动文件也可通过鼠标的左键拖动进行。方法是先选中需移动的文件,然后按住 Shift 键,同时按住鼠标左键并拖动至目标文件夹后释放鼠标,则该文件被移动到目标文件夹中。在同一磁盘中移动时,可不按 Shift 键。
> 2. 文件、文件夹与快捷方式的移动方法相同。
> 3. 复制与移动的区别是,"移动"指文件或文件夹从原来位置上消失,出现在新的位置上。"复制"指原来位置上的文件或文件夹仍保留,在新的位置上建立原来文件或文件夹的复制品。
> 4. 移动、复制、创建快捷方式操作也可通过鼠标右键拖动实现。

6. 文件、文件夹和快捷方式的删除

(1) 将 F 盘 EX1 文件夹中的名为 test3.doc 的文件删除,执行如下操作:

① 选择 F 盘中的 EX1 文件夹中的 test3.doc 文件。

② 单击鼠标右键,在弹出的菜单中,单击"删除"命令;或者,单击"文件"菜单中的"删除"命令;或者,按 Delete 键,出现确认删除对话框。

③ 单击"是"按钮或按回车键,表示执行删除;单击"否"按钮或按 Esc 键,表示取消删除。

(2) 文件夹、快捷方式的删除步骤同(1)。

7. 文件、文件夹和快捷方式的重命名

将 F 盘 EX1 文件夹中的名为 ABC.docx 的文件重命名为 XYZ.docx,执行如下操作:

① 在资源管理器左侧窗口单击 F 盘 EX1 文件夹。

② 在资源管理器右侧窗口右击文件 ABC.docx,选择快捷菜单中的"重命名"命令,此时文件名"ABC.docx"呈反白显示,从而键入新文件名"XYZ.docx",按回车即可。

> **注:**
> 1. 正在使用的文件不能重命名。
> 2. 文件、文件夹与快捷方式的重命名方法相同。
> 3. 在需要重命名的位置,两次单击鼠标左键后输入新文件名,再按回车,也可实现重命名。
> 4. Windows 系统规定文件(文件夹)名最多可以包含 255 个字符(包括空格),但文件名不能含有以下字符:"\/:*?"<>|"。

8. 文件、文件夹和快捷方式属性的修改

在 Windows 7 系统中,文件、文件夹和快捷方式通常有"只读""隐藏"和"存档"等属性,用户可以在资源管理器中修改其属性。

将 F 盘 EX1 文件夹中的 test1.docx 文件的属性设置为"只读",执行如下操作:

① 选择要改变属性的文件。

② 单击鼠标右键,在弹出的菜单中,单击"属性"命令;或者单击"文件"菜单中的"属性"命令,此时,出现该对象的属性对话框。

③ 用鼠标单击"只读"属性前的方格,使其出现"■"。

> 注：
> 　　显示隐藏的文件或文件夹，可在"资源管理器"中单击"工具"菜单，然后单击"文件夹选项"，选择"查看"选项卡中的"显示隐藏的文件、文件夹和驱动器"。如果想看见所有文件的扩展名，则取消"隐藏已知文件类型的扩展名"复选框。

9. 文件和文件夹的查找

在使用计算机的过程中，常常需要在磁盘中查找某个文件或查找具有某种特征的一类文件。在 Windows 7 操作系统中，可通过在"资源管理器"中工具栏的"搜索框"输入要搜索的文件名或文件夹名来进行在指定位置处文件或文件夹的查找（如图 2-3 右方位置所示）。

图 2-3　搜索框

例：查找 F 盘中文件名为"test1"的文件。

执行如下操作：

打开"资源管理器"，在左侧窗口单击 F 盘，在工具栏的"搜索框"中输入"test1"后，出现如图 2-4 所示 F 盘内所有名为"test1"的文件和文件夹。

图 2-4　搜索"test1"文件

> **注：包含指定文字或字母的搜索**
> 　　当需要查找的文件和文件夹名包含指定文字或字母时，可以使用通配符"?"和"*"来帮助搜索。"?"表示一个任意字符（只限一个），"*"表示任意多个字符（不限个数）。例如，"H*H"就可以表示"HABCH"，也可以表示"HABC89H"等；"C?C"可表示"COC"或"CIC"等，但不能表示"COIC"。同时，通配符"*"也可代表任意文件类型。

实验 3　操作系统的管理与维护

一、实验要求

1. 掌握磁盘属性的查看、设置等操作。
2. 掌握磁盘格式化的方法。
3. 掌握查询程序的方法。
4. 掌握中文输入法的安装、卸载和添加。
5. 了解软、硬件的基本系统工具。

二、实验步骤

1. 磁盘的基本操作

(1) 查看磁盘空间

① 双击桌面的"计算机"图标打开资源管理器,在 C 盘的名称上右击,在弹出的菜单中选择"属性"命令,查看其详细的磁盘容量信息,如可用空间、已用空间和容量等,如图 3-1 所示。

② 双击桌面的"计算机"图标打开资源管理器,再双击打开 C 盘,然后在其中的空白位置右击,在弹出的菜单中选择"属性"命令,查看其详细的磁盘容量信息,如图 3-1 所示。

图 3-1　"磁盘属性"对话框

(2) 磁盘清理

磁盘清理程序能查找并删除不再需要的文件,以增加磁盘的可用空间,同时还可以在一定程度上提高系统的运行速度。

要进行磁盘清理,可以按照以下方法操作:

① 选择"开始"中的"所有程序",选择"附件"中的"系统工具",在展开的"系统工具"中选择"磁盘清理"命令。
② 在弹出的对话框中选择要清理的磁盘,如图 3-2 所示。
③ 单击"确定"按钮,在弹出的对话框中选择要删除的文件,如图 3-3 所示。

图 3-2 "磁盘清理"的驱动器选择

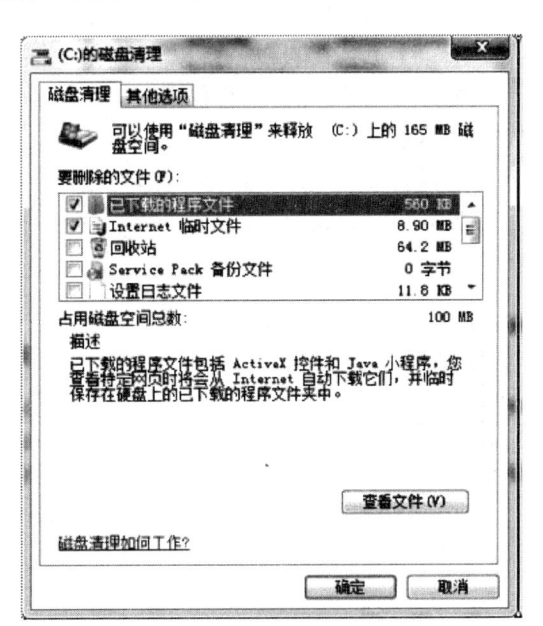

图 3-3 执行"磁盘清理"

④ 确认删除的文件后,单击"确定"按钮即可开始清理。
如果想要增加磁盘上的可用空间数量,还可以使用以下几种方法:
① 清空回收站,以释放磁盘空间。
② 将很少使用的文件制作成压缩包,然后从硬盘上将原文件删除。
③ 将不再使用的程序和组件删除。
(3) 磁盘碎片整理
磁盘在保存文件时,可能会将文件分散保存到整个磁盘的不同地方,而不是保存在磁盘连续的簇中,因此就可能会产生碎片,以下是一些典型的、容易产生碎片的情况。
① 由于文件保存在磁盘的不同位置上,当执行剪切、删除文件后,会空出相应的磁盘空间,但若此时拷贝下较大的文件,导致这个空出来的小空间不足以放下这个大文件,那么就会将其拆分为多个部分,分别记录在磁盘的轨道上,这样就容易产生磁盘碎片。
② 在系统运行过程中,Windows 7 系统可能会自动调用虚拟内存来同步管理程序,导致各个程序对硬盘频繁读写,从而产生磁盘碎片。
③ IE 的缓存会在上网时产生很多临时文件,以保证查看网页内容的流畅性,此时也容易产生碎片文件。
由于大量文件碎片的存在,存储和读取碎片文件将会花费较长的时间,因此我们需要用磁盘碎片整理程序对零散、杂乱的文件碎片进行整理。磁盘容量越大,则整理时花费的时间也越长,但是整理工作完成后,将会在很大程度上提高电脑的运行速度。

> 注：
> 　　由于整理碎片时会连续执行大量的硬盘数据读取操作，因此对硬盘寿命来说会有一定的损害，但只要不频繁整理就可以，而且少量的碎片对系统的整体性能影响也不大，建议每月整理 2～3 次即可。

要整理磁盘碎片，可以按照以下方法操作：

① 选择"开始"中的"所有程序"，选择"附件"中的"系统工具"，在展开的"系统工具"中选择"磁盘碎片整理程序"命令，将弹出如图 3-4 所示的对话框。

② 选择要整理碎片的磁盘分区，此处以 F 盘作为示例，然后单击"分析"按钮。

③ 等待一定时间后，Windows 7 分析完毕，将在 F 盘后面显示碎片的数量，如图 3-5 所示。

图 3-4 "磁盘碎片整理程序"对话框　　　　图 3-5 "碎片整理"的结果

④ 单击"磁盘碎片整理"按钮，将重新进行碎片分析，然后开始整理碎片，如图 3-6 所示。

⑤ 若单击"配置计划"按钮，在弹出的对话框中，可以设置一个自动进行碎片整理的计划，如图 3-7 所示。

图 3-6 重新整理碎片　　　　图 3-7 "碎片整理计划"的修改

2. 磁盘格式化

格式化就是把一张空白的盘划分成一个个小区域并编号,供计算机储存、读取数据。未经过格式化的磁盘不能存储文件,必须将其格式化后才可以用。

例:将 U 盘进行格式化,执行如下操作:

① 将要格式化的 U 盘插进主机 USB 接口中。

② 在"资源管理器"窗口中用鼠标右键单击要进行格式化的 U 盘的盘符(这里假定盘符为 H)。

③ 选择"格式化"命令,屏幕出现对话框,如图 3-8 所示。

④ 单击"开始",会弹出格式化警告对话框,提示用户是否需要格式化,一旦格式化,会把盘内所有数据完全清空。(可以给 U 盘定义名称,只要在对话框的卷标处输入所需名称即可)

⑤ 单击"确定"后,开始进行格式化,随后出现格式化完毕对话框,如图 3-9 所示。最后,点击"确定",完成对 U 盘的格式化。

图 3-8 "格式化"对话框　　　　图 3-9 "格式化"完毕

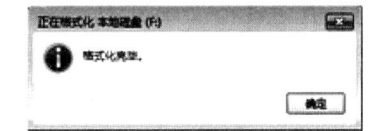

注:
　　计算机有"快速"或"全面"格式化磁盘 2 种方式。选用"快速"方式格式化磁盘,速度较快,但电脑不会检查磁盘上是否有损坏的地方;选用"全面"方式格式化磁盘时,电脑会检查并标注出磁盘上损坏的情况。计算机默认的是"快速"方式格式化磁盘。

3. 程序查询

查询程序所处计算机中的位置,步骤同实验 2 中的文件和文件夹查询(略)。

可以在控制面板中查询计算机安装的所有程序,执行如下操作。

① 单击"开始"按钮,在弹出的菜单中选择"控制面板",弹出"控制面板"窗口,如图 3-10 所示。

② 在"控制面板"窗口中单击"程序"文字按钮,打开如图 3-11 的窗口。在此窗口中选择"程序和功能"文字按钮,即可打开如图 3-12 的窗口。在这个窗口中可以查看计算机中已安装的所有程序,也可以进行卸载或更改程序。

图 3-10 "控制面板"窗口

图 3-11 "程序"窗口

图 3-12 "程序和功能"窗口

4. 添加字体

Windows 7 操作系统中虽然自带了一些字体,但往往无法满足更多、更专业的排版及设计需求,此时可以添加并使用其他的字体。

例:把字库添加到计算机中,执行如下操作。

① 打开"控制面板"窗口,选择"外观和个性化"文字按钮,打开如图 3-13 所示的窗口。

图 3-13 "外观和个性化"窗口

② 在图 3-13 窗口中单击"字体"文字按钮,打开如图 3-14 的窗口。此窗口中显示了计算机中已有的字体。

③ 复制素材中的"字体"文件夹中所有字体,在图 3-14 显示的所有字体的任何空白处粘贴。

图 3-14 "字体"窗口

④ 添加的字体可以在 Word 2016 程序中查看。打开 Word 2016 程序,单击"开始"选项卡,在"字体"功能区中选择字体,如图 3-15 所示。在 Word 文档里可以使用新添加的字体。

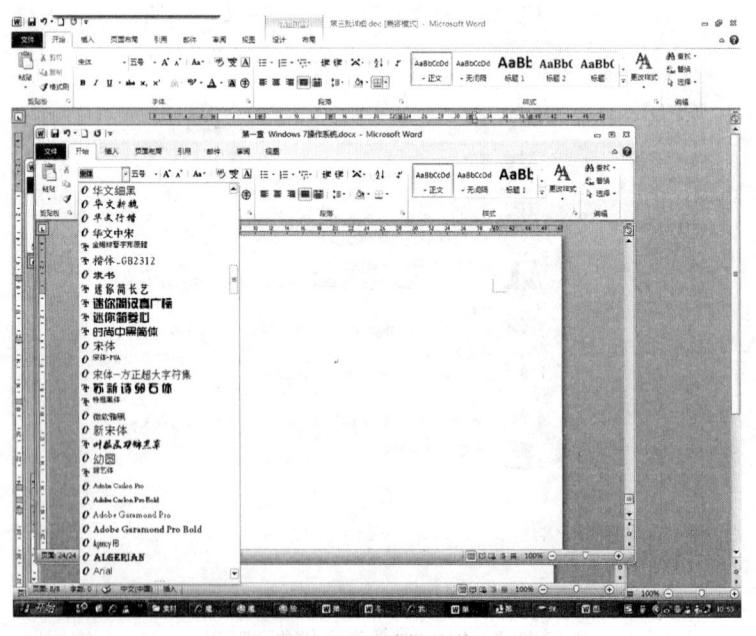

图 3-15 选择字体

5. 中文输入法的安装

例：安装"QQ 五笔输入法"程序，执行如下操作。

双击素材文件中的"QQ 五笔输入法.exe"文件，运行安装向导，然后根据提示，单击"下一步"按钮并适当设置一下安装的位置、是否安装插件等，直至完成即可。

6. 添加输入法

对于非系统自带的输入法，如 QQ 拼音、搜狗拼音、极点五笔等，在安装完成后，即出现在语言栏中，而无须手工添加。

如果是要重新添加被删除的输入法，或添加系统自带的输入法，则可以按照以下方法操作。

① 打开"控制面板"窗口，单击"更改显示语言"文字按钮，弹出"区域和语言"对话框，在对话框中选择"键盘和语言"选项卡，单击其中的"更改键盘"按钮；或者在语言栏的输入法图标上右击，在弹出的菜单中选择"设置"命令，如图 3-16 所示。

② 弹出如图 3-17 所示的对话框。

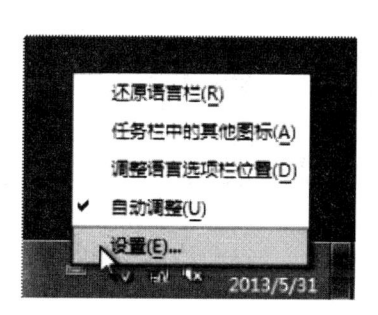

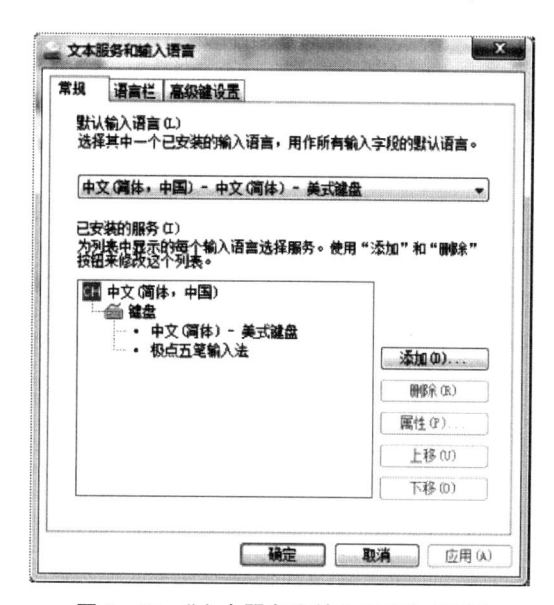

图 3-16 设置语言　　　图 3-17 "文本服务和输入语言"对话框

③ 单击"添加"按钮，在弹出的对话框中可以选择一个要添加的输入法。

④ 单击"确定"按钮，返回"文本服务和输入语言"对话框，上一步所选的输入法将显示在其中。图 3-18 所示是选中了"中文(简体)-微软拼音 ABC 输入风格"和"中文(简体)-微软拼音新体验输入风格"2 个选项后的状态。

⑤ 单击"确定"按钮退出对话框，此时语言栏中将显示所添加的输入法，如图 3-19 所示。

7. 卸载程序

要卸载一个应用软件，可以在"控制面板"中完成，其操作方法如下。

① 单击"控制面板"窗口中的"程序"文字按钮，在此窗口中单击"程序和功能"文字按钮，以打开其对话框。

② 在列表中要删除的程序上右击，在弹出的菜单中选择"卸载/更改"命令。

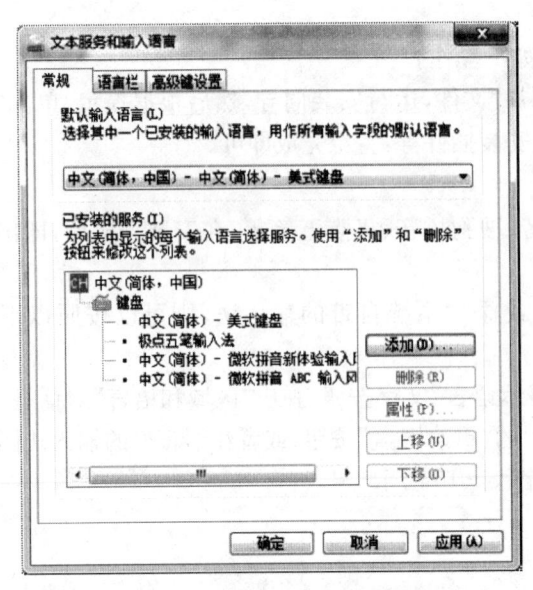

图 3-18　输入法选择后的状态 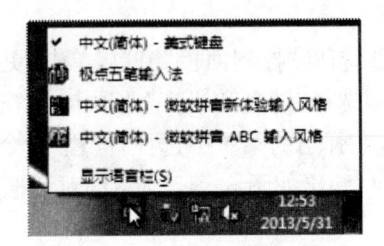　　　　　　图 3-19　添加输入法后的效果

提示：根据程序的不同，此处显示的按钮也不一样，也有可能显示的是"卸载"按钮。
③ 单击"卸载"或"卸载/更改"命令后，会弹出类似如图 3-20 所示的对话框。

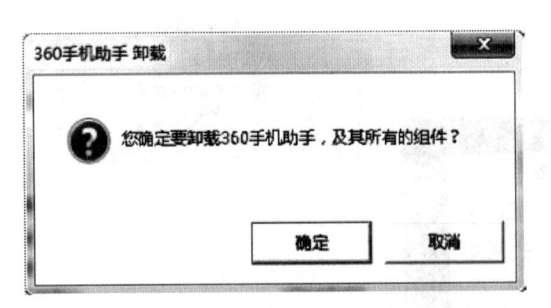

图 3-20　卸载软件的对话框

④ 单击"确定"按钮即可删除软件。

注：
　　利用上述删除程序的方法有时并不能做到完全删除，如在桌面上建立的程序快捷方式，在执行删除程序操作后，其快捷方式不会被删除，这就需要手动进行删除了。另外，有些软件在删除后，其文件夹依然存在，其中保存了一些用该程序创建的文件或文件夹，要删除这些文件也必须用手动的方式完成。
　　提示：在删除程序过程中，有时会出现是否删除与某些程序的共享部分的询问，如无把握，最好选择"否"。

第二章　文字处理软件 Word 2016

文字处理软件应用非常广泛,可以用来编写文稿、处理文档格式等。文字处理软件一般具有文字的录入、存储、编辑、排版、打印等功能。Word 2016 提供了非常全面的功能,包括了 Word 之前版本所有的功能,并进行了如下改进:

(1) 编辑功能

Word 2016 具有增、删、改等编辑功能,还提供了自动检查、更正文档中拼写和语法错误、编号自动套用、查找替换等功能。此外,Word 2016 进行了改进,增加了"操作说明搜索"框,输入需要执行的功能或者操作,可以快速显示该功能,让用户检索图片、参考文献和术语解释等网络资源。

(2) 处理多种对象的能力

Word 2016 可以处理文字、图形、图片、表格、数学公式、艺术字等多种对象,生成图文并茂的文档形式。Word 2016 较以往版本的 Word 软件进行了改进,可以实现实时的多人合作编辑,合作编辑过程中,每个人输入的内容能够实时显示出来。Word 2016 可以打开并编辑 PDF 文档,快速播放联机视频而不需要离开文档,以及可以在不受干扰情况下在任意屏幕上使用阅读模式观看文档。

(3) 版面设计

Word 2016 可对文字、段落、页眉页脚、图片、图形等多种对象进行格式设置,提供了页面视图、阅读版式视图、Web 版式视图、大纲视图等多种视图方式,可以从不同角度查看、编辑、排版文档的内容和格式。Word 2016 默认字体是"等线",用户使用过程中需要注意。

(4) 其他高级功能

Word 2016 开始全面扁平化,尤其是在选项设置里,按钮和复选框都已彻底扁平。Word 2016 提供了"墨迹公式",用于手动输入复杂的数学公式,如果有触摸设备,则可以使用手指或者触摸笔写入数学公式,Word 2016 会将它转换为文本,并且还可以在进行过程中擦除、选择以及更正所写入的内容。

本单元通过"编辑排版文档"、"制作电子板报"、"设计、应用表格"、"Word 高级应用"四个实验,介绍了 Word 的页面设置、分栏、字符和段落格式设置、图文混排、表格设计和应用、自动生成目录等功能。旨在提高读者对 Word 软件的综合应用水平。

实验 4　编辑排版文档

一、实验要求

1. 掌握文档合并的方法。
2. 掌握页面设置。
3. 掌握文字、段落的排版。
4. 掌握查找与替换。
5. 掌握项目符号、编号。
6. 掌握页眉、页脚、页码等设置。
7. 掌握文档的属性设置。
8. 掌握文档的封面设置。

二、实验步骤

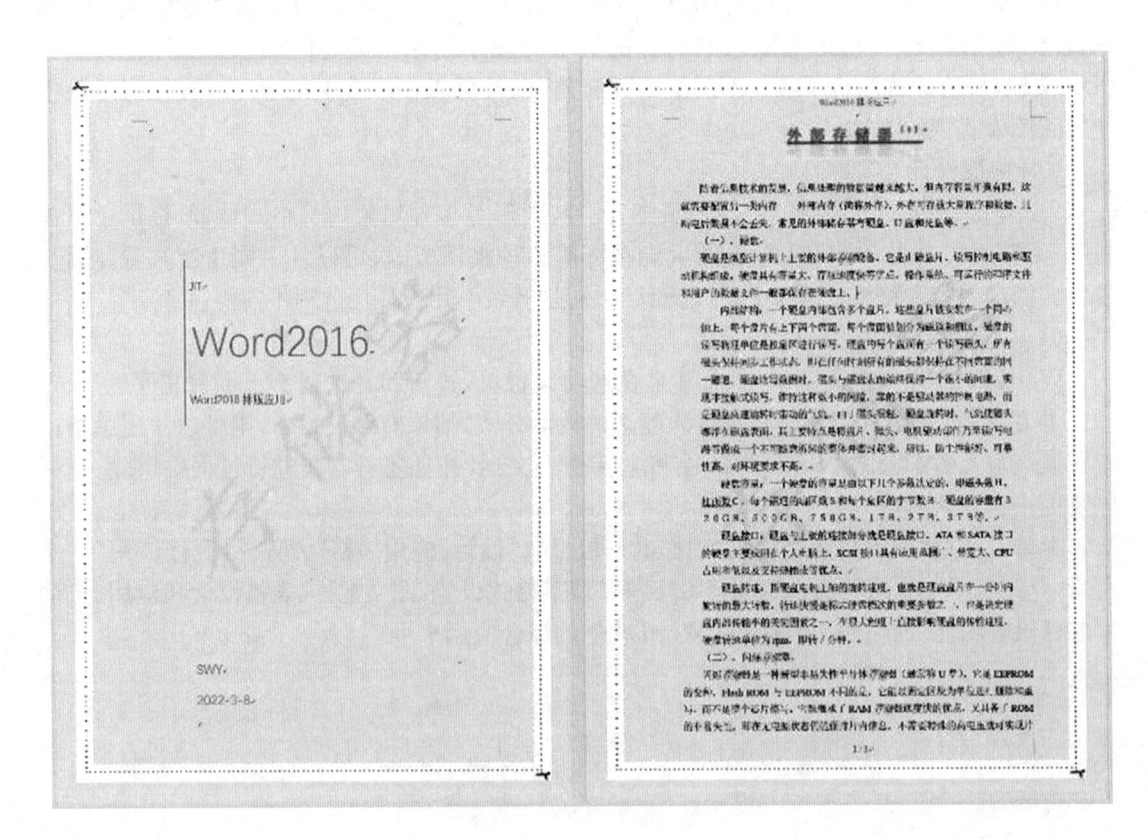

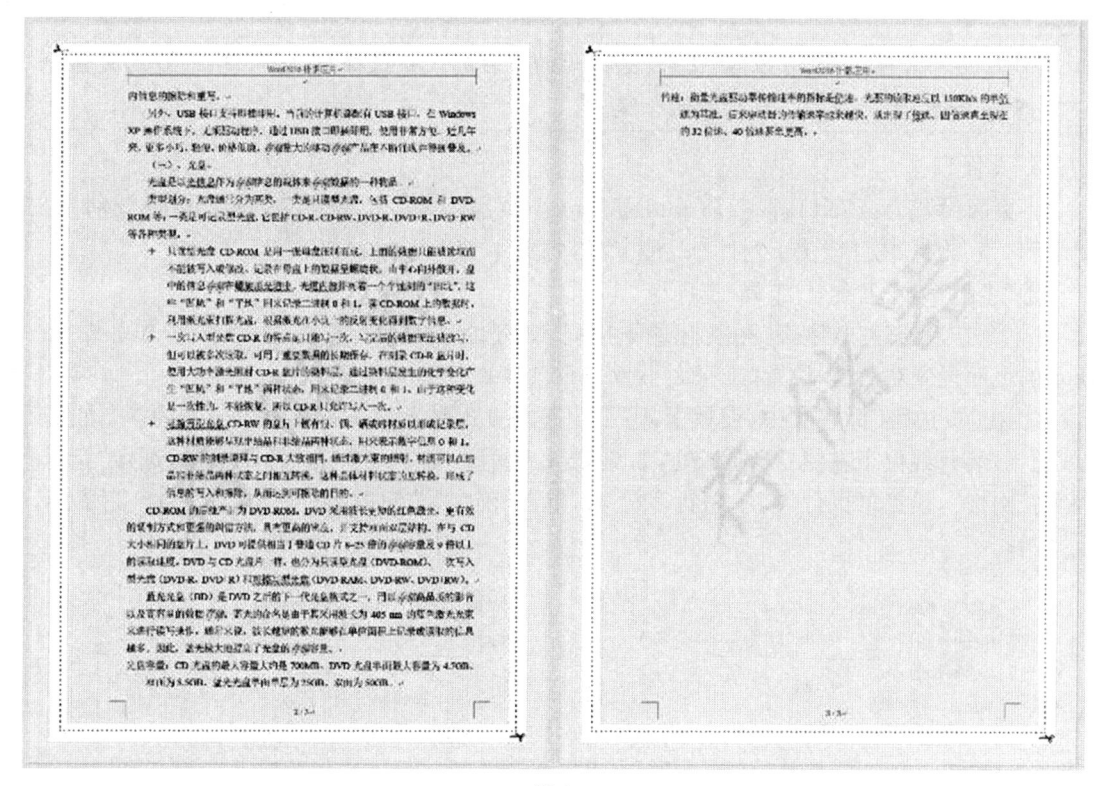

样张

实验准备:打开实验 4 文件夹中的素材"word1.docx"和"word2.docx"文件。

1. 合并两文件

新建 Word 文档,合并 word1.docx 和 word2.docx 两个文档,并保存为"外部存储器.docx"。将段落"硬盘的容量有 320GB、500GB、750GB、1TB、2TB、3TB 等。"移至第 5 段之后(段落合并)。

(1) 新建文件

启动 Word 2016,将自动创建一个空白文件,默认文件名为"文档 1.docx"。

(2) 合并两文件

① 选中"word1"中文本,右击选择复制,将内容粘贴到"文档 1.docx"中。

② 复制"word2"中文本,将内容粘贴到"文档 1.docx"中"word1"文本内容之后。

(3) 文件保存

在"文件"选项卡中,单击"另存为",在弹出的对话框中设置保存路径为"本地磁盘(F:)",文件名为"外部存储器",保存类型为"word 文档(＊.docx)",设置完成后,单击"保存"按钮即可。

(4) 段落位置调整

选择段落"硬盘的容量有 320GB、500GB、750GB、1TB、2TB、3TB 等。",右击剪切,光标移至第 5 段最后"……每个扇区的字节数 B。",进行粘贴,并删除多余空行。

> **注:**
> 新建文件其他方法:可以在"文件"选项卡的下拉列表中选择"新建",单击"空白文档"。
> 掌握全选、复制、粘贴、剪切的组合键。

2. 页面设置

将页面设置为:16K(197*273 mm)纸,上、下页边距为2.3厘米,左、右页边距分别为3.2厘米和2.8厘米,装订线位于左侧0.5厘米处,每页40行,每行36字符。

① 打开素材,切换至"布局"选项卡。

② 单击"纸张大小"按钮,在弹出的下拉列表中选择"其他纸张大小"命令,弹出如图4-1所示的页面设置对话框,设置"纸张大小为16K(197*273 mm)"。

③ 在"页边距"标签页中,设置上、下页边距为2.3厘米,左、右页边距分别为3.2厘米和2.8厘米,装订线位于左侧0.5厘米处,如图4-2所示。在"文档网格"标签页中,选定"指定行和字符网格",设置每页行数40,每行字符36,单击"确定"按钮退出对话框,如图4-3所示。

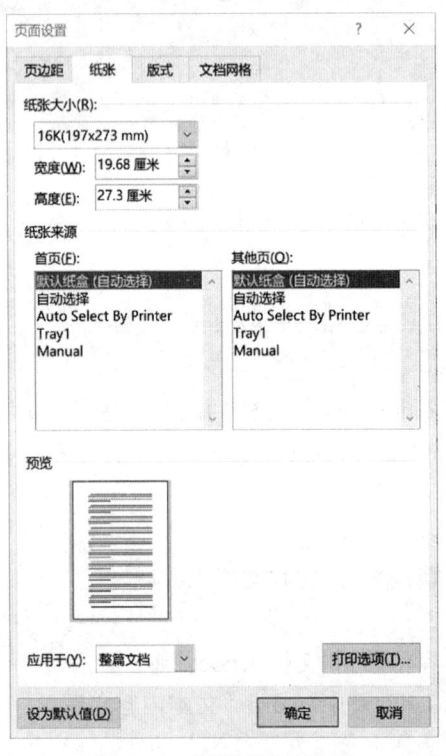

图4-1 "纸张"大小设置

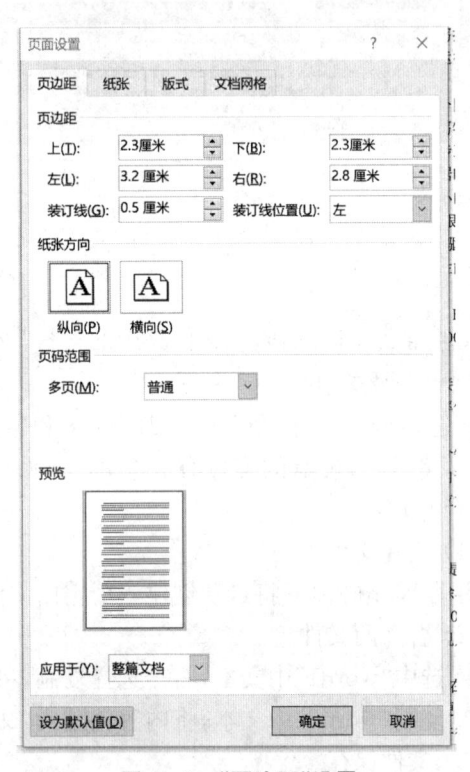

图4-2 "页边距"设置

> **注:**
> 页边距的编辑可以直接单击"页边距"选项卡进行设置。页边距的单位默认为"厘米",如要改为"磅"则需进入"自定义快速访问工具栏"→"其他命令"→"高级"→"显示"→"度量单位"→"磅"。

图 4-3 "文档网格"设置

> **注：**
> 　　行和字符的设置，不能选择"只指定行网格"，否则无法设置每行字符数。另：行和字符的编辑，先设置每页行数，再设置每行字符数。

3. 设置字体、段落格式

（1）字体格式设置

添加标题"外部存储器"，设置其字体颜色为"蓝-灰，文字2，淡色40％"，三号黑体，红色双波浪下划线，加粗，字符间距加宽4磅，文本效果设为"映像/映像变体：全映像：8磅偏移量"，透明度80％，模糊10磅；标题后添加上标"[1]"；正文中所有中文字体为五号宋体，西文文字为五号"Times New Roman"；正文第一段文字繁体字转化成简体字，并将第五段文字和符号修改为"全角"状态。

① 将光标移至"随"之前，按回车键，在第一行输入"外部存储器"。将标题选中，单击"开始"选项卡的"字体"功能组右下方的 按钮，设置字体为"黑体"，字号为"三号"，字形"加粗"，字体颜色为标准色"蓝-灰，文字2，淡色40％"，下划线线型为"双波浪"，下划线颜色为标准色"红色"，如图4-4所示。光标移至标题最后一个字后，单击"字体"功能区中的上标按钮"X^2"，输入"[1]"。

② 选中标题行，单击"开始"选项卡"字体"功能组中"文本效果和版式"，选择"映像"中的"预设"，选择"映像变体：全映像：8磅偏移量"，透明度80％，模糊10磅，如图4-5所示。

③ 选中标题，在字体对话框"高级"标签中，将"字符间距"中选择"间距"下拉列表中的"加宽"，磅值为"4磅"，如图4-6所示，单击"确定"按钮。

④ 选择正文，打开"字体"对话框，在"中文字体"中选择"宋体"，在"西文字体"中选择

"Times New Roman","字号"设置为"五号",如图4-7所示,单击"确定"按钮。

⑤ 选择正文第一段文字,单击"审阅"选项卡"中文简繁转换"功能组中"繁转简"按钮;选择第五段文字"硬盘容量:……",单击"开始"选项卡"字体"功能组中"更改大小写"按钮 Aa-,下拉列表中选择"全角"。

(2) 段落格式设置

设置标题居中,段前段后间距0.8行;正文首行缩进2个字符,行间距为固定值18磅;正文第4段至第7段(内部结构:……即转/分钟。)左右各缩进2字符;正文倒数第1段和倒数第2段(光盘容量:……40倍速甚至更高。)设置悬挂缩进2字符。

图4-4 "字体"设置

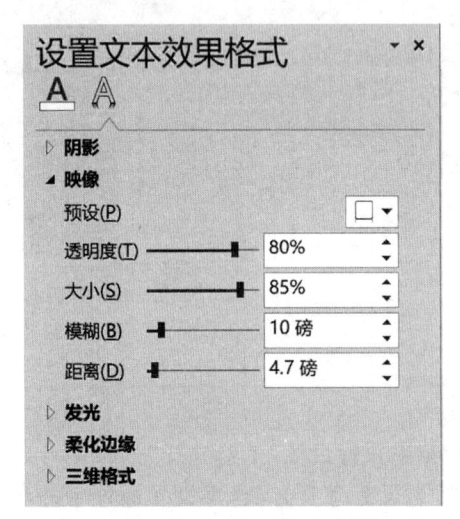

图4-5 "文本效果格式"设置

图4-6 "字符间距"设置

图4-7 中西文不同字体设置

> 注：
> 　　字体的设置还有其他方法：
> 　（1）选中字符，右击选择"字体"进行字号、字体、颜色等设置。
> 　（2）单击"开始"选项卡"字体"功能组中的字体、字号、颜色按钮进行设置。

① 选中标题，选择"开始"选项卡"段落"功能组，弹出如图4-8所示对话框，在对齐方式中选择"居中"，段前段后中设置"0.8行"。

② 选中正文，右击中选择"段落"，将"特殊格式"设置为"首行缩进"，磅值"2字符"，行距下拉列表中选择固定值，在设置值中输入18磅，如图4-9所示。

③ 选择正文第4段至第7段（内部结构：……即转/分钟。），打开"段落"对话框，在"缩进"处设置左侧和右侧"2字符"，如图4-10所示。

④ 选择正文倒数第1段和倒数第2段（光盘容量：……40倍速甚至更高。），打开"段落"对话框，"特殊格式"设置为"悬挂缩进"，磅值"2字符"，如图4-11所示。

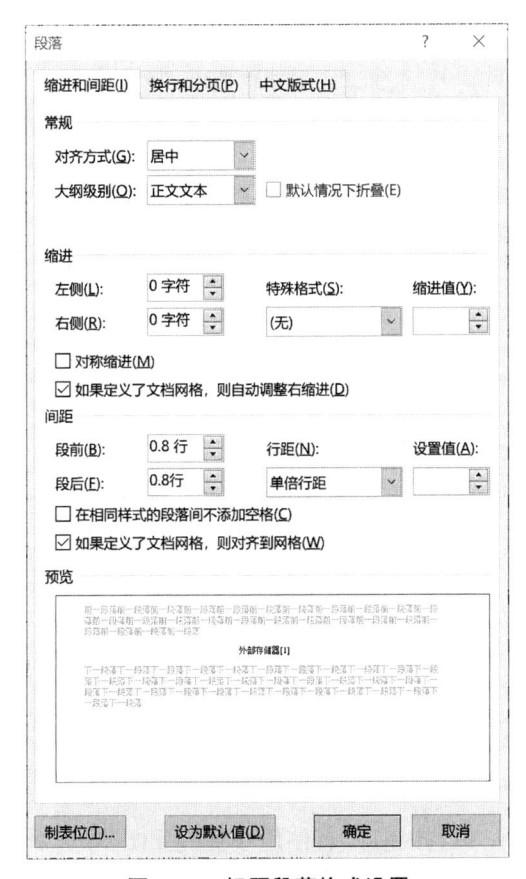

图4-8　标题段落格式设置　　　　图4-9　正文段落格式设置

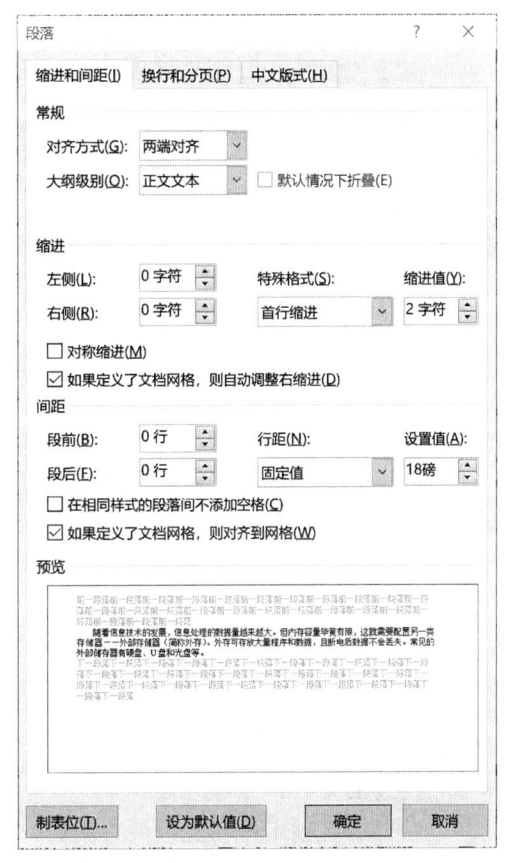

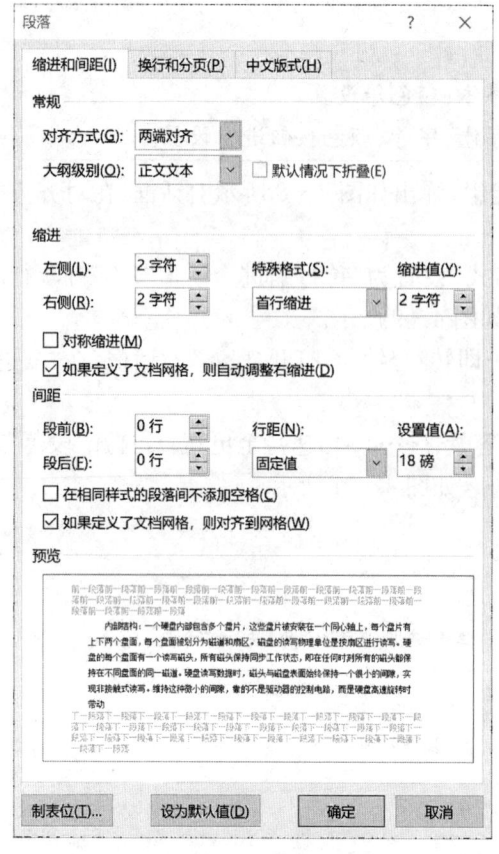

图 4-10　左右侧缩进设置　　　　　图 4-11　悬挂缩进设置

注：

1. 注意"首行缩进""缩进左右侧"和"悬挂缩进"的不同。

2. 行距也可以使用 N 倍行距作为单位进行设置，下拉列表中可选择单倍行距、1.5 倍行距、2 倍行距。单击多倍行距，在设置值中可以设置其他数值。

3. 在进行字体或段落格式设置时，可使用格式刷，将现有字符或段落的格式复制到别的字符或段落。

使用方法：选定包含需要复制格式的字符或段落→选择格式刷按钮使鼠标指针变为刷状→拖动鼠标选中需要复制格式的字符或段落。

4. 查找与替换

（1）查找正文中的"读写"两字

单击"开始"选项卡中功能组最右侧的"查找" 查找 按钮（或者使用快捷键 Ctrl+F），此时左侧显示"导航"面板，在顶部的文本框中输入"读写"，即可自动在文档中进行查找，并将查找结果用橙色底进行标注，出现如图 4-12 所示效果。单击上一处/下一处搜索结果按钮，可以在各个查找结果上切换。

注：

查找要选择所查找的范围，如果不选择查找范围，则将对整个文档进行查找。

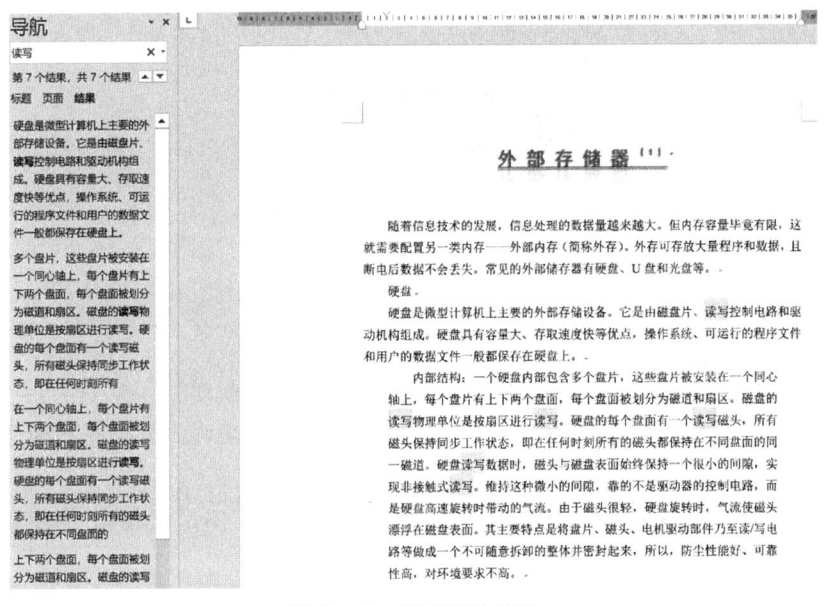

图 4-12 "查找"的结果

(2) 将正文中所有的"存储"两字设置为红色、斜体、加着重号

选择正文,单击"开始"选项卡右侧的"编辑"按钮,选择"替换",弹出"查找和替换"对话框,在"查找内容"文本框中输入"存储","替换为"文本框中输入"存储"。选中"替换为"的"存储"两字,单击对话框最左下角的"格式"按钮,点击"更多"按钮,打开字体格式对话框,设置字体颜色为"红色",字形为"倾斜",着重号选择".",如图 4-13 所示。点击确定按钮,返回"查找和替换"对话框,如图 4-14 所示,点击"全部替换"按钮,弹出如图 4-15 所示对话框,本文中注意标题有"存储"两个字,标题不应该被替换掉,选择"否"即可。

图 4-13 "替换字体"设置　　　　图 4-14 "查找和替换"设置

— 35 —

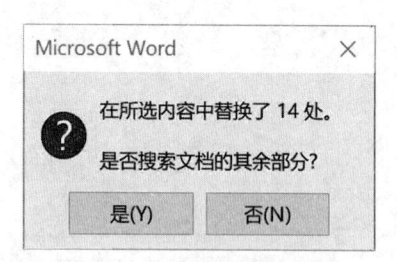

图 4-15 替换确认对话框

> **注：**
> 1. 在替换之前，要确定替换的对象文本，是"全文"还是"正文"。
> 2. 在进行字体设置之前，请务必选择"替换为"的内容，否则就会将查找的文本内容进行字体设置，将会出错。
> 3. 如果在"查找内容"中误设置格式，可以点击下方按钮"不限定格式"来取消已经设置好的格式。

5. 文档属性设置

修改文档属性：在摘要选项卡的标题栏输入"Word2016"，添加两个关键词"硬盘；光盘"，修改作者"姓名"（此处要求本人的姓名），单位"班级"（此处要求班级简写），文档主题"Word2016排版应用"。

选择左上角"文件"按钮，在"信息"页面区域单击"属性"下拉按钮选择"高级属性"命令，弹出"外部存储器.docx 属性"对话框；在摘要选项卡的标题栏输入"Word2016"，主题输入"Word2016排版应用"，作者输入本人姓名，单位输入本人班级简称，关键词处输入"硬盘；光盘"，如图 4-16 所示。

图 4-16 文档属性设置对话框

6. 页眉、页脚、页码设置

（1）添加页眉

在页面顶端插入"空白"型页眉，页眉内容为该文档的主题。

① 单击"插入"选项卡，在"页眉页脚功能区"中选择"页眉"按钮，下拉列表中选择"空白"型页眉。

② 将光标移至页眉中，在"页眉和页脚工具""设计"功能组选择"文档信息"下拉按钮，在列表中选择"文档属性"中的"主题"，如图4-17所示，单击右上方"关闭页眉和页脚"退出。

（2）插入页码

在页面底端插入"X/Y型，加粗显示的数字1"页码，居中显示。

① 单击"插入"选项卡，选择"页眉和页脚"功能组中"页码"按钮。

② 选择"页面底端"→"X/Y型，加粗显示的数字1"，此时在每页底端左侧位置显示"*/3"。

③ 在"开始"选项卡"段落"功能组选择"居中"按钮。

④ 单击右上方"关闭页眉和页脚"退出。

注：

可以设置首页跟其他页页眉不同，或者奇偶页页眉不同。具体方法：

在"页眉和页脚工具"选项卡"选项"功能组中"首页不同"或"奇偶页不同"前方框中打勾。然后再设置页眉。

1. 如需要清除页眉线，可选中后设置"边框"中的"下框线"为"无"。
2. 除设置"首页不同"外，还可在"选项"功能组中设置"奇偶页不同"。
3. 插入页脚跟添加页眉相同。在"插入"选项卡"页眉和页脚"功能组单击页脚按钮即可进行相关页脚设置。

图4-17　页眉内容为文档主题

7. 添加项目符号、编号

正文中，为"硬盘""闪烁存储器""光盘"三段添加编号，编号类型为"(一)、(二)、(三)、……"；为正文"只读型光盘……""一次写入型光盘……""可擦写型光盘……"三段添加新定义的绿色项目符号✈（Wingdings 字体中）。

(1) 添加编号

选中正文"硬盘""闪烁存储器""光盘"三段，选择"段落"功能组的"编号"按钮，在下拉菜单里选择"定义新编号格式"，在打开的编号样式对话框中选择"一、二、三（简）"，在编号格式中输入"（"")""、"，如图 4.18 所示。

(2) 添加新定义的项目符号✈（Wingdings 字体中）

选中正文"只读型光盘……""一次写入型光盘……""可擦写型光盘……"三段，选择"段落"功能组的"项目符号"按钮，在下拉菜单里选择"定义新项目符号"，在弹出的对话框中选择"符号"，再在弹出的"符号"对话框中，在 Wingdings 字体中选择✈后"确定"，如图 4-19 所示，在"定义新项目符号"对话框中单击"字体"按钮，将字体颜色设置为绿色。

> 注：
> 1. 使用过的项目符号会出现在"最近使用过的项目符号"区域。
> 2. 可以将本地磁盘中的图片作为项目符号。具体操作：单击"项目符号"对话框中的"定义新项目符号"，单击"图片"按钮，单击弹出的对话框左下角的"导入"按钮，将本地磁盘中的图片添加进去，然后选择其作为项目符号。

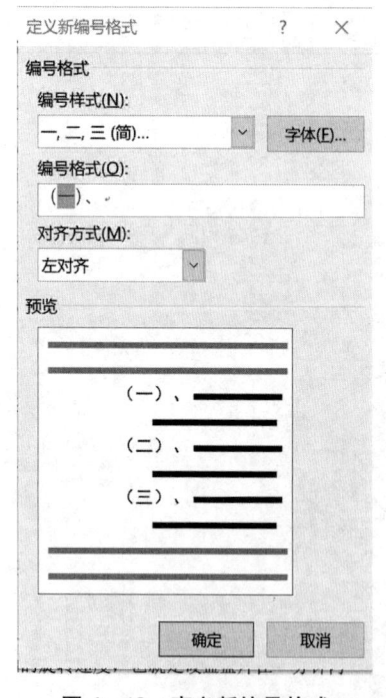

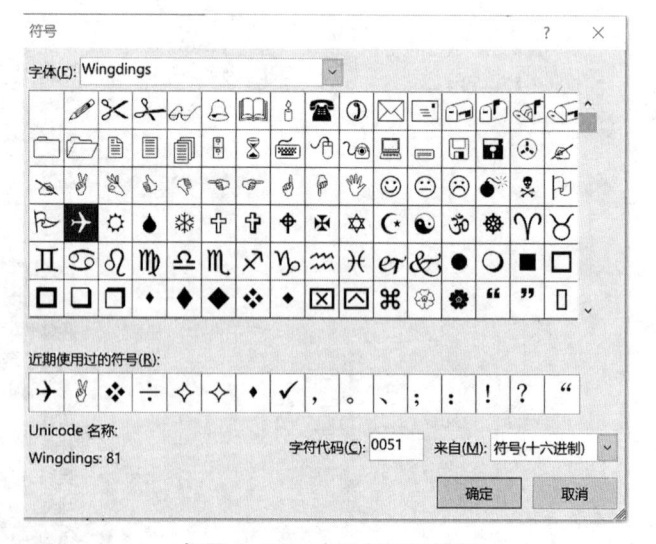

图 4-18　定义新编号格式　　　　如图 4-19　定义新项目符号

8. 页面边框、水印、页面颜色设置

为页面添加最后一个艺术型页面边框,为页面添加内容为"存储器"的楷体文字水印,设置页面颜色为"绿色,个性色6,淡色80%"。

① 切换至"设计"选项卡,在"页面背景"功能区选择"页面边框",打开"边框和底纹"对话框,在"页面边框"选项卡中,选择"艺术型"下拉选项中最后一行,如图4-20所示。

② "页面背景"功能区"水印"下拉菜单中选择"自定义水印",打开"水印"设置对话框,选择"文字水印",在"文字"处输入"存储器","字体"设置为"楷体",如图4-21所示,单击"确定"按钮。

③ 在"页面背景"功能区"页面颜色"下拉颜色中选择"绿色,个性色6,淡色80%"。

图4-20 "页面边框"设置   图4-21 "水印"设置

9. 文档封面设置

插入"边线型"封面,选取日期为"今日"日期,并清除封面的页眉线。

① 在"插入"选项卡"页面"功能区中,选择"封面"按钮,在下拉列表中选择"边线型"封面,在封面日期处选择"今日"按钮。

② 进入第一页页眉编辑状态,选择框架后,点击"段落"功能区"边框"下拉列表中选择"无框线"。

③ 原文件名保存。

> 注:
> 　　文档编辑或考试过程中要实时存盘,按Ctrl+S键即可。

实验5　制作电子板报

一、实验要求

1. 掌握首字下沉的编排。
2. 掌握分栏操作的使用。
3. 掌握边框和底纹的设置。
4. 掌握图文混排的编辑。
5. 掌握艺术字的插入。
6. 掌握文本框的应用。
7. 掌握脚注、尾注的添加。
8. 掌握文件保护与打印。

二、实验步骤

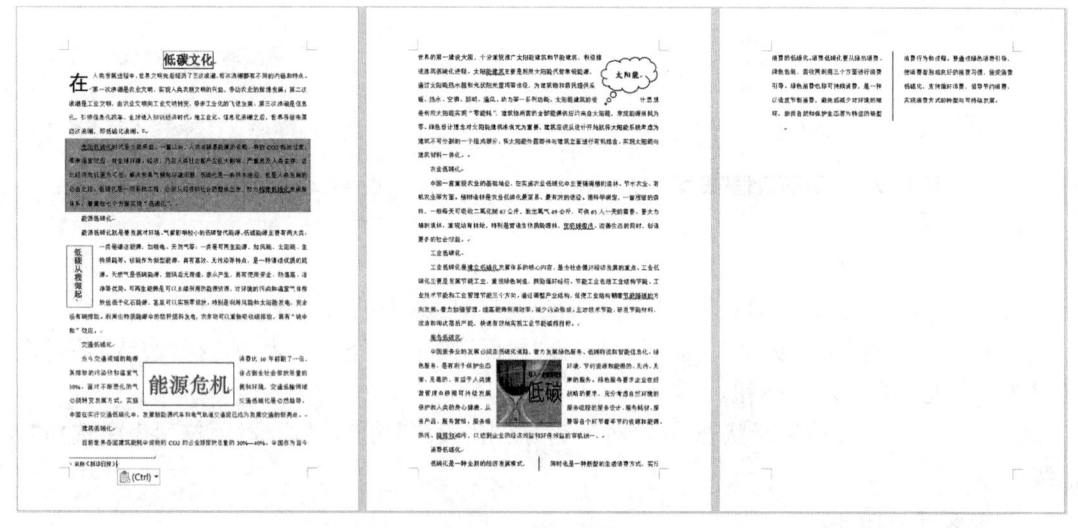

样张

实验准备:打开实验5文件夹中的素材"word3.docx"文件,另存为"低碳生活.docx"。

1. 标题文字效果设置

设置标题段文本效果为"渐变填充-紫色,着色4,轮廓-着色4",字体为二号,居中显示,并为标题段文字添加蓝色(标准色)阴影边框。

① 选中标题,单击"开始"选项卡中的文本效果按钮A,在图5-1中选择第2行第3列的"渐变填充-紫色,着色4,轮廓-着色4"。另设置其为二号,居中显示。

② 选择标题段文字,单击"开始"选项卡"段落"功能组的"边框和底纹"按钮,弹出如图5-2所示对话框,边框设置"阴影",颜色选择标准色蓝色。确认右下方"应用于"为"文字"后单击"确定"退出。

图 5-1　文本效果　　　　　图 5-2　"边框和底纹"对话框

> **注：**
> 可以看下设置边框时应用于段落和文字效果之间的区别。

2. 设置段落格式

设置正文段落 1.5 倍行距，设置除第一段外其他段落首行缩进 2 字符。最后一段进行分两栏，中间加分隔线，设置栏 1 宽度为 18 字符。

① 选中正文，设置段落 1.5 倍行距，设置除第一段外其他段落首行缩进 2 字符。

② 选中最后一段（请注意不要选中段落标记 ↵ 符号），单击"布局"选项卡中的"分栏"按钮，在下拉列表中选择"更多分栏"，单击"两栏"，在"分隔线"前的框里打勾，在"宽度和间距"中设置栏 1 宽度为 18 字符，单击"确定"按钮退出，如图 5-3 所示。

3. 首字下沉

将正文第一段设置首字下沉 2 行（距正文 0.2 厘米），字体为黑体。

光标移至第一段首字"在"前面，在"插入"选项卡，"文本"功能组中，单击 首字下沉 按钮，在下拉列表中，选择"首字下沉"选项，弹出如图 5-4 所示对话框。选择"下沉"，将字体改为"黑体"，下沉行数改为"2"，距正文设置成"0.2 厘米"。

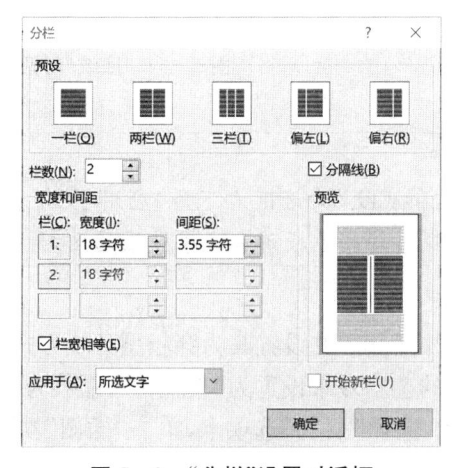

图 5-3　"分栏"设置对话框　　　　　图 5-4　"首字下沉"对话框

> 注：
> 　　最后一段分栏，不能选择段落标记 ↵ 符号。其他段落的分栏，段落标记可选可不选。

4. 边框和底纹

将正文第 2 段添加绿色（标准色）、1.5 磅方框，填充色为"白色，背景 1，深色 25%"的底纹。

（1）添加边框

选择第 2 段，单击"开始"选项卡"段落"功能组的"边框和底纹"按钮，弹出如图 5-5 所示对话框，编辑颜色为绿色、宽度为"1.5 磅"，"设置"中选择"方框"。确认右下方"应用于"为"段落"后单击"确定"退出。

> 注：
> 　　要选择正确的添加"边框和底纹"的对象。如题目是要求给"第 2 段文字"添加边框，则不要选择标题后面的段末符号 ↵ 或者在"边框和底纹"对话框右下角"应用于"里选择"文字"。注意观察应用于段落和文字效果的区别。

（2）添加底纹

单击"边框和底纹"对话框中的"底纹"标签，选择填充色为"白色，背景 1，深色 25%"，如图 5-6 所示。

图 5-5　"边框"对话框　　　　　图 5-6　"底纹"对话框

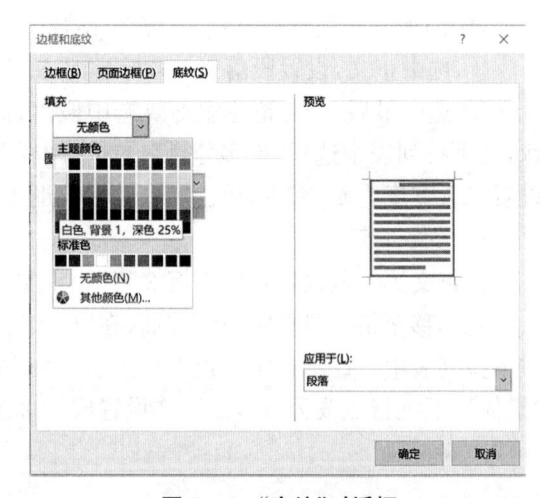

> 注：
> 　　底纹设置，要根据选择对象，在"边框和底纹"对话框右下角"应用于"下拉列表中选择"段落"或"文字"。与边框设置类似，注意观察应用于段落和文字效果的区别。

5. 插入图片及图片的编辑和格式设置

参考范文，在正文适当位置插入图片 PIC1.jpg，并设置其为穿越型环绕方式，宽度 4 厘米，高度 4 厘米，图片颜色色调为 4700K，图片的艺术效果设置为"文理化"，缩放为 50。

① 把插入点定位到要插入图片的位置，选择"插入"选项卡，单击"插图"功能组"图片"按钮，在弹出如图 5-7 所示对话框中，找到需要插入的图片 PIC1.jpg，单击"插入"按钮即可。

② 选中图片，则出现图片工具格式。在"环绕文字"下拉列表中选择"四周型环绕"，同时

在"大小"功能组选择宽度按钮设置为4厘米,高度按钮设置为4厘米,注意取消"锁定纵横比"。

③ 在"图片工具""格式"选项卡的"调整"功能区选择"颜色"按钮,在下拉列表中的"色调"选择"4700K"。

④ 在"图片工具""格式"选项卡的"调整"功能区选择"艺术效果"按钮,单击下拉列表中的"艺术效果选项",在右侧"设置图片格式"中选择"艺术效果"按钮下拉列表中的"文理化",缩放选择"50"。

图 5-7 "插入图片"对话框

注:
1. 旋转图片:选定图片后,图片四边中点和对角出现8个小圆点,称之为尺寸控点,可以用来调整图片的大小,图片上方有一个旋转控制点,可以用来旋转图片。
2. 裁剪图片:双击需要裁剪的图片,在"图片工具格式"选项卡的"大小"功能组,单击"裁剪"按钮,通过调整裁剪控制点来得到所需大小的图片。
3. 通过"图片样式"功能组按钮可以对图片边框、图片效果、图片版式进行设置。通过"调整"功能组按钮可对图片的色彩、颜色、艺术效果进行设置。
4. 通过"插入"选项卡"插图"功能组中的"形状""SmartArt""图表""屏幕截图"按钮可以插入不同形状图形、图表以及所需屏幕截图。

6. 插入文本框

参考范文,在正文适当位置插入竖排文本框"低碳从我做起",设置其字体格式为黑体、四号、红色,环绕方式为四周型,填充色为黄色。

① 将光标定位到要插入文本框的位置,选择"插入"选项卡,单击"文本"功能组中的"文本框"下拉按钮,在弹出的下拉面板中选择"绘制竖排文本框",然后绘制文本框,在文本框中输入文本内容并右击设置格式为黑体、四号、红色。

② 选中文本框,选择"绘图工具格式"中的"环绕文字"按钮,在下拉列表中选择"四周型环绕"。

③ 选中文本框,右击选择"设置形状格式",在右侧打开"设置形状格式"栏,在"填充"中选择"纯色填充",颜色选择"黄色",如图5-8所示,设置完成关闭即可。

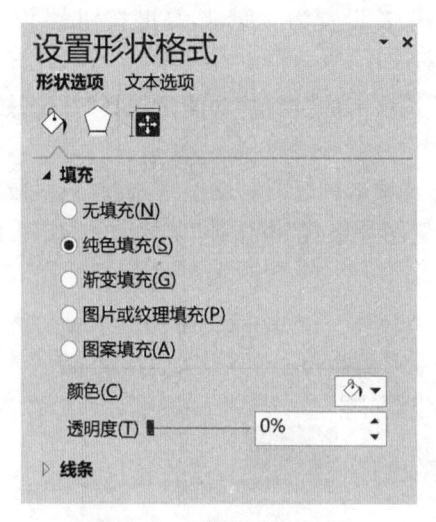

图 5-8 "设置形状格式"

7. 插入艺术字

参考范文,在正文适当位置插入第 2 行第 5 列的艺术字"能源危机",设置艺术字字体为华文中宋、36 号,环绕方式为紧密型,取消首行缩进 2 个字符。设置艺术字形状样式为实线,宽度为 1.5 磅,蓝色。

① 将光标定位到要插入的位置,选择"插入"选项卡"文本"功能组中的"艺术字"下拉面板,在如图 5-9 所示的对话框中选择第 2 行第 5 列的艺术字样式,输入文本内容,同时选中文字设置字体华文中宋、字号 36 号,在段落对话框中取消首行缩进 2 个字符。

② 选中艺术字框,在"环绕文字"下拉列表中选择"紧密型环绕"。

③ 选中艺术字框,右击选择"设置形状格式",在右侧打开"设置形状格式"栏,在"线条"中选择"实线",颜色为"蓝色",如图 5-10 所示;在"线型"中设置"宽度"为 1.5 磅,设置完成关闭即可。

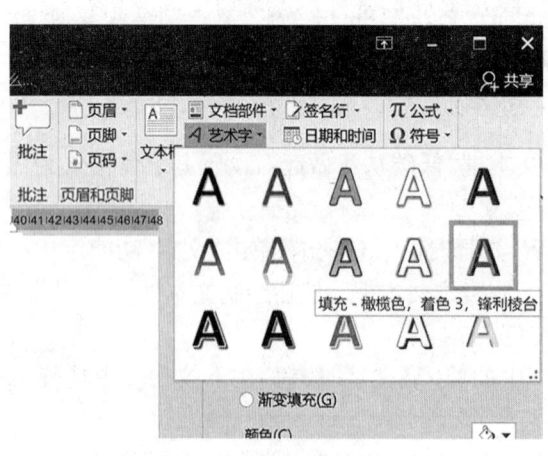

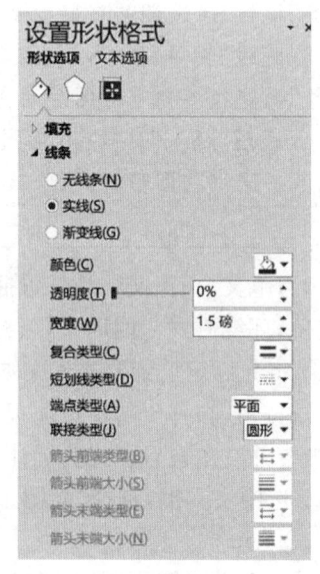

图 5-9 插入"艺术字"   图 5-10 设置艺术字框线

8. 插入形状

参考范文,在正文适当位置插入云形标注,输入文字"太阳能",设置文字为楷体、加粗、四号,其形状样式为"彩色轮廓-蓝色,强调颜色1",环绕方式为紧密型。

① 将光标定位到要插入的位置,选择"插入"选项卡"插图"功能组中的"形状"下拉面板,在如图5-11所示的对话框中选择"云形标注",在适当位置拖动形状大小。

② 单击云形标注,可以输入文字"太阳能",并设置其字体为楷体、加粗、四号。

③ 选中形状,在"绘图工具"中展开"格式"选项卡"形状样式",选择"彩色轮廓-蓝色,强调颜色1"。在"环绕文字"下拉列表中选择"紧密型环绕"。

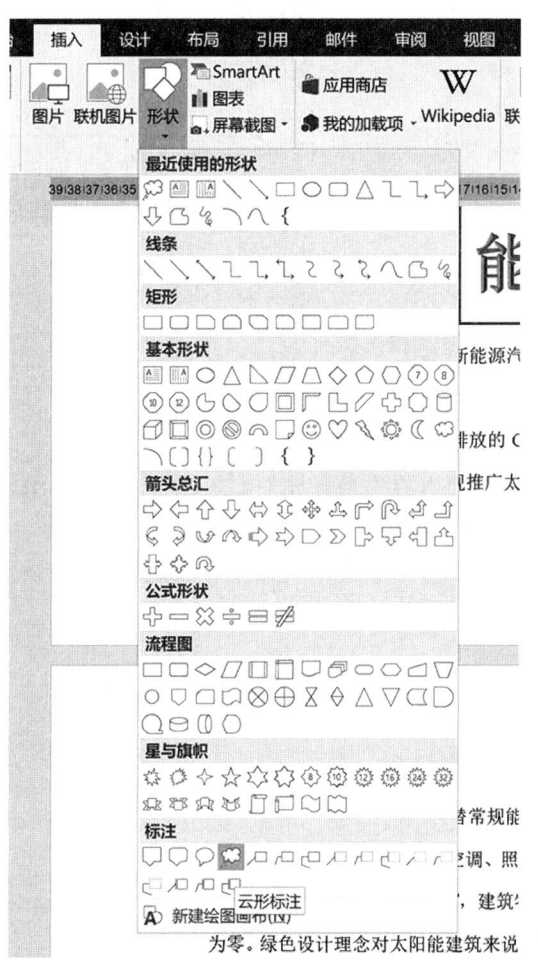

图5-11 插入"云形标注"

9. 添加脚注

在第一段最后插入脚注(页面底端)"来自《新华日报》",脚注编号格式为"①,②,③……"。

将光标移至第一段最后,单击"引用"选项卡"脚注"功能组,打开"脚注"对话框,编号格式选择"①,②,③……",如图5-12所示,单击"插入";在页面底端出现"①",在①后面输入"来自《新华日报》",如图5-13所示。

图 5-12　"脚注和尾注"对话框　　图 5-13　插入脚注后的结果

> **注：**
> 　　添加尾注的方法跟添加脚注相同。

10. 文件保护与打印

（1）文件保护

单击"文件"选项卡中"信息"，在右侧单击"保护文档"中"限制编辑"按钮，则在文档右侧出现如图 5-14 所示菜单。根据需要在 1. 格式设置限制和 2. 编辑限制下方框内打勾，单击下方"是，启动强制保护"。弹出如图 5-15 所示对话框，在保护方法中设置密码。用户通过密码验证可以删除文档保护，对文档进行编辑。

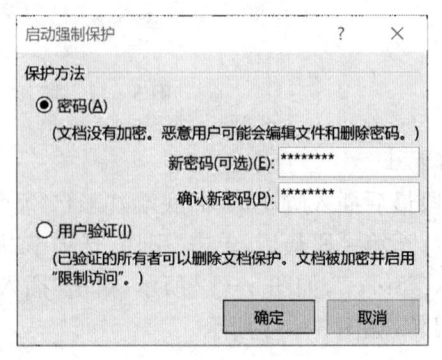

图 5-14　"限制编辑"对话框　　图 5-15　"启动强制保护"对话框

> **注：**
> 　　可单击"文件"选项卡中"信息",在右侧单击"保护文档"中"用密码进行加密"按钮。输入密码2次,则用户需要使用此密码才能打开文件。

（2）文件打印

单击"文件"选项卡中"打印",在中间区域可以进行打印份数、打印机、页数、是否单面打印或正反打印等设置。右侧是打印预览,可以根据打印预览效果进行格式修改。

实验 6　设计、应用表格

一、实验要求

1. 掌握创建、修改表格。
2. 掌握表格格式设计。
3. 掌握表格中数据的编辑。
4. 掌握表格中数据排序、计算等操作。

二、实验步骤

近年来中国片式元器件产量一览表（单位：亿只）

年份 产品类型	1998年	1999年	2000年	三年产 量总计
片式电阻器	125.2	276.1	500	901.30
片式多层陶瓷电容器	125.1	413.3	750	1288.40
片式钽电解电容器	5.1	6.5	9.5	21.10
片式石英晶体器件	1.5	0.01	0.1	1.61
半导体陶瓷电容器	0.3	1.6	2.5	4.40
片式有机薄膜电容器	0.2	1.1	1.5	2.80
片式铝电解电容器	0.1	0.1	0.5	0.70
片式电感器				
变压器	0.0	2.8	3.6	6.40

年份 产品类型	1998年	1999年	2000年	三年产 量总计
片式电阻器	125.2	276.1	500	901.30
片式多层陶瓷电容器	125.1	413.3	750	1288.40
片式钽电解电容器	5.1	6.5	9.5	21.10
片式石英晶体器件	1.5	0.01	0.1	1.61
半导体陶瓷电容器	0.3	1.6	2.5	4.40
片式有机薄膜电容器	0.2	1.1	1.5	2.80
片式铝电解电容器	0.1	0.1	0.5	0.70
片式电感器				
变压器	0.0	2.8	3.6	6.40

样表

实验准备：打开实验 6 文件夹中的素材"word4.docx"文件。

1. 设计表格

（1）创建表格

将素材另存为"元器件产量一览表.docx"，设置文中标题"近年来中国片式元器件产量一览表（单位：亿只）"空心黑体、四号字，蓝色，标题字符间距为紧缩格式，磅值：1.2 磅。

① 选择"近年来中国片式元器件产量一览表（单位：亿只）"标题，打开"字体"对话框，设置中文字体为"黑体"、字号为"四号"，文字颜色为"蓝色"，如图 6-1 所示。

② 在"字体"对话框中，选择"文字效果"打开"设置文本效果格式"对话框，"文本填充"选择"无填充"，"文本边框"选择"实线"，如图 6-2 所示，点击"确定"按钮。

③ 在"字体"对话框中选择"高级"选项卡,在"间距"选项中选择"紧缩",设置"磅值"为"1.2磅",如图6-3所示,点击"确定"按钮。

图6-1 设置"字体"对话框　　图6-2 设置"空心"效果

图6-3 字符间距设置

(2) 文字转换表格

将文件中最后9行文字转换成9行4列的表格,设置表格居中;文字"产品类型"添加"年份"上标。

① 选中最后9行文字,在"插入"选项卡的"表格"下拉菜单中选择"文本转换成表格",打开如图6-4所示的对话框,"列数"为"4",点击"确定"。

② 单击表格左上角的图标 ⊕,以选中整个表格。右击表格,选择"表格属性"命令。在"表格属性"对话框中选择"表格"选项卡,并选择"居中"对齐方式,如图6-5所示,点击"确定"按钮。

③ 光标移至表格第1行第1列文字最后,单击"字体"功能区的上标 x^2 按钮,输入文字

"年份"即可。

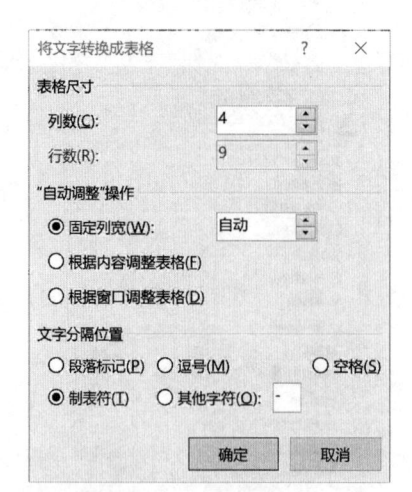

图6-4 文字转换表格

图6-5 表格居中设置

(3) 调整表格大小

设置表格第一列列宽为4厘米、其余列列宽为1.7厘米、表格行高为0.5厘米；设置表格所有单元格的左边距为0.05厘米、右边距为0.3厘米；设置表格标题行重复。

① 选择表格第1列，右击选择"表格属性"，在图6-5所示的对话框中设置"列宽"为4厘米；选择表格剩余三列，设置"列宽"为1.7厘米；全选整张表格，设置行高为"0.5"厘米。

② 全选整张表格，右击选择"表格属性"，选择"单元格"选项卡，单击"选项"打开"单元格选项"对话框，设置单元格的左边距为0.05厘米、右边距为0.3厘米。

③ 选择表格第一行，在"表格工具""布局"选项卡"数据"功能区，选择"重复标题行"。

(4) 单元格设置

设置表格中的第1行和第1列文字水平居中、其余各行各列文字中部右对齐；将第9行第1列单元格拆分成2行，新生成的第1行文字为"片式电感器"、第2行文字为"变压器"。

① 选中表格第1行，在"表格工具""布局"选项卡"对齐方式"功能区中选择"水平居中"；同样设置第1列。

② 选择表格剩余单元格，设置其对齐方式为"中部右对齐"。

③ 光标移至第9行第1列单元格，右击，在菜单中选择"拆分单元格"，打开"拆分单元格"对话框，设置"列数"为"1"、"行数"为"2"，如图6-6所示，点击"确定"；在新生成的第1行调整文字为"片式电感器"、第2行文字为"变压器"。

图6-6 "拆分单元格"对话框

2. 设计表格框线和底纹

（1）边框

设置表格外框线为 1.5 磅蓝色（标准色）双窄线、内框线为 1 磅蓝色（标准色）单实线，将表格第一行的下框线和第一列的右框线设置为 1 磅红色单实线；在第 1 行第 1 列单元格中添加一条 0.75 磅、"深蓝，文字 2，淡色 40％"、左上右下的单实线对角线。

① 选中整张表格，单击"边框和底纹"按钮，选择"双窄线""蓝色""1.5 磅"，右侧预览区域选择外框线范围；选择"单实线"、"蓝色"、"1.0 磅"，右侧预览区域选择内框线范围，如图 6-7 所示，点击"确定"按钮。

② 选择表格第 1 行，打开"边框和底纹"对话框，选择"单实线""红色""1.0 磅"，右侧预览区域点击下框线取消之前的框线设置，再单击一次设置新框线设置，如图 6-8 所示；同样设置第 1 列的右框线，如图 6-9 所示。

③ 光标移至第一行第一列单元格，在"表格工具"中的"设计"选项卡，选择"边框"为"单实线"、"笔颜色"为"蓝色"、"笔画粗细"为"0.75 磅"，右侧"边框"下拉按钮选择"斜下框线"，如图 6-10 所示。

图 6-7　整张表格框线设置

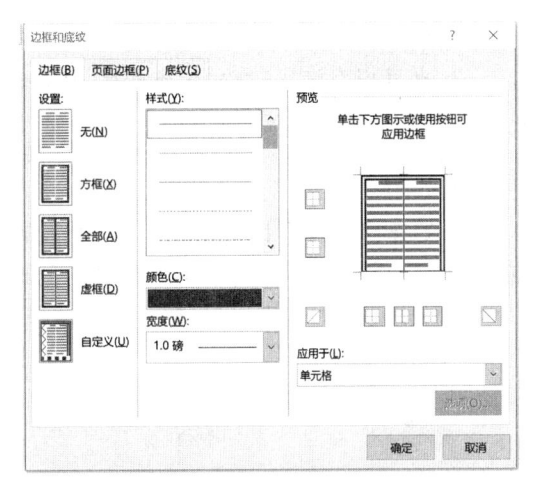

图 6-8　第 1 行下框线设置

图 6-9　第 1 行右侧框线设置

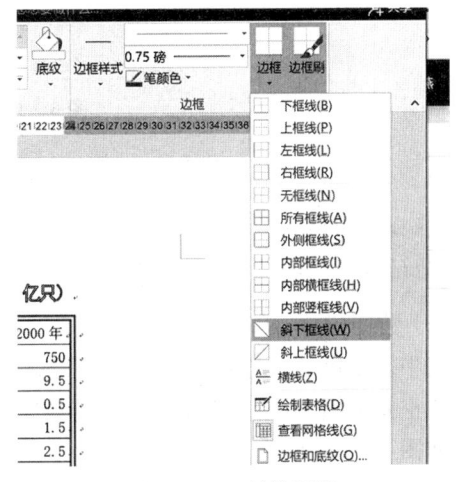

图 6-10　斜线设置

(2) 底纹

设置表格第一行(标题行)底纹为"白色,背景1,深色25%"。

选择表格第一行,打开"边框和底纹"对话框,在"底纹"选项卡中选择颜色"白色,背景1,深色25%"。

3. 表格数据处理

在表格最右边插入一列(合并最后一列最后两行单元格并中部右对齐),输入列标题"三年产量总计",并计算出每个产品的三年产量总计,保留两位小数点,并对前八行1988年的数据进行降序排序。

(1)表格数据计算

① 光标移至最后一列任一单元格处,单击"表格工具""布局"选项卡"行和列"功能组的"在右侧插入"按钮,则在表格右侧增加一列。同时在最后一列第一个单元格输入"三年产量总计"。选择最后一列最后两行单元格,右击,在弹出的菜单中选择"合并单元格",设置其为"中部右对齐"。

注:

1. 除了"在右侧插入"外,还可以在上方、下方和左侧插入。

2. 也可以在选定行后,右击鼠标,在弹出的快捷菜单中选择"插入",进行行和列的增加。

② 光标移至最后一列第二行单元格,选择"布局"选项卡,单击"数据"功能组中的公式按钮,弹出如图6-11所示"公式"对话框。

③ 在"粘贴函数"下拉列表中选择所需的计算公式SUM用来求平均值,则在"公式"文本框内出现"=SUM(LEFT)",即为此处的公式;选择编号格式:0.00,点击"确定"即可。

④ 按上述步骤,计算出最后一列其他单元格中的总和。

图6-11 "公式"对话框

注:

在公式中输入"=B8+C8+D8"也可得到相同结果,此处B8为第2列第8行单元格的相对地址。

(2) 数据排序

选中表格前八行数据,单击"布局"选项卡"数据"功能组中的"排序"按钮,打开"排序"对话框,在"主要关键字"选择"1988年",选择"降序"按钮,如图6-12所示,点击"确定"按钮,排序结果如图6-13所示。

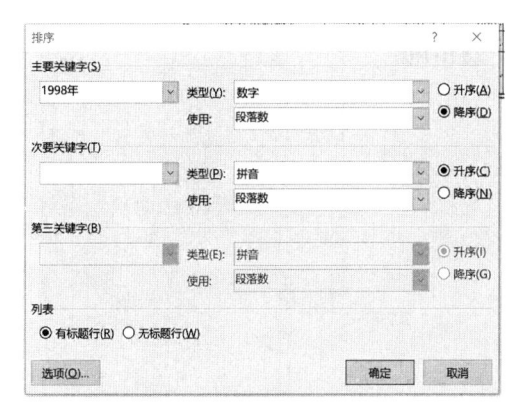

图 6-12 "排序"对话框

近年来中国片式元器件产量一览表（单位：亿只）

年份 产品类型	1998年	1999年	2000年	三年产量总计
片式电阻器	125.2	276.1	500	901.30
片式多层陶瓷电容器	125.1	413.3	750	1288.40
片式钽电解电容器	5.1	6.5	9.5	21.10
片式石英晶体器件	1.5	0.01	0.1	1.61
半导体陶瓷电容器	0.3	1.6	2.5	4.40
片式有机薄膜电容器	0.2	1.1	1.5	2.80
片式铝电解电容器	0.1	0.1	0.5	0.70
片式电感器	0.0	2.8	3.6	6.40
变压器				

图 6-13 表格处理效果

4. 表格样式设置

在下方备份表格，设置备份表格样式为内置样式"网格表 6 彩色-着色 2"，并居中。

① 选中整张表格，复制后在下方粘贴。

② 选中备份表格，在"表格工具""设计"选项卡"表格样式"功能区选择"网格表"中的"网格表 6 彩色-着色 2"，并设置表格居中，设置结果如图 6-14 所示。

③ 保存。

年份 产品类型	1998年	1999年	2000年	三年产量总计
片式电阻器	125.2	276.1	500	901.30
片式多层陶瓷电容器	125.1	413.3	750	1288.40
片式钽电解电容器	5.1	6.5	9.5	21.10
片式石英晶体器件	1.5	0.01	0.1	1.61
半导体陶瓷电容器	0.3	1.6	2.5	4.40
片式有机薄膜电容器	0.2	1.1	1.5	2.80
片式铝电解电容器	0.1	0.1	0.5	0.70
片式电感器	0.0	2.8	3.6	6.40
变压器				

图 6-14 备份表格处理效果

实验 7　长文档排版

一、实验要求

1. 掌握大纲视图的使用方法。
2. 掌握设置大纲级别的方法。
3. 掌握长文档目录的创建方法。
4. 掌握多级符号的设置方法。
5. 掌握不同的页眉和页脚的设置方法。
6. 掌握题注及交叉引用功能。
7. 论文排版的其他要求。

二、实验步骤

1. 页面设置

打开"毕业论文-素材"文档，设置文档上、左页边距为 2.5 厘米，下、右页边距为 2 厘米。

2. 文档分节

> 注：
> 　　分节符最主要的作用就是为同一文档设置不同的格式。例如，在编排一本书的时，书前面的目录需要用"Ⅰ，Ⅱ，Ⅲ……"作为页码，正文要用"1，2，3……"作为页码。书的前面还有扉页、前言等，这些一般不需要设置页码。如果整篇文档采用统一的格式，则不需要采用分节。如果想要在文档的某一部分采用不同的格式设置，就必须创建一个节。

打开素材文档"毕业论文-素材.docx"，然后执行以下操作步骤。

① 将光标定位于文档第一页的"目录"文字前面，在"布局"选项卡的"页面设置"组中单击"分隔符"按钮。在弹出的下拉菜单中选"分节符"中的"奇数页"，效果如图 7-1 所示。

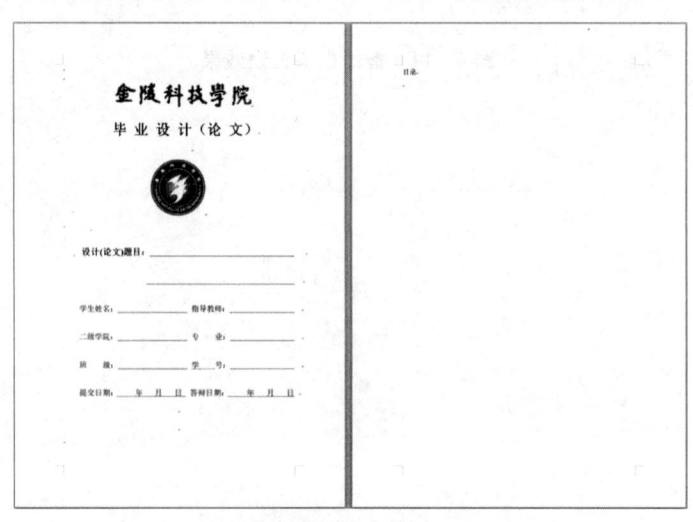

图 7-1　在"目录"前插入分节符

② 按照上述方法在"系统的设计与实现"前面插入分节符,分节符的类型为"下一页"。同样,在"design and implementation management system""绪论""开发工具介绍""需求分析及可行性研究""系统设计""系统实现""系统测试""总结""参考文献"和"致谢"前面插入分节符,分节符的类型为"下一页"。中英文摘要的效果如图7-2所示。

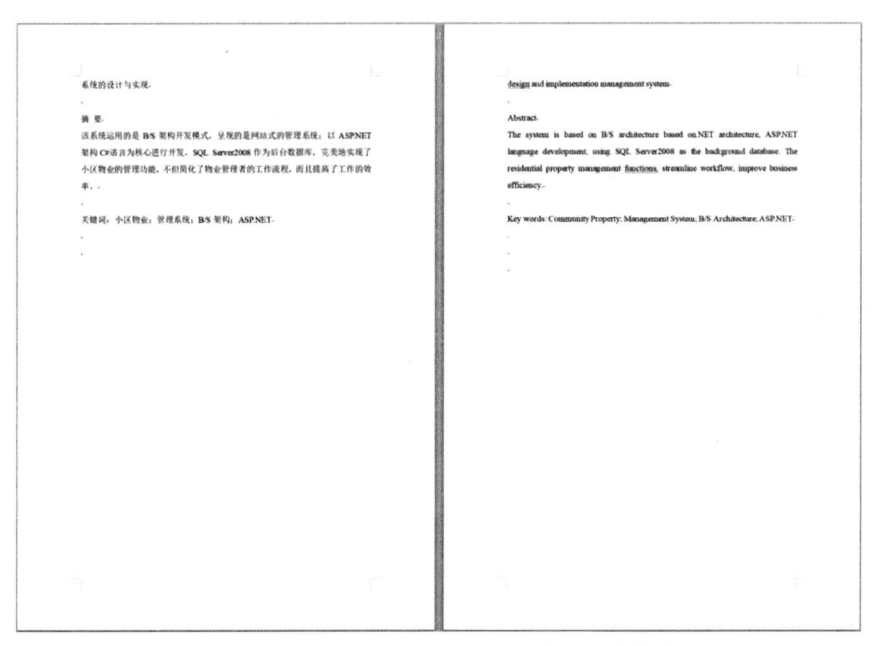

图7-2 在"系统的设计与实现"前插入分节符

③ 至此,该文档分成了13节。文档第1页封面为第1节,目录、摘要、每一章包括参考文献和引用都独立成节。

3. 制作不同节的页眉

前面的操作过程已经将文档分为了13节。现在可以为不同的节设置不同的页眉页脚。

① 将光标定位于文档的第1页,在"插入"选项卡的"页眉和页脚"组中,单击"页眉"按钮,弹出页眉样式库下拉列表,选择"编辑页眉",选中"页眉和页脚工具/设计"选项卡中"选项"组中的"首页不同""显示文档文字"复选框,如图7-3所示。

图7-3 设置页眉格式

② 在页眉和页脚编辑状态,封面首页不需要页眉,所以首先在"目录"页输入页眉"金陵科技学院学士学位论文",左对齐,最右边输入"目录",如图7-4所示。

图7-4 "目录"页页眉

③ 同样，在"系统的设计与实现"页面，单击"导航"组的"链接到前一条页眉"按钮 链接到前一条页眉，取消"与上一节相同"标志，如图 7-5 所示。同样，在"design and implementation management system""绪论""开发工具介绍""需求分析及可行性研究""系统设计""系统实现""系统测试""总结""参考文献"和"致谢"页面设置对应的页眉，如图 7-6 至图 7-15。双击文档中非页眉页脚的任意处（或者单击"关闭页眉和页脚"按钮），退出页眉编辑状态。

图 7-5　"系统的设计与实现"页页眉

图 7-6　"design and implementation management system"页页眉

图 7-7　"绪论"页页眉

图 7-8　"开发工具介绍"页页眉

图 7-9　"需求分析及可行性研究"页页眉

图 7-10　"系统设计"页页眉

图 7-11　"系统实现"页页眉

图 7-12　"系统测试"页页眉

图 7-13　"总结"页页眉

金陵科技学院学士学位论文　　　　　　　　　　　　　　　　　　　　　　　　　　　参考文献

图 7-14　"参考文献"页页眉

金陵科技学院学士学位论文　　　　　　　　　　　　　　　　　　　　　　　　　　　致谢

图 7-15　"致谢"页页眉

> 注：
> 　　设置时有可能会导致封面顶端页眉处有横线，或者其他页面顶端页眉处横线缺失，此时可以调出"段落"中"下框线"按钮，取消或者加上这根横线。

4. 制作不同节的页码

① 将光标定位于文档第 2 页，单击"插入"选项卡中的"页眉和页脚"组的"页码"按钮，在下拉菜单中选择"页面底端"，然后级联列表中选择"普通数字 2"。

单击"页眉页脚工具/设计"选项卡中"页眉和页脚"组的"页码"按钮，在下拉列表中选择"设置页面格式"，弹出"页码格式"对话框。在"编号格式"下拉列表中选择"Ⅰ，Ⅱ，Ⅲ……"格式，在"页码编号"区域中选择"起始页码"为"Ⅰ"，如图 7-16 所示。

② 单击"确定"按钮，并使页码居中对齐。用同样的方法在"系统的设计与实现"页、"design and implementation management system"页上修改页码格式，如图 7-17 所示。

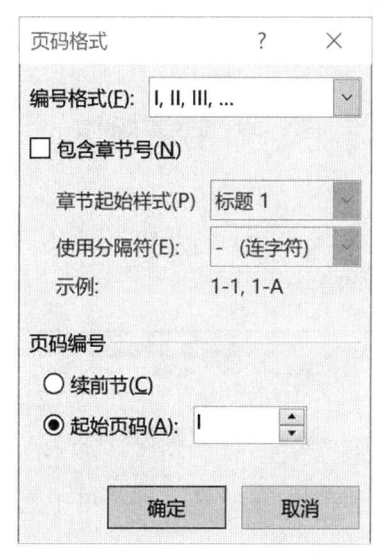

图 7-16　设置页码格式

图 7-17　中英文摘要页面页码设置

③ 将光标定位于"绪论"所在页的页脚处,设置本节页脚与之前的节不同。单击"页眉和页脚"组的"页码"按钮,在下拉菜单中选择"设置页码格式",弹出"页码格式"对话框,在"编码格式"下拉列表中选择"1,2,3……"格式,在"页码编号"区域选择"起始页码"为"1",如图 7-18 所示。

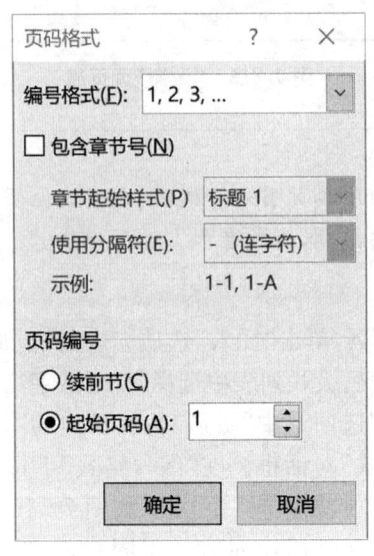

图 7-18 设置页码格式

④ 单击"确定"按钮,页码效果如图 7-19 所示。

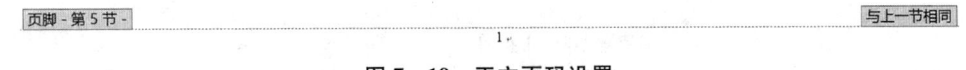

图 7-19 正文页码设置

5. 设置标题样式

① 选中文档中第 5 页的"绪论"标题行,在"开始"选项卡的"样式"组中单击"标题 1"按钮,选择"标题 1"样式,如图 7-20 所示。

图 7-20 设置标题样式

② 在"标题 1"的样式上右键单击,在弹出下拉菜单中选择"修改",弹出"修改样式"对话框。

③ 在对话框中设置字号为"三号",字体为"黑体",居中对齐,单击左下角的"格式"按钮,在下拉列表中选择"段落",如图 7-21 所示,弹出"段落"对话框。

④ 在"段落"对话框中设置段落"居中"对齐,段前"0.5 行",段后"0.5 行",行距为"单倍行距"。

注:
"段前"和"段后"间距用"磅"为单位时,可以直接输入以"行"为单位的段落设置,如输入"0.5 行",如图 7-22 所示,单击"确定"按钮,返回"修改样式"对话框。

图 7-21 "修改样式"对话框　　图 7-22 设置段落格式

⑤ 将光标定位于"绪论"处,双击"开始"选项卡中的"剪贴板"的"格式刷"按钮,选中其他红色标题也设置成同样的样式,如"开发工具介绍""需求分析及可行性研究""系统设计""系统实现""系统测试""总结""参考文献"和"致谢"。设置完毕后,单击"格式刷"按钮。

⑥ 选中位于文档第 6 页的二级标题"ASP.NET 介绍",在"开始"选项卡的"样式"组中单击"快速样式"中的"标题 2"按钮。

注:
　　如果没有在快速样式中找到"标题 2",则单击"样式"组的"对话框启动器"按钮(组合键 Alt+Ctrl+Shift+S)弹出如图 7-23 所示的"样式"任务窗格。单击"选项"按钮,在弹出"样式窗格选项"对话框中选中"在使用上一级别时显示下一标题"复选框,如图 7-24 所示。

图 7-23 "样式"任务窗格　　图 7-24 "样式窗格选项"对话框

⑦ 选"标题 2"样式后,单击"样式"组中的"标题 2",设置"ASP.NET 介绍"字号为"小三号",中西文字体为"黑体"段落行距为"1.5 倍行距",段前为"0 行",段后为"0 行",不加粗,颜色为"黑色",左对齐,单击快速样式中的"标题 2"右边的■按钮,选择"更新标题 2 以匹配所选内容"按钮,如图 7‑25 所示。

图 7‑25 修改样式

⑧ 用"格式刷"工具将文中用蓝色标注的其他二级标题也设置成同样的格式,或者将光标定位在用蓝色标注的其他二级标题处,单击"标题 2"按钮。

⑨ 选中位于文档第 6 页的三级标题"物业管理的发展成因",在"开始"选项卡的"样式"组中单击"快速样式"中的"标题 3"按钮。设置字号为"四号"字体为"黑体",段落行距为"1.5 倍行距",段前为"0 行",段后为"0 行",不加粗,颜色为"黑色",左对齐。更改标题"物业管理的发展成因"格式"标题 3"。同样,更改文中用绿色标注的其他三级标题。

6. 设置多级标题编号

① 将光标定位于一级标题"绪论"处,单击"开始"选项卡中"段落"组中的"多级列表"按钮,在弹出的下拉菜单中选择"新的多级列表",弹出"定义新多级列表"对话框。

② 在"定义新多级列表"对话框中的"单击要修改的级别"列表框中选择"1","此级别编号样式"下拉列表中默认"1,2,3,……"样式,在"编号格式"中默认出现"1","文本缩进位置"设置为"0 厘米"。点击左下角"更多"按钮,在右侧设置"将级别链接到样式"为"标题 1","编号之后"选择"空格",如图 7‑26 所示。

③ 单击"字体"按钮,弹出"字体"对话框。在"字体"对话框中设置文字格式为黑体,三号,不加粗。(注意:这里的是数字"1",是西文字体,设置成"黑体"或者"使用中文字体",下同。)单击"确定"按钮,返回"定义新多级列表"对话框。

④ 继续在"定义新多级列表"对话框中的"单击要修改的级别"中选择"2",此时在"输入编号的格式"中默认出现"1.1","此级别的编号样式"下拉列表中默认选择"1、2、3……"样式,单击"字体"按钮,设置编号格式为黑体,小三号,不加粗。"文本缩进位置"设置为"0 厘米","对齐位置"设置为"0 厘米"。单击"更多"按钮,在右侧设置"将级别链接到样式"为"标题 2","编

号之后"选择"空格",如图 7-27 所示。

⑤ 继续在"定义新多级列表"对话框中的"单击要修改的级别"中选择"3",此时在"输入编号的格式"中默认出现"1.1.1","此级别的编号样式"下拉列表中默认选择"1、2、3……"样式,单击"字体"按钮,设置编号格式为黑体,四号,不加粗。"文本缩进位置"设置为"0 厘米","对齐位置"设置为"0 厘米"。单击"更多"按钮,在右侧设置"将级别链接到样式"为"标题 3","编号之后"选择"空格",如图 7-28 所示。单击"确定"按钮。

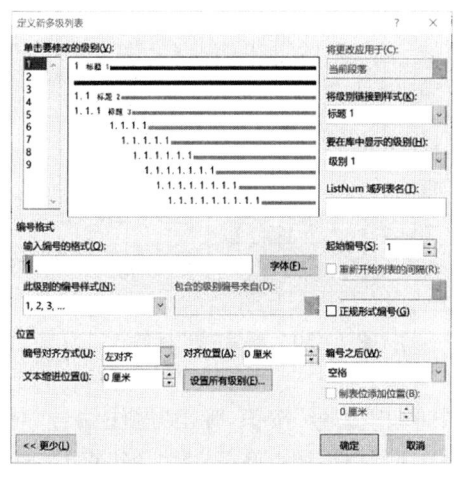

图 7-26　设置一级标题编号样式 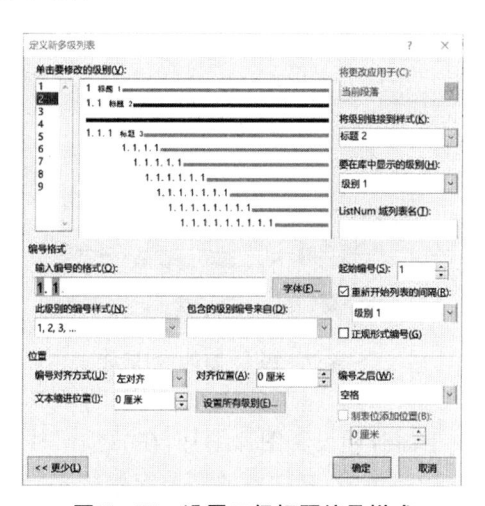　　　图 7-27　设置二级标题编号样式

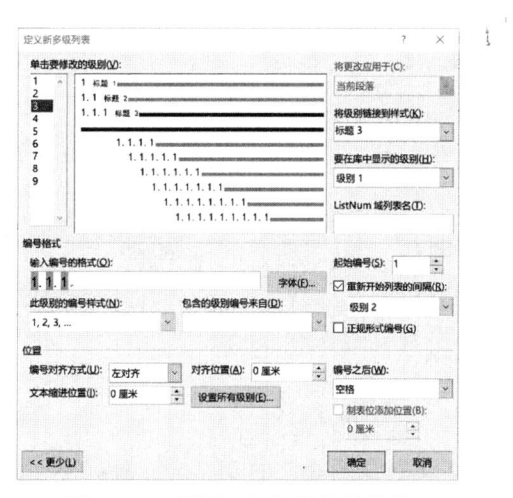

图 7-28　设置三级标题编号样式

> 注:
> 　　当"参考文献""致谢"不需要进行标题编号时,可以单独删除。

7.设置图片题注

设置图片的编号为"图 4.1,图 4.2,图 4.3,图 4.4,图 5.1,图 5.2,图 5.3,图 5.4",并在正文中引用相应的标号。

① 将光标定位于"4.2.2 系统时序图"部分的空白居中处,在"插入"选项卡的"插图"组单击"图片"按钮,在"插入图片"对话框中找到"实验 7"文件夹中的图片"4-1.png",单击"插

入"按钮。

② 在插入的图片上右击,在弹出的快捷菜单中选择"插入题注"命令,弹出"题注"对话框。单击"标签"下拉表,观察是否有"图"标签,如图 7-29 所示,如果没有则需要新建"图"标签。

③ 单击"新建标签"按钮,在弹出的"新建标签"对话框中的"标签"文本框中输入"图",如图 7-30 所示,单击"确定"按钮,返回"题注"对话框。

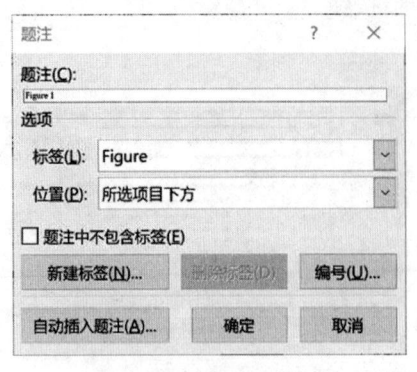

图 7-29 "题注"对话框　　图 7-30 新建"图"标签

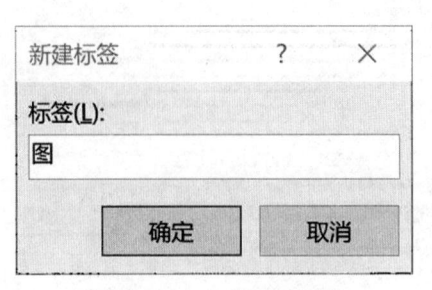

④ 下面开始设置图片编号,在"题注"对话框中单击"编号"按钮,弹出"题注编号"对话框。选中"包含章节号"复选框,"章节起始样式"为"标题 1","使用分隔符"为".(句点)",如图 7-31 所示,设置好后单击"确定"按钮,返回"题注"对话框。单击"题注"对话框的"确定"按钮,即为该图加上题注编号,如图 7-32 所示。

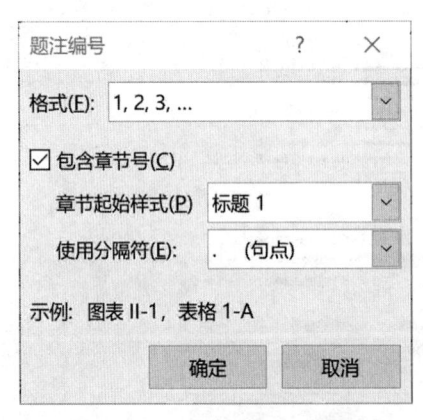

图 7-31 "题注编号"对话框　　图 7-32 插入图片题注

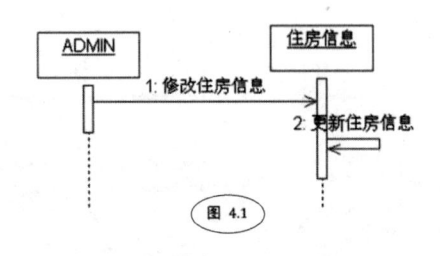

⑤ 按照上述步骤①~步骤④,将图片"4-2.png""4-3.png""4-4.png""5-1.png""5-2.png""5-3.png""5-4.png"插入文档中用黄色底纹标注的下方,并分别插入题注。

8. 交叉引用功能

① 将光标定位于文档中"4.2.2 系统时序图"部分第一个黄色底纹标注的"如所示"的"如"字后面。

② 在"引用"选项卡的"题注"组单击"交叉引用"按钮,弹出"交叉引用"对话框,引用类型为"图",引用内容为"只有标签和编号",引用的题注为"图 4.1",如图 7-33 所示。单击"确定"按钮,即完成交叉引用功能。如图 7-34 所示。

图 7-33 "交叉引用"对话框   图 7-34 引用说明

③ 按照上述步骤设置剩余 7 幅图的交叉引用。

④ 此时,如果删除文档中的某一个插图,可以将图片的题注编号及交叉引用说明一起删除。选中整个文档,按 F9 键,Word 会自动更新图片编号及交叉引用说明中的编号。

9. 设置表格题注并交叉引用

设置图片的编号为"表 4.1,表 4.2,表 4.3",并在正文中引用相应的编号。

① 选中"4.3.2 逻辑结构设计"节第一张表格,右击,在弹出的快捷菜单中选择"插入题注"命令,弹出"题注"对话框。单击"标签"下拉表,观察是否有"表"标签,如果没有则需要新建"表"标签。

② 单击"新建标签"按钮,在弹出的"新建标签"对话框中的"标签"文本框中输入"表",如图 7-35 所示,单击"确定"按钮,返回"题注"对话框。

③ 下面开始设置表格编号,在"题注"对话框中单击"编号"按钮,弹出"题注编号"对话框。选中"包含章节号"复选框,"章节起始样式"为"标题 1","使用分隔符"为".(句点)",设置好后单击"确定"按钮,返回"题注"对话框。选择"位置"为"所选项目上方",如图 7-36 所示。单击"题注"对话框的"确定"按钮,即为该表格加上题注编号,并设置其居中,如图 7-37 所示。

④ 将光标定位于文档"4.3.2 逻辑结构设计"部分第一个红色底纹标注的"详细信息见"的"见"字后面。在"引用"选项卡的"题注"组单击"交叉引用"按钮,弹出"交叉引用"对话框,引用类型为"表",引用内容为"只有标签和编号",引用的题注为"表 4.1",单击"确定"按钮,即完成交叉引用功能。如图 7-38 所示。

图 7-35 新建"表"标签   图 7-36 "题注"对话框

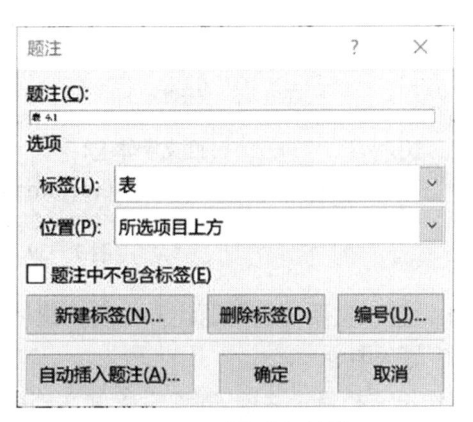

表 4.1

列名	类型	描述	备注
ID	int	用户 Id	主键 自增
name	varchar(20)	用户真实姓名	
UID	varchar(20)	用户名	

图 7-37 插入表格题注

(1) 管理员属性表记录管理员的各种参数以及相关信息。在系统中只有管理员能对该表进行删除、插入、更新。********表 4.1**

图 7-38 引用说明

⑤ 按照上述步骤①～步骤④，将该章中的表格分别插入题注，并在红色底纹处交叉引用。

⑥ 此时，如果删除文档中的某一个表格，可以将表格的题注编号及交叉引用说明一起删除。选中整个文档，按 F9 键，Word 会自动更新表格编号及交叉引用说明中的编号。

10. 格式设置

① 将光标定位于第 3 页"系统的设计与实现"，设置格式为小二号，黑体居中，与"摘要"空一行，段前段后 0.5 行，单倍行距。

② 设置"摘要"两个字之间空一格，居中三号黑体，段前段后 10 磅，单倍行距，大纲级别为"1 级"。

③ "关键字："设置为黑体四号字，关键字之间用中文的";"隔开，顶格无缩进。

④ 摘要内容部分文字设置为楷体小四号字，首行缩进 2 个字符，1.5 倍行距；关键字楷体小四号字。

⑤ 第 4 页文字设置为新罗马字体；"design and implementation management system"设置小二号字加粗居中，与"Abstract"空一行，段前段后 0.5 行，单倍行距；"Abstract"设置为三号加粗居中，段前段后 10 磅，单倍行距，大纲级别为"1 级"；"Key words："四号字加粗，关键字之间用英文的";"隔开，顶格无缩进；其余文字都设置为小四号字，英文摘要内容首行缩进 2 字符，1.5 倍行距。

⑥ 论文正文文字设置为中文宋体小四号，英文新罗马小四号，在字体对话框中设置如图 7-39 所示。段落设置行距 20 磅，首行缩进 2 个字符，两端对齐。

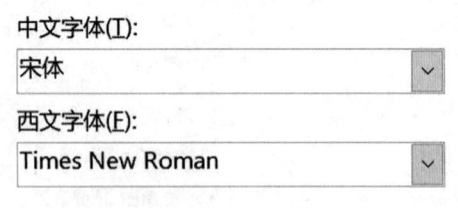

图 7-39 正文字体格式

⑦ 设置正文图和表的题注和内容为黑体小五号字。

11. 制作目录

制作长文档目录之前，需要设置好文档中的标题样式。本文档已经在前面步骤中设置好了标题样式，这里就可以按照下述步骤自动生成文档目录，并设置其格式。

① 将光标定位于文档第 2 页"目录"下空白行。单击"引用"选项卡中"目录"组中的"目录"按钮，在弹出下拉列表中选择"自定义目录"命令。

② 弹出"目录"对话框，在常规区域中的"格式"下拉列表中选择"来自模板"，在"显示级别"中选择"2"，如图 7-40 所示。

③ 单击"确定"按钮，即可自动生成文档目录，如图 7-41 所示。

④ 设置"目录"两个字之间空一格，居中三号黑体，段前段后 10 磅，单倍行距。

⑤ 全选整个目录内容，设置其字体为宋体四号，行间距为固定值 24 磅。

图 7-40 "目录"对话框　　　　图 7-41 文档目录效果

注：
　　如果需要更改已经生成的目录，可以在生成的目录处右击，在弹出的快捷菜单中选择"更新域"命令，弹出"更新目录"对话框，选择"更新整个目录"，如图 7-32 所示，即可对文档的目录进行更新。如果只是文档的页码有改动，选择"只更新页码"即可。

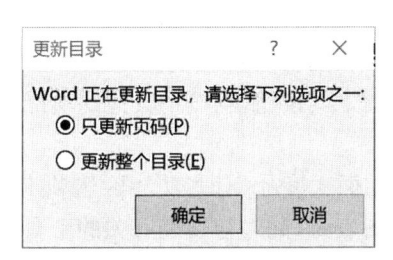

图 7-42 更新目录

第三章　电子表格处理软件 Excel 2016

电子表格处理软件用来处理由若干行和若干列所组成的表格,表格中每个单元格可以存放数值、文字、公式等,从而可以很方便地进行表格编辑、数值计算,甚至可以利用电子表格软件提供的公式及内部函数对数据进行分析、汇总等运算。

Microsoft Excel 2016 是一套功能完整、操作简易的电子表格处理软件,提供了丰富的函数及强大的图表、报表制作功能,能有助于有效率地建立与管理资料。用户可以使用 Excel 跟踪数据,生成数据分析模型,编写公式对数据进行计算,以多种方式透视数据,并以各种具有专业外观的图表来显示数据。Excel 的一般用途包括会计专用、预算、账单和销售、报表、计划跟踪、使用日历等。

Excel 2016 管理的文档称为工作簿(文件扩展名为.xlsx)。一个工作簿中可以有数张工作表,工作表由行和列组成,行和列交叉处即为单元格。单元格可以存放数值、文字、日期、批注及格式信息等。在工作表的上面有每一栏的"列号"A、B、C、…,左边则有各列的"行号"1、2、3、…,将列号和行号组合起来,就是单元格的"地址"。单元格的引用是通过单元格地址表示的。例如:B3 表示第 3 行第 B 列单元格的相对地址;＄B＄3 表示第 3 行第 B 列单元格的绝对地址;B2:D4 表示 B2 单元格至 D4 单元格所组成的正方形区域内的所有单元格,称为单元格区域。

Excel 2016 的每一个新工作簿一般默认会有 1 张空白工作表,每一张工作表则会有标签(默认为 sheet1),一般利用标签来区分不同的工作表。

Excel 2016 窗口上半部的面板称为功能区,放置了编辑工作表时需要使用的工具按钮。Excel 2016 中主要包含 8 个功能区,包括文件、开始、插入、布局、引用、邮件、审阅和视图。每个功能区根据功能的不同又分为若干个组,方便使用者切换、选用。例如"开始"功能区中包括剪贴板、字体、对齐方式、数字、样式、单元格和编辑七个组。该功能区主要用于帮助用户对 Excel 2016 表格进行文字编辑和单元格的格式设置,是用户最常用的功能区。开启 Excel 时默认显示的是"开始"功能区下的工具按钮,当按下其他的功能选项卡时,便会改变显示功能区所包含的群组按钮。

Excel 2016 为了避免整个画面太凌乱,有些功能区选项卡会在需要使用时才显示。例如当用户在工作表中插入了一个图表时,此时与图表有关的工具才会显示出来。

Excel 2016 具有如下主要功能:

(1) 数据输入及编辑功能

Excel 2016 不仅可在当前单元格中输入编辑数据,而且还可以在编辑栏中进行较长数据、公式的输入修改。Excel 2016 提供了同一数据行或列上快速填写重复的文字信息录入项,自动填充序数、自定义序列,利用剪贴板进行单元格内容、格式、批注的复制移动操作,使用方便快捷。

(2) 表格格式设置

Excel 2016 提供了丰富的数据格式设置功能,可实现对数值、日期、文字、表格边框、图案等格式的设置。Excel 2016 默认字体是"等线",用户使用过程中需要注意。

（3）图表处理

Excel 2016 图表类型共有十多种，有二维图表和三维图表，每一类图表又有若干种子类型。建成的图表，可以在新出现的"图表工具"功能区进行图表数据区、图表选项等信息的修改，既可以方便地创建图表，还可以在图表上进行数据变化趋势分析，使得数据更加直观、清晰。

（4）公式函数

公式函数是 Excel 强大计算功能之所在。在公式中可以进行加、减、乘、除、乘方等数值运算，等于、大于、小于、不等于等逻辑运算及字符串运算，函数较 Excel 2010 多。Excel 2016 提供了"墨迹公式"，可以进行手动输入复杂的数学公式，如果有触摸设备，则可以使用手指或者触摸笔手动写入数学公式，Excel 2016 会将它转换为文本，并且还可以在进行过程中擦除、选择以及更正所写入的内容。

（5）数据管理及分析

Excel 2016 可对数据列表进行排序、筛选、分类汇总操作，还可对数据列表进行数据透视操作，从不同角度分析统计数据，数据分析能力要比 Excel 2010 强。

（6）其他功能

Excel 2016 取消了帮助，输入函数不再出现帮助链接。可以通过"操作说明搜索"框，输入需要执行的功能或者函数，即可快速显示该功能或函数帮助，方便用户使用。

本章以中文版 Excel 2016 为工具，通过"Excel 表格的基本操作""Excel 公式计算与图表建立""Excel 数据处理与汇总"3 个实验介绍了 Excel 2016 的填充柄自动输入序数、函数公式的应用、图表的创建、自定义序列排序、筛选和分类汇总的操作方法、数据透视表的应用等知识点。通过本单元的学习和练习，读者应当掌握 Excel 2016 常用功能的操作，加深对 Excel 数据处理功能的理解。

实验 8　Excel 表格的基本操作

一、实验要求

1. 掌握工作表的命名、复制、移动、删除。
2. 了解工作表窗口的拆分和冻结。
3. 掌握工作表中基本数据的输入编辑。
4. 掌握工作表的格式设置。
5. 了解保护和隐藏工作簿、工作表、单元格。

二、实验步骤

1. 工作表的基本操作

（1）新建并保存工作簿

① 新建：启动 Excel 2016 程序，建立空白文件，默认文件名为"工作簿 1.xlsx"。

> **注：新建 Excel 文档的其他方法**
> 在已打开的 Excel 文档的"文件"选项卡中选择"新建"，单击"空白工作簿"。

② 保存：在"快速存取工具列" 中，单击"保存"按钮，在弹出的"另存为"对话框中设置保存路径为"本地磁盘(F:)"，文件名为"销售发票"，保存类型为"Excel 工作簿(*.xlsx)"，设置完成后，单击"保存"。

> **注：** 文档编辑或考试过程中要实时存盘。或者直接按 Ctrl+S 键即可。

（2）工作表的命名和删除

① 工作表重命名：双击"Sheet1"，将其更名为"销售发票"。

② 新建工作表：单击"销售发票"工作表右侧 的加号，则新建了一个自动命名为"Sheet2"的工作表。

③ 删除工作表：单击选中的工作表标签"Sheet2"，在任意标签上右击，在弹出的菜单中选择"删除"。

> **注：保存 Excel 文档的其他方法**
> 1. 在"文件"选项卡中选择"保存"。
> 2. 在"文件"选项卡中选择"另存为"。
> 3. 若要多张工作表选择，则先选中一张工作表名，再按住 Ctrl 或 Shift 键单击其他工作表，就可以同时选中这几张工作表。

> **注:工作表的其他操作**
>
> **工作表重命名**:在标签上右击,在弹出的菜单中选择"重命名"。
>
> **工作表复制**:选择要复制的工作表,按住 Ctrl,在其标签上拖动选中的工作表到新的位置,松开鼠标,便复制了一张与原内容完全相同的工作表。
>
> **工作表移动**:选择要移动的工作表,在其标签上拖动选中的工作表到新的位置,松开鼠标,工作表的位置就相应改变了。
>
> 工作表移动和复制同样可以通过在标签上右击鼠标,在弹出的菜单中选择"移动或复制",弹出"移动或复制工作表",选择移动后的位置,单击"确定";或者,选择"建立副本",则在移动的同时建立副本工作表。
>
> **工作表保护**:在需要保护的工作表标签上右击鼠标,在弹出的菜单中选择"保护";或者,在"审阅"选项卡中选择"更改"功能区中的"保护工作表"按钮。在弹出"保护工作表"对话框中输入取消保护的密码并再次输入,选择需要保护的内容,单击"确定"即可。保护操作过后,被保护的内容是无法进行修改的。
>
> **工作表隐藏**:在需要隐藏的工作表标签上右击鼠标,在弹出的菜单中选择"隐藏"。"取消隐藏",可同样在工作表标签上右击鼠标,即可取消。
>
> **工作表窗口的冻结**:查看规模比较大的工作表时,比较表中的不同部分的数据会很困难,这时可以利用"视图"功能区的"冻结窗口"功能来固定窗口,将某几行或某几列的数据冻结起来,这样如果滚动窗口时,这几行或这几列数据就会被固定住,而不会随着其他单元格的移动而移动。
>
> **工作表窗口的拆分**:编辑列数或者行数特别多的表格时,可以在不隐藏行或列的情况下将相隔很远的行或列移动到相近的地方,以便更准确地输入数据。使用时可以将窗口分开两栏或更多,以便同时观察多个位置的数据。

2. 在"销售发票"工作表中编辑文本和数据

在输入过程中不考虑单元格格式,如字体大小、对齐方式。

单击单元格 A1,输入"销售发票"并回车。同样,参考图 8-1 输入表格中剩余数据。

	A	B	C	D	E	F	G	H	I	J	K	L	M
1	销售发票												
2	地址:										2020年10月19日填发		
3	品名规格		单价	数量	价值	金额							
4						十	万	千	百	十	元	角	分
5													
6													
7													
8													
9													
10													
11	合计金额(大写)												
12	填制人:		经办人:			业户名称(盖章)							

图 8-1 输入数据

3. 工作表的基本格式设置

(1) 合并单元格

① 选择 A1:M1 单元格区域,单击"开始"选项卡中的"合并并居中"按钮;或者,选择 A1:M1 单元格区域,右击鼠标,在弹出的菜单中选择"设置单元格格式",打开设置对话框,如

图8-2所示,选择"对齐"标签,设置复选框"合并单元格"。

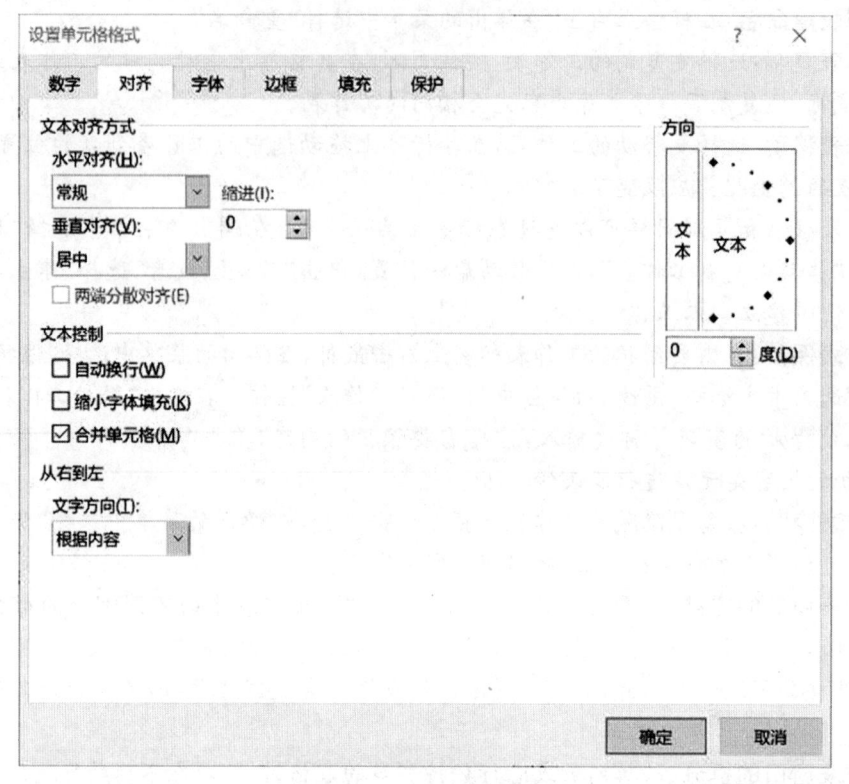

图8-2　设置单元格格式

② 按照步骤①,将 A3:B4、C3:C4、D3:D4、E3:E4、B11:D11、F2:M2、F3:M3、A5:B5、A6:B6、A7:B7、A8:B8、A9:B9、A10:B10 单元格合并,得到如图8-3所示的效果。

图8-3　单元格合并的效果

(2) 设置表格列宽

① 精确设置列宽:将鼠标移至列号处,选中 F 至 M 列,在任意列号上右击,在弹出的菜单中选择"列宽"。在弹出"列宽"对话框中设置数值为2,单击"确定"按钮,得到如图8-4所示的效果。

图8-4 精确设置列宽

② 粗略调整列宽:将光标置于列号B和C之间,按住鼠标左键向右拖动,以增宽列B。

(3) 设置表格行高

① 精确设置行高:单击行号和列表左上角的方块,选中整个工作表;或者,将鼠标移至行号处,选中1至12行。在任意行号位置右击,在弹出的菜单中选择"行高"。在弹出的"行高"对话框中设置数值为11.5,单击"确定"按钮。

② 粗略调整行高:将光标置于行号1和2之间,按住鼠标左键向下拖动,以增加行1的高度;同样方法,调整行11的高度,得到如图8-5所示的效果。

图8-5 调整行高

> **注:隐藏行和列**
> 在需要隐藏的行号或者列号右击鼠标,在弹出的菜单中选择"隐藏"命令即可;同样,可以取消隐藏。

(4) 设置单元格属性

① 数字格式的设置。

设置日期格式:在单元格中输入39668,然后设置其数字格式为"日期",得到2008年8月8日。

设置时间格式:在单元格中输入0.505648148148148,然后设置其数字格式为"日期",得到12:08:08PM。

设置百分比格式:在单元格中输入0.0459,然后设置其数字格式为"百分比",得到4.59%。

设置分数格式:在单元格中输入0.6125,然后设置其数字格式为"分数",得到49/80。

设置数值格式：在单元格中输入-17850，然后设置其数字格式为"数值"，得到-17850.000。

设置货币格式：在单元格中输入5431231.35，然后设置其数字格式为"货币"，得到￥5,431,231.35。

设置特殊格式：在单元格中输入123456，然后设置其数字格式为"特殊"，得到"壹拾贰万叁仟肆佰伍拾陆"。

设置自定义格式：

在单元格中输入4008123123，然后设置其数字格式为"自定义"，具体参数为"＃＃＃－＃＃＃＃＃＃＃"，得到400－8123123的电话号码格式。

在单元格中输入2112345678，然后设置其数字格式为"自定义"，具体参数为"（0＃＃）＃＃＃＃＃＃＃＃"，得到（021）12345678的电话号码格式。

在单元格中输入183，然后设置其数字格式为"自定义"，具体参数为"＃米00"，得到"1米83"的身高格式。

在单元格中输入0.000149074，然后设置其数字格式为"自定义"，具体参数为"s.00!″"，得到12.88″的以"秒"为单位的格式。

在单元格中输入271180，然后设置其数字格式为"自定义"，具体参数为"0!.0,""万"""，得到"27.1万"的以"万"为单位的格式。

② 设置对齐方式。

单击行号和列表左上角的方块，选中整个工作表，单击"开始"选项卡中的"垂直居中"按钮和"居中"按钮。

单击A11单元格，右击鼠标，在弹出的菜单中选择"设置单元格格式"，打开单元格格式对话框，如图8-2所示，选中复选框"自动换行"选项，得到如图8-6所示的效果。

图8-6 自动换行的效果

③ 设置字体属性。

选中整个工作表，在"开始"选项卡"字体"功能区中设置字号为9，字体为宋体。

选择A1:M4单元格区域，在"开始"选项卡"字体"功能区中单击"加粗"按钮。

选择A1单元格，在"开始"选项卡"字体"功能区中设置字号为14，字体为"楷体"，得到如图8-7所示的效果。

④ 设置边框属性。

选中整个工作表，在"开始"选项卡"字体"功能区中，单击"边框"按钮右侧箭头。在展开的选项中选择"其他边框",弹出"设置单元格格式"对话框,显示"边框"选项卡。设置"颜色"为"白色,背景1",然后单击"外边框""内部"按钮,再单击"确定"。

图8-7 设置字体的效果

选择A3:M11单元格区域,同样打开"设置单元格格式"对话框,显示"边框"选项卡。设置"颜色"为"自动",在"线条"区域中选择右侧最粗的实线选项,单击"外边框"按钮。在当前对话框,同时设置"颜色"为"自动",在"线条"区域中选择左侧的细实线,单击"内边框"按钮,如图8-8所示。最后单击"确定"按钮,得到如图8-9所示的效果。

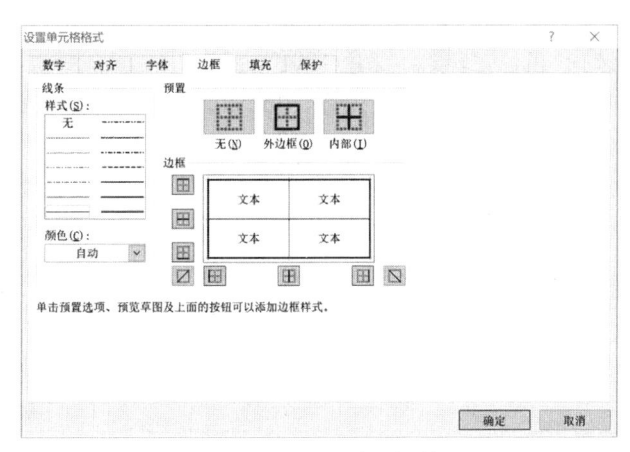

图8-8 设置边框对话框

图8-9 设置边框的效果

选择 A3:M4 单元格区域,同样打开"设置单元格格式"对话框,显示"边框"选项卡。在"线条"区域中选择双线的选项,单击预览区域"边框"处的下边框按钮 ⊞ ,最后单击"确定"按钮,得到如图 8-10 所示的效果。

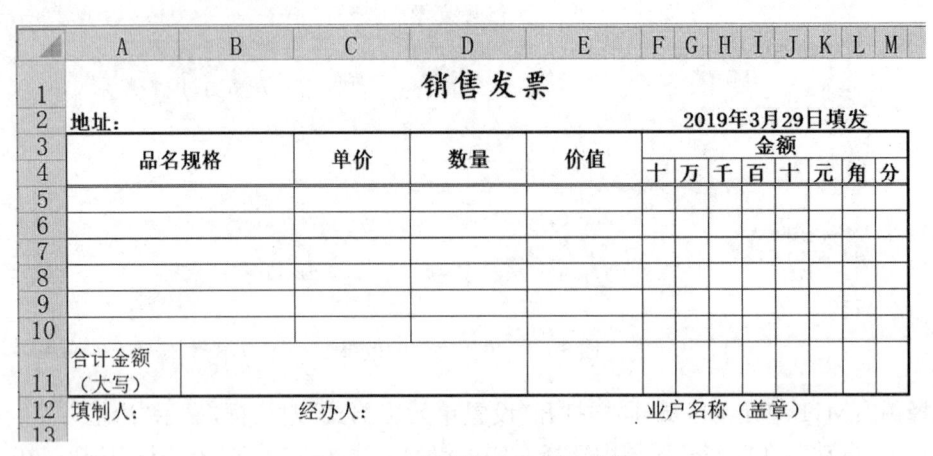

图 8-10 设置部分边框的效果

⑤ 设置填充属性。

选择 A3:M4 单元格区域,在"开始"选项卡"字体"功能区中,选择"填充"按钮 ◇ ▾ 右侧箭头。在展开的选项中选择"白色,背景1,深色15%"的底纹。

同样,选择 B11 单元格,设置同样的填充色,得到如图 8-11 所示的效果。

图 8-11 设置填充属性的效果

注:设置单元格格式

右击鼠标,在弹出的菜单中选择"设置单元格格式"命令,在弹出的"设置单元格格式"对话框中,均可设置单元格格式的数字格式、对齐方式、字体属性、边框与填充属性等。

同样,在"设置单元格格式"对话框中,可以根据需要进行设置"保护"和"隐藏"单元格。

4. 工作表审阅、保护

① 添加批注:选择 B11 单元格,右击鼠标,从快捷菜单中选择"插入批注"命令,弹出批注文本框。在批注文本框中输入"金额需大写",得到如图 8-12 所示的效果。

图 8‑12 设置批注的效果

② 保护工作表：在"审阅"选项卡"更改"功能区中，选择"保护工作表"，弹出"保护工作表"对话框，如图 8‑13 所示，输入密码和确认密码后，该工作表就无法进行修改、删除了。

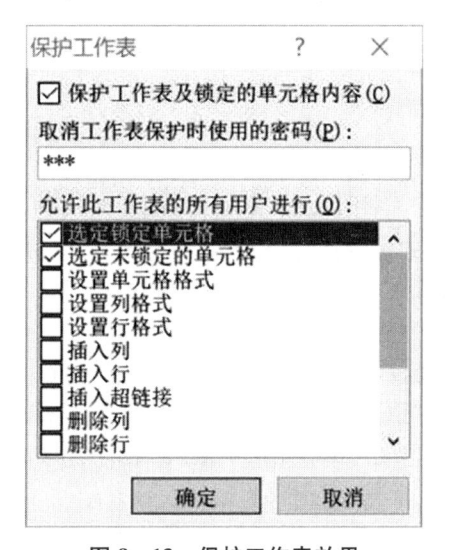

图 8‑13 保护工作表效果

实验 9　Excel 公式计算与图表建立

一、实验要求

1. 掌握利用填充柄自动输入数据的方法。
2. 掌握访问不同格式文件中数据的方法。
3. 掌握数据的分列和合并操作。
4. 掌握利用函数公式进行统计计算。
5. 掌握单元格绝对地址和相对地址在公式中的使用。
6. 掌握设置条件格式、使用单元格样式、自动套用表格格式等方法。
7. 掌握图表的建立、编辑和修改以及修饰。
8. 工作表的页面设置、打印预览和打印、工作表中链接的建立。

二、实验步骤

1. 实验工作表的准备

(1) 新建并保存工作簿

启动 Excel 2016 程序，建立空白文件，默认文件名为“工作簿 1.xlsx”。单击“保存”按钮，在弹出的“另存为”对话框中设置保存路径为“本地磁盘(F:)”，文件名为“学生成绩表”，保存类型为“Excel 工作簿(*.xlsx)”，设置完成后，单击“保存”。

(2) 表中标题的输入

单击单元格 A1，输入“某校学生成绩表”并回车。同样在 A2:J2 单元格区域内输入“学号”“组别”“出生日期”“数学”“语文”“英语”“总成绩”“总成绩排名”“平均成绩”“二组人数”，在 J4 单元格中输入“二组总成绩”，在 J6 单元格中输入“最高平均成绩”。

(3) 利用填充柄自动输入学号、组别

在单元格 A3、A4 中分别输入“A001”和“A002”。选择单元格区域 A3:A4，鼠标移至区域右下角，待鼠标形状由空心十字变为实心十字时，向下拖动鼠标至 A12 单元格时放开鼠标。

同样，在“组别”标题下，当连续输入组别相同时，也可以使用填充柄输入，输入内容如图 9-1 所示。

	A	B	C	D	E	F	G	H	I	J	K
1	某校学生成绩表										
2	学号	组别	出生日期	数学	语文	英语	总成绩	总成绩排名	平均成绩	二组人数	
3	A001	一组									
4	A002	一组								二组总成绩	
5	A003	一组									
6	A004	二组								最高平均成绩	
7	A005	一组									
8	A006	二组									
9	A007	一组									
10	A008	二组									
11	A009	一组									
12	A010	二组									
13											

图 9-1　利用填充柄输入第一第二列内容

(4) 剩余数据导入

打开素材“学生成绩.txt”，工作表中学生的成绩需要从文本文件中导入。有以下两种方法：

方法一：

① 选中 C3 单元格，在“数据”选项卡“获取外部数据”功能区中，选择“自文本”按钮 自文本，弹出“导入文本文件”对话框。选择素材“学生信息.txt”文件，单击“导入”按钮。

② 弹出“文本导入向导”，在第一步中的“导入起始行”改为 2，单击“下一步”。对话框第二步在“分隔符号”处选择“空格”项，单击“下一步”，在对话框第三步中单击“完成”，在弹出的对话框中单击“确定”，得到如图 9－2 所示的结果。

	A	B	C	D	E	F	G	H	I	J	K
1	某校学生成绩表										
2	学号	组别	出生日期	数学	语文	英语	总成绩	总成绩排名	平均成绩	二组人数	
3	A001	一组	2000.8.4	87	95	91					
4	A002	一组	2002.9.20	98	93	89				二组总成绩	
5	A003	一组	2001.11.12	83	97	83					
6	A004	二组	2000.2.15	85	87	85				最高平均成绩	
7	A005	一组	2000.12.6	78	77	76					
8	A006	二组	2001.8.31	76	81	82					
9	A007	一组	2001.4.13	93	84	87					
10	A008	二组	2002.6.26	95	83	86					
11	A009	一组	2002.10.10	74	83	85					
12	A010	二组	2001.3.7	89	84	92					
13											

图 9－2　导入文本文件的效果

方法二：

① 打开素材“学生信息.txt”文件，复制除标题行的所有数据，在当前工作表中的 C3 单元格粘贴，得到如图 9－3 所示的结果。可以看出，复制进来的数据都粘贴在 C 列，需要分离数据。

	A	B	C	D	E	F	G	H	I	J	K
1	某校学生成绩表										
2	学号	组别	出生日期	数学	语文	英语	总成绩	总成绩排名	平均成绩	二组人数	
3	A001	一组	2000.8.4 87 95 91								
4	A002	一组	2002.9.20 98 93 89							二组总成绩	
5	A003	一组	2001.11.12 83 97 83								
6	A004	二组	2000.2.15 85 87 85							最高平均成绩	
7	A005	一组	2000.12.6 78 77 76								
8	A006	二组	2001.8.31 76 81 82								
9	A007	一组	2001.4.13 93 84 87								
10	A008	二组	2002.6.26 95 83 86								
11	A009	一组	2002.10.10 74 83 85								
12	A010	二组	2001.3.7 89 84 92								
13											

图 9－3　复制数据粘贴效果

② 选择 C3:C12 单元格区域，在“数据”选项卡“数据工具”功能区中，单击“分列”按钮 分列，弹出“文本分列”对话框，单击“下一步”。对话框第二步在“分隔符号”处选择“空格”项，单击“下一步”，在对话框第三步中单击“完成”，也可以得到如图 9－2 所示的结果。

> **注：合并数据**
>
> 有分列就有合并，如果需要将 Excel 表格中的多列数据显示到一列中，可以用合并函数来实现。例如，将 B 列数据和 C 列数据组合型显示到 D 列中（数据之间添加一个“－”符号）。选择 D1 单元格，输入公式“＝B1&"－"&C1”，回车；用“填充柄”将其复制到 D 列下面的单元格中即可。
>
> 如果把上述公式修改为：＝CONCATENATE(B1，"－"，C1)，同样可以达到合并的目的。

注:不同文件类型中的数据导入

1. Word 文档和网页文档中的表格数据,可直接复制粘贴至 Excel 文档中。

2. 数据库文件(如文件类型为".dbf")中的数据是无法直接复制粘贴的。需要"新建"一个 Excel 文档,在"文件"选项卡中选择"打开"命令,文件类型改为".dbf",选择该数据库文件,按"打开"按钮,即可在 Excel 文档中打开数据库文件。

(5) 单元格格式设置

选中整张表格,设置为宋体。选择 A1 单元格,设置其"字号"为 19。选择 A1:I1 单元格区域,调出"设置单元格格式"对话框。选择"对齐"选项卡,在"水平对齐"处选择"跨列居中",单击"确定",得到如图 9-4 所示的结果。

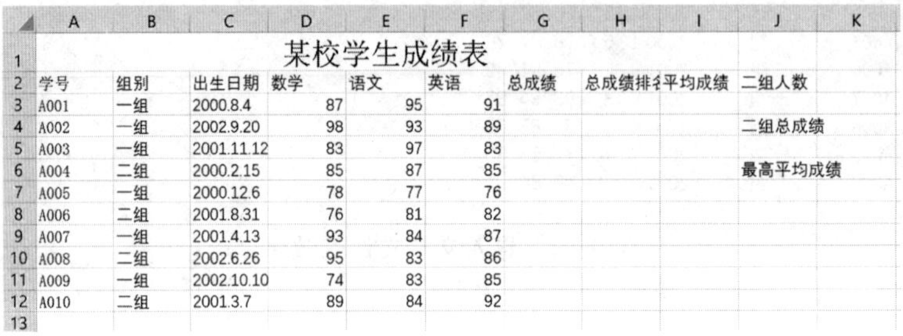

	A	B	C	D	E	F	G	H	I	J	K
1	某校学生成绩表										
2	学号	组别	出生日期	数学	语文	英语	总成绩	总成绩排	平均成绩	二组人数	
3	A001	一组	2000.8.4	87	95	91					
4	A002	一组	2002.9.20	98	93	89				二组总成绩	
5	A003	一组	2001.11.12	83	97	83					
6	A004	二组	2000.2.15	85	87	85				最高平均成绩	
7	A005	一组	2000.12.6	78	77	76					
8	A006	二组	2001.8.31	76	81	82					
9	A007	一组	2001.4.13	93	84	87					
10	A008	二组	2002.6.26	95	83	86					
11	A009	一组	2002.10.10	74	83	85					
12	A010	二组	2001.3.7	89	84	92					
13											

图 9-4　单元格的设置

注:

注意区分"跨列居中"与"合并单元格"后水平居中的效果。

2. Excel 的公式和函数使用

(1) 计算所有学生的"总成绩",保留小数点后 0 位。

① 方法一:选择 G3 单元格,输入公式"= D3+E3+F3",并回车;或者单击公式编辑栏左侧的"输入"按钮✔,得到图 9-5 所示的结果。

方法二:选择 G3 单元格,在"公式"选项卡中选择"函数库"功能区,单击"插入函数"按钮 *fx* 插入函数 ,选择常用函数中的"SUM" 函数,单击"确定"。弹出"函数参数"对话框如图 9-6,单击 Number1 框右边的按钮,折叠对话框,选择求和区域"D3:F3"后,单击被缩小的"函数参数"对话框右边按钮,展开对话框,再选择"确定",得到如图 9-7 所示的结果。

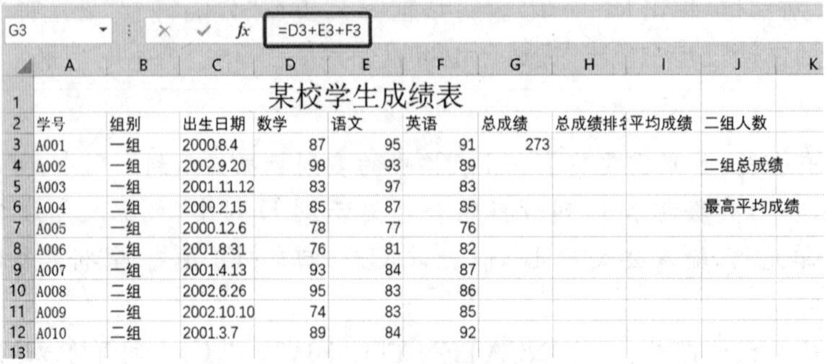

G3　fx　=D3+E3+F3

	A	B	C	D	E	F	G	H	I	J	K
1	某校学生成绩表										
2	学号	组别	出生日期	数学	语文	英语	总成绩	总成绩排	平均成绩	二组人数	
3	A001	一组	2000.8.4	87	95	91	273				
4	A002	一组	2002.9.20	98	93	89				二组总成绩	
5	A003	一组	2001.11.12	83	97	83					
6	A004	二组	2000.2.15	85	87	85				最高平均成绩	
7	A005	一组	2000.12.6	78	77	76					
8	A006	二组	2001.8.31	76	81	82					
9	A007	一组	2001.4.13	93	84	87					
10	A008	二组	2002.6.26	95	83	86					
11	A009	一组	2002.10.10	74	83	85					
12	A010	二组	2001.3.7	89	84	92					
13											

图 9-5　输入公式的结果

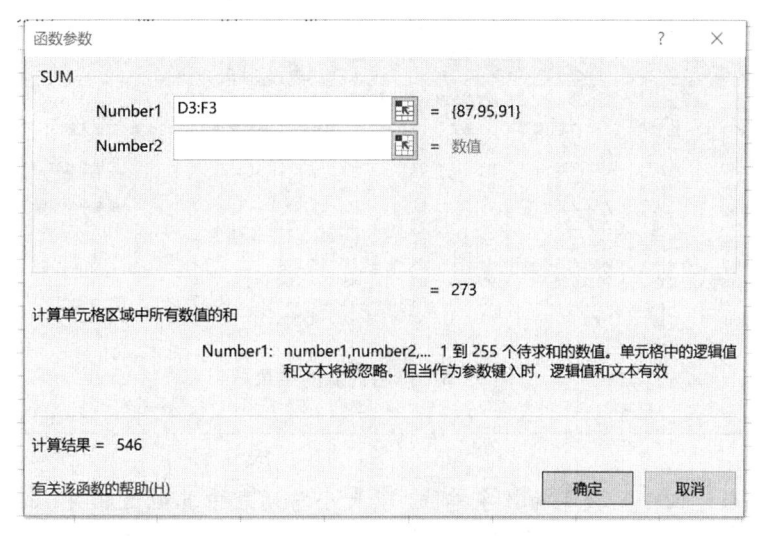

图 9-6 函数参数对话框

图 9-7 函数使用的结果

② 利用填充柄复制 G3 单元格的公式(或函数)至 G4:G12,完成每个学生"总成绩"的计算。

③ 选择 G3:G12 单元格区域,调出"设置单元格格式对话框",在"数字"选项卡中单击"数值",设置小数位数为"0"。

> **注：**
> Excel 中输入公式的所有符号必须是英文符号。
> 注意区分图 9-5 与图 9-7 中的公式编辑栏中的区别,以及 G3 单元格内容。

> **注：**
> 求和时不会产生小数点,如果题目要求设置小数位数为"0",则需要上述第③步骤,否则考试系统中不给分。

(2) 按"总成绩"的降序次序计算"总成绩排名"列的内容。

① 选择 H3 单元格,输入公式"=RANK.EQ(G3,＄G＄3:＄G＄12)",并回车。

② 利用填充柄复制 H3 单元格的公式(或函数)至 H4:H12,完成每个学生"总成绩排名"的计算,得到如图 9-8 所示的结果。

	A	B	C	D	E	F	G	H	I	J	K
1	某校学生成绩表										
2	学号	组别	出生日期	数学	语文	英语	总成绩	总成绩排名	平均成绩	二组人数	
3	A001	一组	2000.8.4	87	95	91	273	2			
4	A002	一组	2002.9.20	98	93	89	280	1		二组总成绩	
5	A003	一组	2001.11.12	83	97	83	263	6			
6	A004	二组	2000.2.15	85	87	85	257	7		最高平均成绩	
7	A005	一组	2000.12.6	78	77	76	231	10			
8	A006	二组	2001.8.31	76	81	82	239	9			
9	A007	一组	2001.4.13	93	84	87	264	4			
10	A008	一组	2002.6.26	95	83	86	264	4			
11	A009	一组	2002.10.10	74	83	85	242	8			
12	A010	二组	2001.3.7	89	84	92	265	3			

图 9-8　排名计算的结果

> **注:**
> RANK 函数返回一列数字的数字排位。其大小与列表中其他值相关；如果多个值具有相同的排位，则返回该组值的最高排位。如果要对列表进行排序，则数字排位可作为其位置。该函数的语法结构为 RANK.EQ(number,ref,[order])，number 为需要找到排位的数字；ref 为数字列表数组或对数字列表的引用(ref 中的非数值型参数将被忽略)；order 为一数字,指明排位的方式，如果 order 为 0(零)或省略,对数字的排位是基于参数 ref 按照降序排列的列表,如果 order 不为零,对数字的排位是基于参数 ref 按照升序排列的列表。

> **注:**
> 注意绝对地址和相对地址在使用过程中的区别,尤其在利用填充柄复制公式时不同的作用。

(3) 计算每个学生的"平均成绩"，并保留 2 位小数点。

① 选择 I3 单元格，输入公式"＝G3/3"，并回车；或者，单击"插入函数"按钮 f_x（插入函数），在对话框中选择"常用函数"AVERAGE，并"确定"。同样在"函数参数"对话框选择 Number1 中求平均值区域"D3:F3"即可。

② 利用填充柄复制 I3 单元格的公式(或函数)至 I4:I12，完成每个学生"平均成绩"的计算。

③ 选择 I3:I12 单元格区域，利用"开始"选项卡中选择"数字"功能区的"增加小数位数"按钮 和"减少小数位数"按钮 ，设置平均成绩保留 2 位小数；或者，调出"设置单元格格式"对话框，选择"数字"选项卡，单击"数值"，设置小数位数为"2"。得到如图 9-9 所示的结果。

	A	B	C	D	E	F	G	H	I	J	K
1	某校学生成绩表										
2	学号	组别	出生日期	数学	语文	英语	总成绩	总成绩排名	平均成绩	二组人数	
3	A001	一组	2000.8.4	87	95	91	273	2	91.00		
4	A002	一组	2002.9.20	98	93	89	280	1	93.33	二组总成绩	
5	A003	一组	2001.11.12	83	97	83	263	6	87.67		
6	A004	二组	2000.2.15	85	87	85	257	7	85.67	最高平均成绩	
7	A005	一组	2000.12.6	78	77	76	231	10	77.00		
8	A006	二组	2001.8.31	76	81	82	239	9	79.67		
9	A007	一组	2001.4.13	93	84	87	264	4	88.00		
10	A008	一组	2002.6.26	95	83	86	264	4	88.00		
11	A009	一组	2002.10.10	74	83	85	242	8	80.67		
12	A010	二组	2001.3.7	89	84	92	265	3	88.33		

图 9-9　计算"平均成绩"

(4) 利用函数计算"二组学生人数""二组学生总成绩"和"最高平均成绩"。

① 计算"二组学生人数":选择 J3 单元格,输入函数"＝COUNTIF(B3:B12,"二组")"后回车即可。

② 计算"二组学生总成绩":选择 J5 单元格,输入函数"＝SUMIF(B3:B12,"二组",G3:G12)"后回车即可。

③ 计算"最高平均成绩":选择 J7 单元格,输入函数"＝MAX(I3:I12)"后回车即可。

得到如图 9-10 所示的结果。

图 9-10　计算"二组人数""二组总成绩"和"最高平均成绩"

(5) 在第三列数据后插入两列,D2 和 E2 单元格分别输入文字"年份"和"月份";利用"出生日期"列的数值和 TEXT 函数,计算出"年份"列的内容(将年显示为四位数字)和"月份"列的内容(将月显示为带前导零的数字)。

① 数字转化成日期:选择"C3:C12"单元格区域,在"数据"选项卡"数据工具"功能区选择"分列",打开"文本分列向导",第一步和第二步直接单击"下一步",在第三步的页面选择"日期"后单击"完成"。

② 计算出"年份"列的内容:D3 单元格,输入函数"＝TEXT(C3,"yyyy")"后回车即可,利用填充柄复制 D3 单元格的公式(或函数)至 D4:D12。

③ 计算"月份"列的内容:E3 单元格,输入函数"＝TEXT(C3,"mm")"后回车即可,利用填充柄复制 E3 单元格的公式(或函数)至 E4:E12。

得到如图 9-11 所示的结果。

图 9-11　计算"年份"和"月份"

(6) 在 I 列后插入一列,J2 中输入"等级";利用 IF 函数,给出"等级"列(J3:J12)内容:若总成绩大于或者等于 270,输入"优秀";若总成绩小于 270 且大于等于 250,输入"良好";若总成绩小于 250 且大于等于 230,输入"中等";若总成绩小于 230,输入"一般"。

① 选择 J3 单元格,输入函数"＝IF(I3＞＝270,"优秀",IF(I3＞＝250,"良好",IF(I3＞＝

230,"中等","一般")))"后回车即可。

② 利用填充柄复制 J3 单元格的公式(或函数)至 J4:J12。

得到如图 9-12 所示的结果。

	A	B	C	D	E	F	G	H	I	J	K	L	M	N
1						某校学生成绩表								
2	学号	组别	出生日期	年份	月份	数学	语文	英语	总成绩	等级	总成绩排名	平均成绩	二组人数	
3	A001	一组	2000/8/4	2000	08	87	95	91	273	优秀	2	91.00	4	
4	A002	一组	2002/9/20	2002	09	98	93	89	280	优秀	1	93.33	二组总成绩	
5	A003	一组	2001/11/12	2001	11	83	97	83	263	良好	6	87.67	1025	
6	A004	二组	2000/2/15	2000	02	85	87	85	257	良好	7	85.67	最高平均成绩	
7	A005	一组	2000/12/6	2000	12	78	77	76	231	中等	10	77.00	93.33	
8	A006	二组	2001/8/31	2001	08	76	81	82	239	中等	9	79.67		
9	A007	一组	2001/4/13	2001	04	93	84	87	264	良好	4	88.00		
10	A008	一组	2002/6/26	2002	06	95	83	86	264	良好	4	88.00		
11	A009	一组	2002/10/10	2002	10	74	83	85	242	中等	8	80.67		
12	A010	二组	2001/3/7	2001	03	89	84	92	265	良好	3	88.33		

图 9-12 计算"等级"

注：
COUNTIF、SUMIF、TEXT 等函数可以通过在公式编辑栏输入"=函数名"后，单击函数名下方的链接，打开该函数的帮助，学习如何使用。
在 EXCEL 中，涉及计算的所有符合都应该是英文符号。

3. 设置单元格、表格样式

(1) 利用条件格式设置单元格格式

利用条件格式将所有等级为优秀的单元格设置为"浅红色填充色深红色文本"，所有等级为中等的单元格设置为"浅绿色文本"填充图案样式为"12.5 灰色"图案颜色为"橙色"；利用条件格式对 L3:L12 单元格区域设置"渐变填充/绿色数据条"；利用条件格式的"图标集""四向箭头(彩色)"修饰 I3:I12 单元格区域。执行如下操作。

① 选择 J3:J12 单元格区域，在"开始"选项卡中选择"样式"功能区，单击"条件格式"按钮下方箭头，在展开的选项中选择"突出显示单元格规则"中的"等于"，弹出"等于"对话框，在"为等于以下值的单元格设置格式："中输入"优秀"，设置为默认，单击"确定"即可，如图 9-13 所示。

图 9-13 条件格式设置单元格

② 选择 J3:J12 单元格区域，单击"条件格式"按钮下方箭头，在展开的选项中选择"突出显示单元格规则"中的"等于"，弹出"等于"对话框，在"为等于以下值的单元格设置格式："中输入"中等"，设置为选择"自定义格式"，弹出"设置单元格格式"对话框，在字体选项卡字体颜色选择"浅绿色"，填充选项卡图案样式选择"12.5 灰色"，图案颜色为"橙色"，如图 9-14 所示，单击确定后返回。

③ 选择 L3:L12 单元格区域，单击"条件格式"按钮下方箭头，在展开的选项中选择"数据条"中的"渐变填充"里的"绿色数据条"，单击"确定"。

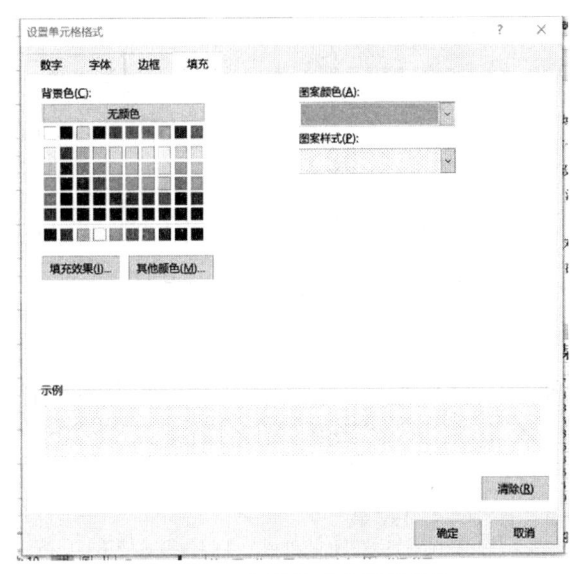

图 9-14　条件格式设置单元格

④ 选择 I3:I12 单元格区域,单击"条件格式"按钮下方箭头,在展开的选项中选择"图标集"中的"方向"里的"四向箭头(彩色)",单击"确定"。

得到如图 9-15 所示的效果。

图 9-15　条件格式设置单元格结果

(2) 设置单元格样式

设置"总成绩排名"列单元格样式为"数据和模型"中的"计算",执行如下操作。

选择 G2:G12 单元格区域,在"开始"选项卡中选择"样式"功能区,单击"样式"的下拉箭头,在展开的选项中选择"数据和模型"中的"计算",如图 9-16,得到如图 9-17 所示的效果。

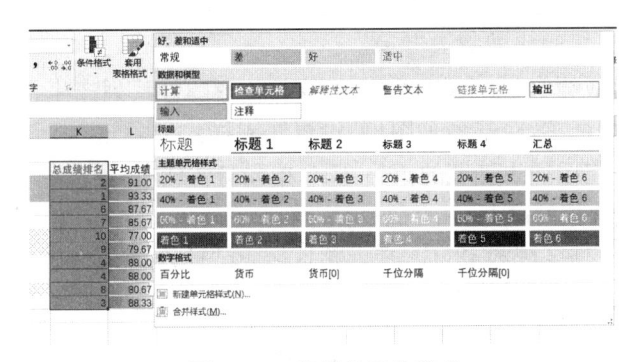

图 9-16　设置单元格样式

图 9-17 设置单元格样式结果

(3) 设置自动套用表格格式

利用套用表格格式的"表样式浅色20"修饰 A2:L12 单元格区域,执行如下操作。

选择 A2:L12 单元格区域,在"开始"选项卡中选择"样式"功能区,单击"套用表格格式"下方箭头,在展开的选项中选择"表样式浅色20",弹出"套用表格式"对话框,如图 9-18 所示,单击"确定"后得到如图 9-19 所示的效果。

图 9-18 "套用表格式"对话框

图 9-19 设置自动套用表格格式结果

> **注:单元格样式、套用表格格式设置**
> 同样,可以在"开始"选项卡中的"样式"功能区,进行"单元格样式"、"套用表格格式"设置。可以利用 Excel 软件自带的模版样式,也可以用户自定义样式。

4. 图表的建立、编辑和修改以及修饰

选取"学号"和"总成绩"列内容,建立"三维簇状柱形图"(系列产生在"列"),图标题为"总成绩统计图",添加数据标签,底部增加图例,设置图表样式为"样式4";设置绘图区填充效果为"信纸"的纹理填充;将图插入到表的 A14:G28 单元格区域内。

(1) 建立"三维簇状柱形图"

选择 A2:A12 单元格区域和 I2:I12 单元格区域,在"插入"选项卡中的"图表"功能区单击"插入柱形图或条形图"按钮 右方箭头,在展开的选项中选择"三维柱形图"系列中的"三维簇状柱形图",得到如图 9-20 所示的簇状柱形图。

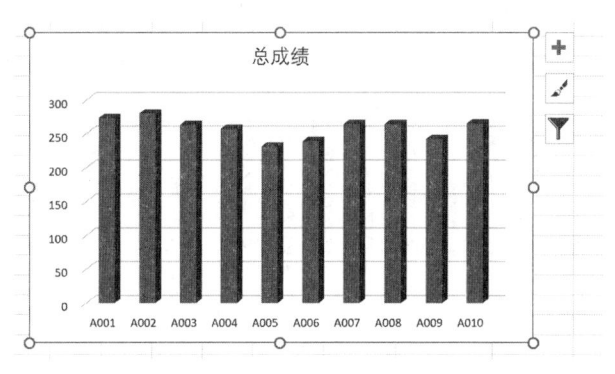

图 9-20　三维簇状柱形图

（2）图表编辑、修改及修饰

① 系列产生在"列"：本实验不需要设置，生成的图 9-20 即默认是系列产生在"列"。

> 注：系列产生在"列"和"行"的设置
>
> 　　Excel 图表一般包括 X 轴和 Y 轴，Y 轴是数值轴，X 轴是分类轴，也可以认为 X 轴是"系列"轴，系列的意思，就是要描述数据（行或列）的序列。如果用 X 轴描述表格的行，称为系列产生在行；同样，如果用 X 轴描述表格的列，称为系列产生在列。
>
> 　　选择"图标工具"栏中的"设计"选项卡，在"数据"功能区中，单击"切换行/列"按钮，可进行系列产生在"列"和"行"的设置。

② 图表标题设置：在生成的图表中，选中图表标题"总成绩"，改为"总成绩统计图"。

> 注：
>
> 　　同样可以设置横坐标轴和纵坐标轴的标题。

③ 添加数据标签：在"设计"选项卡中的"添加图表元素"功能区，选择"数据标签"中的"其他数据标签选项"，得到如图 9-21 所示的效果；单击图 9-20 右上角"＋"号，也可以增加数据标签。

④ 增加图例：在"设计"选项卡中的"添加图表元素"功能区，选择"图例"中的"底部"；或者，单击图 9-20 右上角"＋"号，也可以增加图例，如图 9-22 所示。

⑤ 设置图表样式为"样式 4"：在"设计"选项卡中的"图表样式"功能区中，选择"样式 4"，得到如图 9-23 所示的效果；单击图 9-20 右上角 ✏️ ，也可以修改表的样式。

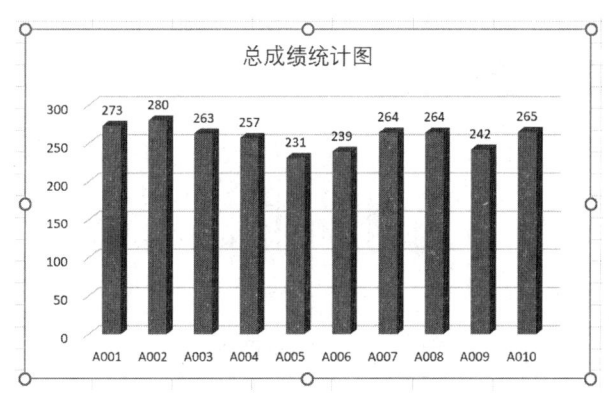

图 9-21　图表添加数据标签

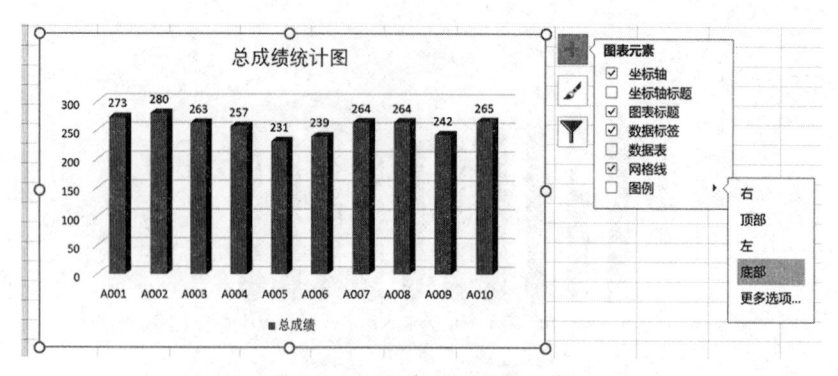

图 9-22　图表增加图例结果

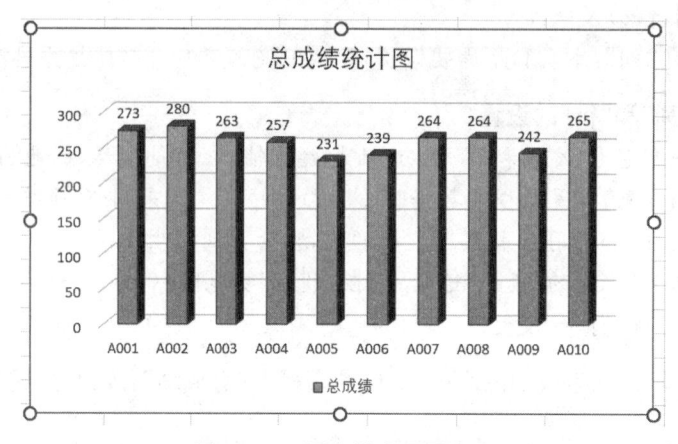

图 9-23　图表样式设置结果

⑥ 设置绘图区填充效果:选中图表,在"图表工具""格式"选项卡"当前所选内容"功能区选择"绘图区",单击"设置所选内容格式";在右侧出现"设置绘图区格式"窗格,单击"填充"将其展开,选择"图片或纹理填充",在"纹理"右侧下拉列表中选择"信纸",单击窗格右上角关闭按钮关闭窗格,如图 9-24 所示。

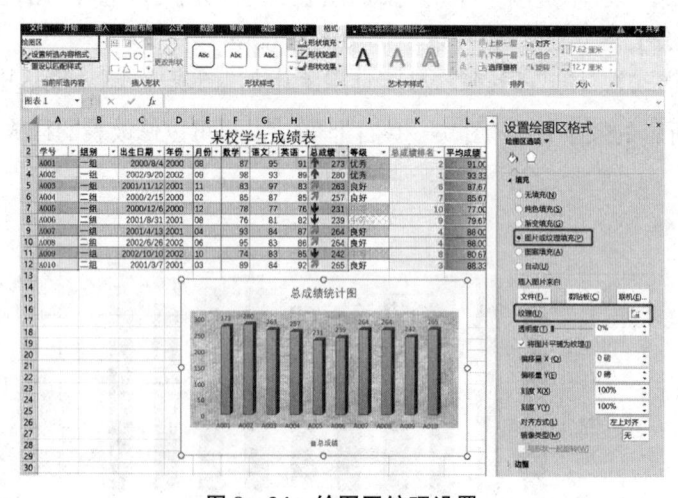

图 9-24　绘图区纹理设置

注：Excel 中图表一些常用操作

1. 数据系列重叠显示：选择图表中的任意数据系列，右击鼠标，在弹出的菜单中选择"设置数据系列格式"。在弹出的"设置数据系列格式"对话框中，向右拖动"系列重叠"栏中的滑块，使其为正值(值的大小与系列间的重叠幅度有关)。

2. 调整图例位置：默认情况下，在创建图表后图例位于图表区域的右侧。若想要修改图例的位置，则可选中图表中的图例，右击鼠标，在弹出的菜单中选择"设置图例格式"。在弹出的"设置图例格式"对话框中，选择"图例位置"中的"靠上"选项。

3. 更改图例项名称：选择图例项，右击鼠标，在弹出的菜单中选择"选择数据"，打开"选择数据源"对话框。在对话框中选择"图例项(系列)"列表框中的需要修改的系列名称，单击"编辑"按钮，在打开的"编辑数据系列"对话框中单击"系列名称"文本框右侧的折叠按钮，在工作表数据区域中选择图例名称所在的单元格，在此单击折叠按钮。单击"确定"，返回"选择数据源"对话框，即可看到"图例项(系列)"列表框中的系列名称已经修改。

4. 隐藏图标网格线：创建图表后，一般在图表中自动添加主要横线网格线。若需要隐藏网格线，则需要选中图表，单击"布局"选项卡中的"坐标轴"功能区中的"网格线"下拉列表，选中列表中的"无"，即可隐藏图表中的网格线。

(3) 将图插入到表的 A14:G28 单元格区域内

调整图的大小并移动到指定位置。选中图表，按住鼠标左键单击图表不放并拖动，将其拖动到 A14:G28 单元格区域内，调整图表大小，得到如图 9-25 所示的效果。

注：

不要超过这个区域。如果图表过大，无法放下，可以将鼠标放在图表的右下角，当鼠标指针变为"↖"时，按住左键拖动可以将图表缩小到指定区域内。

插入图表到指定区域，只能通过移动，不能通过"剪切"或"复制"等来操作，否则考试系统中不给分。同时，在指定区域内，图表不能过分缩小，否则考试系统不给分。

图 9-25　图插入列表的结果

5. 工作表的页面设置、打印预览和打印,工作表中链接的建立

(1) 工作表重命名

双击"Sheet1",将其更名为"学生成绩统计表"。

(2) 工作表页面设置、打印预览和打印

① 在"页面布局"选项卡中的"页面设置"功能区中设置"页边距""纸张方向""纸张大小"等。

② 在"文件"选项卡中选择"打印",在其右侧可进行打印设置,右侧窗口能够根据打印设置显示相应的"打印预览"。

(3) 工作表中链接的建立

① 选择 F2:H2 单元格区域,右击鼠标,在快捷菜单中选择"超链接",弹出"插入超链接"对话框,如图 9-26 所示。

图 9-26 "插入超链接"对话框

② 在"插入超链接"对话框中,在"当前文件夹"中单击"学生成绩.txt"后,单击确定,得到如图 9-27 所示的效果。

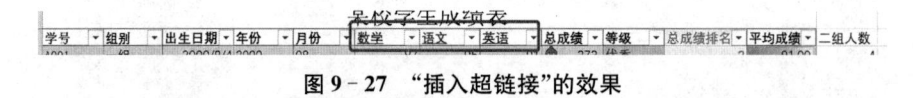

图 9-27 "插入超链接"的效果

③ 鼠标移至"数学"或"语文"或"英语"上时,鼠标变成"手"的形状,单击就可打开"学生成绩.txt"文档。

④ 保存文档。

实验 10　Excel 数据处理与汇总

一、实验要求

1. 掌握对数据进行常规排序及按自定义序列排序的方法。
2. 掌握分类汇总的操作方法。
3. 掌握数据的自定义筛选及高级筛选。
4. 掌握数据透视表的应用。

二、实验步骤

对实验文件"EXCEL(素材).xlsx"工作簿进行操作,该工作簿包含"人员情况统计表""基础工资对照表""图书销售统计表"三个表进行操作。

1. 数据排序

(1) 对数据表进行常规排序

对工作簿"EXCEL(素材).xlsx"中的工作表"图书销售统计表"内数据清单的内容以"图书销售分部门排序表"备份,在"图书销售分部门排序表"中按主要关键字"经销部门"的降序次序和次要关键字"季度"的升序次序进行排序,并将排序结果保存在"图书销售分部门排序表"中。

① 在工作表标签中单击工作表"图书销售统计表"以选择此工作表,按住 Ctrl 键,并拖动此选中的工作表到达新的位置,松开鼠标,便复制了一张与原内容完全相同的工作表"图书销售统计表(2)",并将该工作表更名为"图书销售分部门排序表"。

② "图书销售分部门排序表"中选择 A1:G97 单元格区域,在"数据"选项卡中的"排序和筛选"功能区选择"排序"按钮，弹出"排序"对话框。

③ 在"排序"对话框中,设置"主要关键字"为"经销部门","次序"为"降序"。

④ 单击"添加条件"按钮,设置"次要关键字"为"季度","次序"为"升序",如图 10-1 所示。单击"确定"按钮即可。

图 10-1　"排序"对话框

⑤ 保存该工作表。

(2) 对数据表进行自定义序列排序

对工作表"图书销售统计表"内数据清单的内容以"图书销售按类别排序表"备份，在"图书销售按类别排序表"中按"生物科学""工业技术""农业科学""交通科学"排序，类别相同时按"季度"的升序次序进行排序，并将排序结果保存在"图书销售按类别排序表"中。

① 在工作表标签中单击工作表"图书销售统计表"以选择此工作表，按住 Ctrl 键，并拖动此选中的工作表到达新的位置，松开鼠标，便复制了一张与原内容完全相同的工作表"图书销售统计表(2)"，并将该工作表更名为"图书销售按类别排序表"。

② "图书销售按类别排序表"中选择 A1:G97 单元格区域，在"数据"选项卡中的"排序和筛选"功能区选择"排序"按钮，弹出"排序"对话框。

③ 在"排序"对话框中，设置"主要关键字"为"图书类别"，单击"次序"为"自定义序列…"，弹出"自定义序列"对话框。

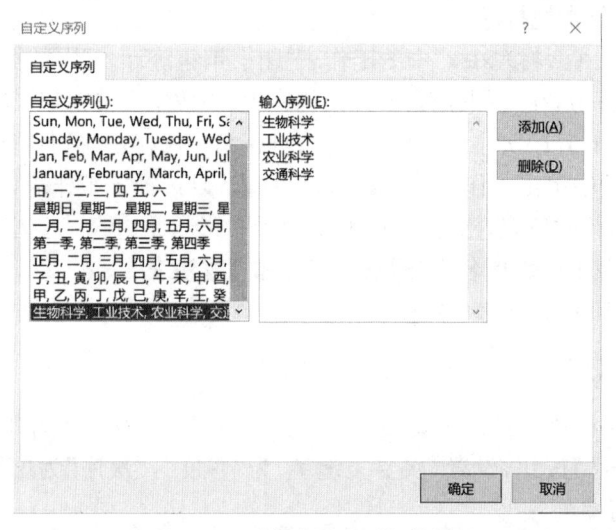

④ 在"自定义序列"对话框中的"输入序列"中输入三行文字"生物科学""工业技术""农业科学""交通科学"，如图 10-2 所示。单击"添加"按钮后，按"确定"按钮。

图 10-2 "自定义序列"对话框

⑤ 单击"添加条件"按钮，设置"次要关键字"为"季度"，"次序"为"升序"，单击"确定"按钮。
⑥ 保存该工作表。

2. 数据分类汇总

对"图书销售按类别排序表"内数据清单的内容进行分类汇总，分类字段为"图书类别"，汇总方式为"平均值"（货币型，保留1位小数点），汇总项为"销售额(元)"，汇总结果显示在数据下方，并且只显示到2级，工作表名不变。根据"图书类别"和"销售额(元)"的2级数据画出簇状柱形图，网格线分类(X)轴和数值(Y)轴显示主要网格线，设置横坐标对齐方式为"竖排文本，所有文字旋转270°"，设置 Y 轴刻度最小值为 20000，最大值为 27000，主要刻度单位为 1000。

① "图书销售按类别排序表"中选择 A2:F44 单元格区域，在"数据"选项卡中的"分级显示"功能区选择"分类汇总"按钮，弹出"分类汇总"对话框，如图 10-3 所示。

② 在"分类汇总"对话框中,选择"分类字段"为"图书类别","汇总方式"为"求和",在"选定汇总项"中选择"销售数量(册)"和"销售额(元)",选择"汇总结果显示在数据下方"的复选框,单击"确定"。选择 E2:E102 单元格区域,设置单元格格式为"货币型""1 位小数点"。在窗口左侧出现的分级显示区域中单击"2"按钮,使分类汇总只显示到 2 级,如图 10-3 和 10-4 所示。

图 10-3 "分类汇总"对话框

图 10-4 分类汇总 2 级显示

注:
　　做"分类汇总"时,首先观察数据表是否已经按"分类字段"进行排序,如果未进行排序,数据表先要按"分类字段"排序,才能进行"分类汇总";如果已经排序,则可以直接进行"分类汇总"。

③ 选择"图书类别"和"销售额(元)"两列的 2 级数据,在"插入"选项卡"图表"功能区选择"簇状柱形图",单击确定。在"图表工具""设计"选项卡中的"图表布局"功能区,单击"添加图表元素"展开的下拉按钮中,选择"网格线"中的"主轴主要垂直网格线"。(主轴主要水平网格线生成图表的时候已存在,无需设置。)在图表的横坐标处右击鼠标,选择"设置坐标轴格式",在窗口右侧显示区域选择"大小与属性"标签,文字方向选择"竖排",关闭即可;双击图表的 Y 轴,在窗口右侧显示区域"设置坐标轴格式"一栏,在"坐标轴选项"选项卡的"最小值"中输入"20000",在"最大值"中输入"27000",在"主要刻度单位"中输入"1000",关闭即可;如图 10-5 所示,保存该工作表。

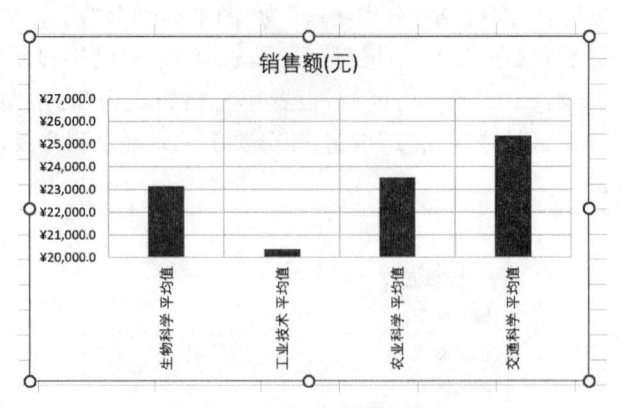

图 10-5　分类汇总图表制作

3. 数据筛选

(1) 自动筛选

对工作簿"EXCEL(素材).xlsx"中的工作表"图书销售统计表"内数据清单的内容以"图书销售自动筛选表"备份。对"图书销售自动筛选表"数据进行"自动筛选",条件为"第四季度生物科学和农业科学图书",并将排序结果保存在"图书销售自动筛选表"中。

① 在工作表标签中单击工作表"图书销售情况表"以选择此工作表,按住 Ctrl 键,并拖动此选中的工作表到达新的位置,松开鼠标,便复制了一张与原内容完全相同的工作表"图书销售统计表(2)",并将该工作表更名为"图书销售自动筛选表"。

② "图书销售自动筛选表"中,在"数据"选项卡中的"排序和筛选"功能区选择"筛选"按钮，在第二行单元格的列标题中将出现 按钮,如图 10-6 所示。

图 10-6　"筛选"效果

③ 单击"季度"下拉按钮,选择"数字筛选"中的"自定义筛选"选项,弹出"自定义自动筛选方式"对话框,如图 10-7 所示。

④ 在"自定义自动筛选方式"对话框中,设置第一个下拉框为"等于",设置第二个下拉框为"4",单击"确定"按钮。

图 10-7　"自定义自动筛选"的设置

— 92 —

⑤ 单击"图书类别"下拉按钮,选择"文本筛选"中的"自定义筛选"选项,弹出"自定义自动筛选方式"对话框,设置第一个下拉框为"等于",设置第二个下拉框为"生物科学"。单击"或"单选按钮,设置第三个下拉框为"等于",设置第四个下拉框为"农业科学",如图 10-8 所示。单击"确定"按钮,得到图 10-9 所示的结果。

图 10-8　"筛选"的结果

图 10-9　"自动筛选"的对话框

⑥ 保存该工作表。

(2) 高级筛选

在"图书销售分部门排序表"中,对排序后的数据进行高级筛选(在数据表格前插入四行,条件区域设在 A1:G3 单元格区域),条件为:图书类别为"工业技术"或者"交通科学"且销售额排名在前二十名,工作表名不变。

① 在"图书销售分部门排序表"中,选择前四行,在行号处右击鼠标,选择"插入",在工作表首行插入四行。

② 在 A1 单元格输入"图书类别",A2、A3 单元格分别输入条件"工业技术"和"交通科学";在 G1 单元格输入"销售额排名",G2、G3 单元格分别输入条件"≤20"。

③ 在"数据"选项卡中的"排序和筛选"功能区选择"筛选"右侧的"高级"按钮,弹出"高级筛选"对话框,如图 10-10 所示。

④ 在"高级筛选"对话框中,单击"列表区域"右侧按钮

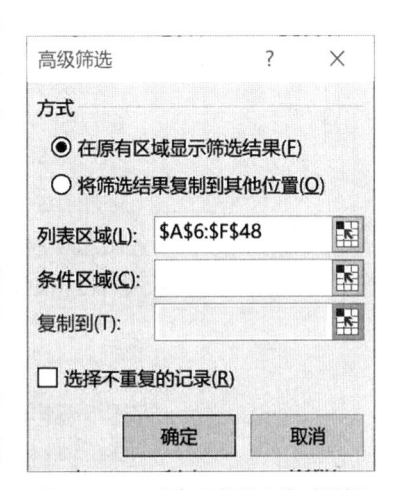

图 10-10　"高级筛选"的对话框

，折叠对话框，选择筛选的数据区域 A5:G101，单击▦，展开对话框；在展开的对话框中，单击"条件区域"右边按钮▦，折叠对话框，选择条件区域 A1:G3，单击▦，展开对话框。

⑤ 单击"确定"按钮，得到如图 10-11 所示的结果。

	A	B	C	D	E	F	G
1	图书类别						销售额排名
2	工业技术						<=20
3	交通科学						<=20
4							
5	经销部门	图书类别	季度	销售数量(册)	销售额(元)	销售数量排名	销售额排名
6	第6分部	工业技术	1	653	50950	10	3
19	第6分部	工业技术	4	832	45087	2	9
25	第5分部	交通科学	1	512	36865	19	13
29	第5分部	交通科学	2	330	31256	46	19
33	第5分部	交通科学	3	650	78436	11	1
35	第5分部	工业技术	4	467	64565	22	2
37	第5分部	交通科学	4	215	30975	74	20
45	第4分部	工业技术	2	432	32256	28	17
81	第2分部	交通科学	3	542	41234	17	11
89	第1分部	交通科学	4	436	35648	25	14
93	第1分部	交通科学	2	655	45321	8	8
102							

图 10-11 "高级筛选"的结果

⑥ 保存该工作表。

4. 数据透视表

对工作表"图书销售统计表"内数据清单的内容建立数据透视表，按行为"经销部门"，列为"图书类别"，数据为"销售数量(册)"求平均值(保留 2 位小数)布局，并置于现工作表的 I2:N10 单元格区域，工作表名不变。利用条件格式图标集修饰"销售额排名"列(G2:G97 单元格区域)，将排名值小于 30 的用黄色小旗修饰，排名值大于或等于 70 的用绿色正三角形修饰，其余用红色菱形修饰。

① "图书销售统计表"中，在"插入"选项卡中的"表格"功能区单击"数据透视表"，弹出"创建数据透视表"对话框，如图 10-12 所示。

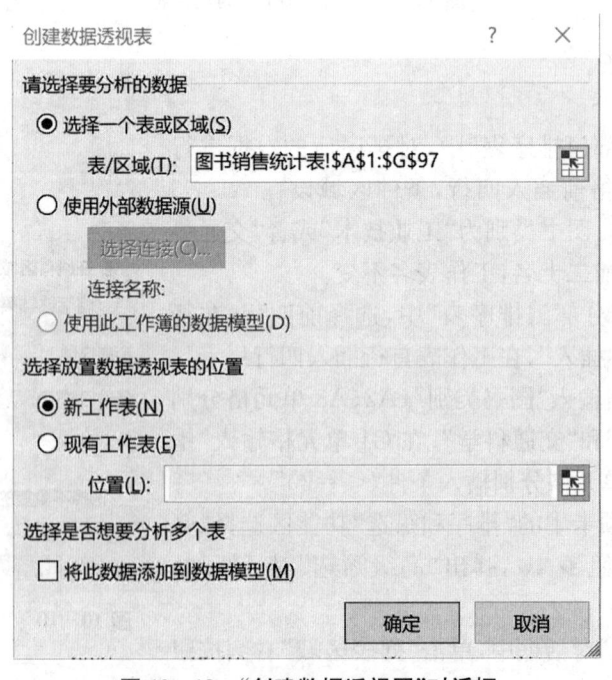

图 10-12 "创建数据透视图"对话框

② 在"创建数据透视表"对话框中,在"请选择要分析的数据"的"选择一个表或区域"右侧单击按钮![],折叠对话框,选择 A1:G97 单元格区域作为"表/区域",单击![],展开对话框;在"选择放置数据透视表的位置"中选中"现有工作表",在"位置"右侧单击按钮![],折叠对话框,选择 I2:N10 单元格区域,单击![],展开对话框。

③ 单击"确定",工作表右侧弹出"数据透视表字段列表"任务窗格。在"选择要添加到报表的字段"中,拖动"经销部门"到任务窗格下方的"行标签",拖动"图书类别"到"列标签",拖动"销售数量(册)"到"数值"。在"值字段"点击下拉按钮选择"值字段设置",在弹出的对话框"计算类型"中选择"平均值",单击"数字格式"按钮,设置单元格格式为"数值""2 位小数点"。最后,关闭"数据透视表字段列表"任务窗格即可,在 I2:N10 单元格区域内得到如图 10-13 所示的结果。

平均值项:销售数量(册)	列标签				
行标签	生物科学	工业技术	农业科学	交通科学	总计
第1分部	316.75	403.75	528.75	422.00	417.81
第2分部	223.25	203.75	374.25	337.00	284.56
第3分部	211.00	256.00	277.00	251.50	248.88
第4分部	357.25	228.25	290.00	231.75	276.81
第5分部	409.25	560.25	365.00	426.75	440.31
第6分部	385.75	612.00	285.00	667.25	487.50
总计	317.21	377.33	353.33	389.38	359.31

图 10-13 "数据透视表"的结果

④ 选择 G2:G97 单元格区域,"开始"选项卡"样式"功能区选择"条件格式""图标集"中的"其他规则",在打开的"新建格式规则"对话框中,按如图 10-14 所示设置即可。

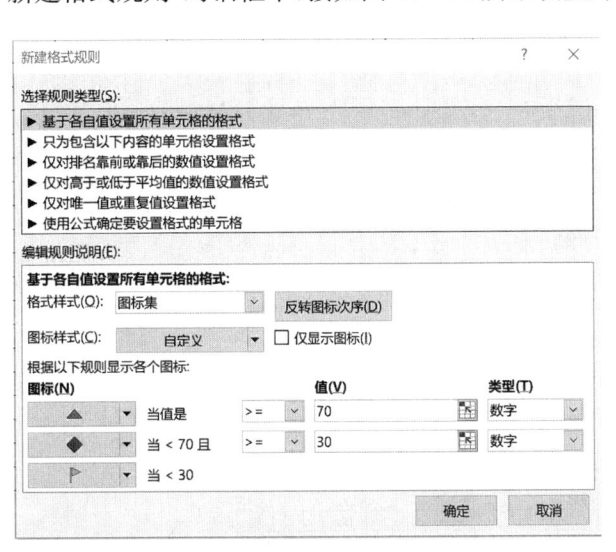

图 10-14 设置单元格区域条件格式

5."人员情况统计表"操作

对工作簿"EXCEL(素材).xlsx"中的工作表"人员情况统计表",执行如下操作。

(1) A1:G1 单元格合并为一个单元格,内容水平居中

选择 A1:G1 单元格区域,在"开始"选项卡中的"对齐方式"功能区单击"合并后居中"按钮,合并单元格并使内容居中。

(2) 填写“人员情况统计表”中“基础工资(元)”列的内容(要求利用 VLOOKUP 函数)

在 E3 单元格中输入函数“=VLOOKUP(人员情况统计表! C3,基础工资对照表! \$A\$3:\$B\$5,2)”,并按回车键,利用填充柄复制函数至剩余单元格区域。

(3) 计算“工资合计(元)”列内容(要求利用 SUM 函数,单位转换为万元,数值型,保留小数点后 2 位),并修改 G2 单元格内容为“工资合计(万元)”

修改 G2 单元格内容为“工资合计(万元)”,在 G3 单元格中输入函数“=SUM(E3:F3)/10000”,并按回车键,利用填充柄复制公式至剩余单元格区域,并设置该区域单元格格式为“数值型”“2 位小数”。

(4) 计算工资合计范围和职称同时满足条件要求的员工人数置于 K7:K9 单元格区域“人数”列(条件要求详见“人员情况统计表”中的统计表 1,要求利用 COUNTIFS 函数)

在 K7 单元格中输入函数“=COUNTIFS(B3:B51,"助工",G3:G51,">=0.8")”,并按回车键;同样,在 K8、K9 单元格中分别输入函数“=COUNTIFS(B3:B51,"工程师",G3:G51,">=1")”和“=COUNTIFS(B3:B51,"高工",G3:G51,">=1.5")”。

(5) 计算各部门员工岗位工资的平均值和工资合计的平均值分别置于 J14:J17 单元格区域“平均岗位工资(元)”列和 K14:K17 单元格区域“平均工资(元)”列(见“人员情况统计表”中的统计表 2。要求利用 AVERAGEIF 函数,数值型,保留小数点后 2 位)

在 J14 单元格中输入函数“=AVERAGEIF(\$D\$3:\$D\$51,"销售部",F\$3:F\$51)”,并按回车键;同样,J15:J17、K14:K17 单元格区域类似输入,注意计算数值区域和计算条件;设置 J14:J17、K14:K17 单元格区域格式为“数值型”“2 位小数”。

如图 10-15 所示。

	A	B	C	D	E	F	G
1	某企业人员情况统计表						
2	职工号	职称	学位	部门	基础工资(元)	岗位工资(元)	工资合计(万元)
3	HR001	高工	硕士	销售部	8600	6000	1.46
4	HR002	高工	硕士	开发部	8600	8200	1.68
5	HR003	工程师	学士	销售部	5200	3500	0.87
6	HR004	高工	硕士	技术部	8600	7200	1.58
7	HR005	工程师	学士	开发部	5200	4800	1.00
8	HR006	助工	学士	开发部	5200	2900	0.81
9	HR007	工程师	学士	销售部	5200	3100	0.83
10	HR008	高工	博士	技术部	12800	8090	2.09
11	HR009	助工	学士	销售部	5200	1800	0.70
12	HR010	高工	学士	工程部	5200	6000	1.12
13	HR011	工程师	学士	开发部	5200	4600	0.98
14	HR012	高工	硕士	技术部	8600	7300	1.59
15	HR013	工程师	学士	开发部	5200	4300	0.95
16	HR014	工程师	硕士	开发部	8600	4800	1.34
17	HR015	高工	博士	技术部	12800	9090	2.19
18	HR016	高工	硕士	技术部	8600	7500	1.61
19	HR017	工程师	学士	开发部	5200	4600	0.98
20	HR018	工程师	学士	销售部	5200	2890	0.81
21	HR019	助工	学士	工程部	5200	3100	0.83
22	HR020	工程师	硕士	工程部	8600	4100	1.27
23	HR021	助工	学士	开发部	5200	2890	0.81
24	HR022	工程师	硕士	技术部	8600	4800	1.34
25	HR023	高工	硕士	技术部	8600	6600	1.52
26	HR024	工程师	硕士	技术部	8600	4600	1.32
27	HR025	工程师	学士	技术部	5200	3900	0.91
28	HR026	高工	硕士	技术部	8600	6980	1.56
29	HR027	工程师	硕士	开发部	8600	5980	1.46
30	HR028	工程师	学士	工程部	5200	3800	0.90
31	HR029	助工	学士	销售部	5200	2100	0.73
32	HR030	高工	博士	开发部	12800	7860	2.07
33	HR031	工程师	学士	开发部	5200	3990	0.92
34	HR032	工程师	硕士	技术部	8600	4680	1.33

统计表1

工资合计	职称	人数
>=0.8	助工	4
>=1	工程师	12
>=1.5	高工	11

统计表2

部门	平均岗位工资(元)	平均工资(万元)
销售部	3097.00	0.93
开发部	4991.33	1.26
技术部	6253.50	1.53
工程部	4139.00	1.00

图 10-15 人员情况统计表

第四章　文稿演示软件 PowerPoint 2016

　　PowerPoint 是 Microsoft Office 产品套件的一部分。利用 Microsoft Office PowerPoint 不仅可以创建演示文稿,还可以在互联网上召开面对面会议、远程会议或在网上给观众展示演示文稿。Microsoft Office PowerPoint 做出来的文件叫演示文稿,其格式后缀名为:ppt、pptx;也可以保存为:pdf、图片格式等。2016 版本中可保存为视频格式。演示文稿中的每一页就叫幻灯片。用户可以在投影仪或者计算机上进行演示,也可以将演示文稿打印出来,制作成胶片,以便应用到更广泛的领域中。

　　PowerPoint 2016 新增了屏幕录制功能、Tell-Me 功能,以及墨迹功能。更丰富的幻灯片主题、主题色、切换效果和动画,更多的 SmartArt 版式、广播及共享 PPT 功能,等等。新增的墨迹功能是 PowerPoint 2016 的新亮点之一。使用墨迹公式可在"数学插入控件"对话框中用触摸屏或鼠标指针手动书写公式,也可以用于手动绘制一些规则或不规则的图形及文字。

　　本章以步骤化、图例化的方式介绍 PowerPoint 2016 的各项功能。通过本章的理论学习和实训,读者应掌握如下内容:

- PowerPoint 2016 的基本功能、运行环境、启动和退出。
- 打开、关闭、创建和保存演示文稿。
- 演示文稿视图的使用,幻灯片的基本操作(编辑版式、插入、移动、复制和删除)。
- 幻灯片的基本制作方法(文本、图片、艺术字、形状、表格等插入及格式化)。
- 演示文稿主题选用与幻灯片背景设置。
- 演示文稿放映设计(动画设计、放映方式设计、切换效果设计)。
- 演示文稿的打包和打印。

实验 11　制作简单演示文稿

一、实验要求

1. 掌握打开、关闭、创建和保存演示文稿方法。
2. 掌握幻灯片制作的基础知识(幻灯片的插入、移动、复制、删除;基本的文本编辑技术)。
3. 掌握插入并编辑图片、表格、GIF 动画等对象的方法。
4. 掌握插入日期时间和页码的方法。

二、实验步骤

1. 新建并保存演示文稿

新建:启动 PowerPoint 2016 程序,建立空白演示文稿,默认文件名为"演示文稿 1.pptx"。

> **注:新建 PowerPoint 文档的其他方法**
> 1. 在"快速存取工具列"中,单击"新建"按钮。
> 2. 在已打开的 PowerPoint 文档的"文件"选项卡中选择"新建",在窗口的右侧区域单击"空白演示文稿"。

保存:在"快速存取工具列"中,单击"保存"按钮,在弹出的"另存为"对话框中设置保存路径为"本地磁盘(F:)",文件名为"垃圾分类",保存类型为"PowerPoint 演示文稿(*.pptx)",设置完成后,单击"保存"。

> **注:保存 PowerPoint 文档的其他方法**
> 1. 在"文件"选项卡中选择"保存"。
> 2. 在"文件"选项卡中选择"另存为"。
> 在文档编辑或考试过程中要实时存盘,或者直接按 Ctrl+S 键即可。

2. 幻灯片的基本操作

(1) 制作标题幻灯片

在"垃圾分类.pptx"中,单击"开始"选项卡,在"幻灯片"组中单击"版式"按钮,选择"标题幻灯片",如图 11-1 所示。

① 单击标题栏,输入"垃圾分类 举手之劳",单击副标题栏,输入"变废为宝 美化家园"。
② 定义标题、副标题的字体、字号。

图 11-1 制作"标题幻灯片"

选中标题文字,单击菜单栏中的"格式"菜单,选中"字体",系统弹出"字体"对话框,设置字体为"华文隶书"、67号字,如图 11-2 所示。完成后,单击"确定",按同样的方法设置副标题中的字体为"华文细黑"、35号字。

图 11-2 "字体"设置

(2) 制作第 2 张幻灯片

单击"开始"选项卡,在"幻灯片"组中单击"新建幻灯片"按钮,选择"标题和内容",如图 11-3 所示。

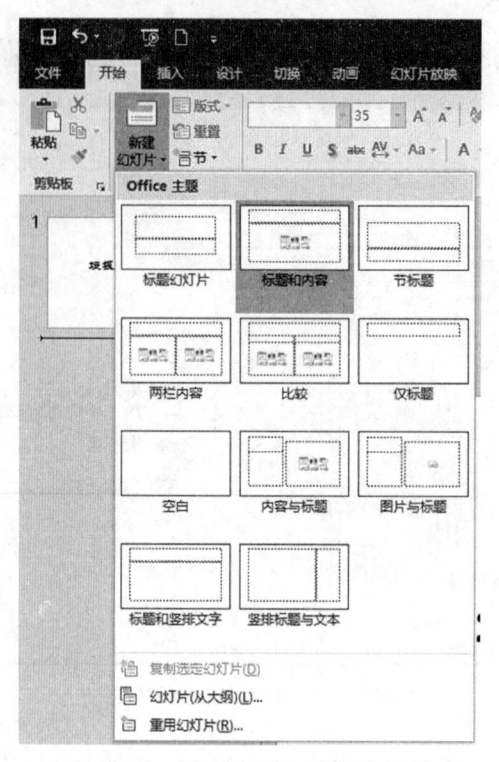

图 11-3　新建"标题和内容"幻灯片

按图 11-4 的样式输入文字并修饰。

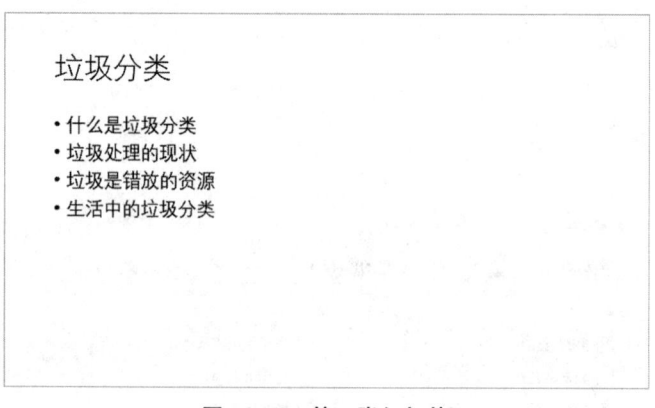

图 11-4　第 2 张幻灯片

3. 插入图片及图片的格式设置

将"素材.pptx"中的 7 张幻灯片复制作为"垃圾分类.pptx"的 3～9 张幻灯片。

(1) 编辑第 3、4 张幻灯片

① 在第 3 张幻灯片之后插入"两栏内容"幻灯片，方法同上。

② 编辑第 4 张幻灯片内容："单击此处添加标题"中输入"什么是垃圾分类"，将第 3 张幻灯片的最后一段"垃圾分类……力争物尽其用。"移动至第 4 张幻灯片右侧位置。具体操作为：选中该段文字右击选择剪切，在第四张幻灯片右侧"单击此处添加文本"右击选择粘贴选项"使用目标主题"。

图 11-5　第 4 张幻灯片插入图片

（2）插入图片

在左侧"单击此处添加文本"单击"图片"按钮，在弹出的如图 11-6 所示对话框中，选中需要插入的图片"垃圾分类 2.gif"，单击"插入"按钮。

图 11-6　"插入图片"对话框

（3）调整第 3 张幻灯片内容

① 调整第 3 张幻灯片中的第 2 段至左下角，如图 11-11 所示。

选中"这是联合国环境……总量的 42.9%。"右击"剪切"，缩小第 1 段所在的文本框至中间。单击"插入"选项卡，在"文本"组中单击"文本框"按钮，选择"横排文本框"，如图 11-7 所示，在左下角绘制横排文本框，并粘贴第 2 段内容。

图 11-7　插入"横排文本框"

② 设置第 1 段为红色、黑体、32 号字，1.5 倍行距。设置第 2 段为黑体、24 号字，1.5 倍行距。另将第 2 段最后的数值"42.9%"设置为 36 号字。

③ 在右下角插入图片。单击"插入"选项卡，在"图像"组中单击"图片"按钮，选择需要插

入的图片"垃圾分类1.jpg",单击"插入"按钮,如图11-8所示。在弹出的如图11-6所示对话框中,选中需要插入的图片"垃圾分类1.gif",单击"插入"按钮。

图11-8 插入"图片"

(4) 调整图片大小、位置与样式

① 调整图片大小。在PPT中选中"垃圾分类1.jpg",单击"图片工具"中的"格式"选项卡"大小"右下方的 按钮,右侧出现如图11-10所示功能区。单击第三个"大小与属性"标签,先取消选定"锁定纵横比"与"相对于图片原尺寸"复选框,再修改大小参数,高度:7厘米,宽度:12厘米。

图11-9 设置"图片格式"

图11-10 "设置图片格式"功能区

② 调整图片位置。在右侧"设置图片格式"功能区展开"位置"菜单,修改位置参数,水平位置:18 厘米,从:左上角,垂直位置:9.5 厘米,从:左上角。

③ 设置图片样式。选中图片,单击"图片工具"中的"格式"选项卡"图片样式"功能组右下角的下拉箭头,选择"金属圆角矩形",如图 11-11 所示。

单击"图片效果"按钮,在下拉菜单中选择"棱台"中的"艺术装饰"。同样的方法,单击"图片效果"按钮,在下拉菜单中选择"发光"中的"发光变体—绿色,11pt 发光,个性色 6"。最后在"调整"功能组中单击"艺术效果",选择"蜡笔平滑"。

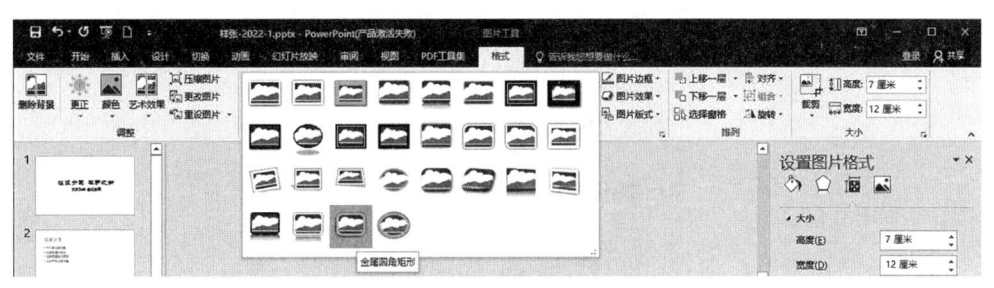

图 11-11　图片框架设置

第 3 张幻灯片如图 11-12 所示。

图 11-12　第 3 张幻灯片

(5) 手动调整图片位置

按上述方法在第 6 张幻灯片中,分别插入"垃圾 1.JPG""垃圾 2.JPG""垃圾 3.JPG",参考样张(图 11-13)手动调整图片位置。

图 11-13　第 6 张幻灯片

4. 插入表格及表格的格式设置

(1) 添加幻灯片

在第 7 张幻灯片前,添加"标题和内容"幻灯片。在"单击此处添加标题"中填写"垃圾污染的危害"。

(2) 插入表格

在"单击此处添加文本"中单击表格按钮,在弹出的"插入表格"对话框中,填入 5 列,3 行,如图 11-14 所示。

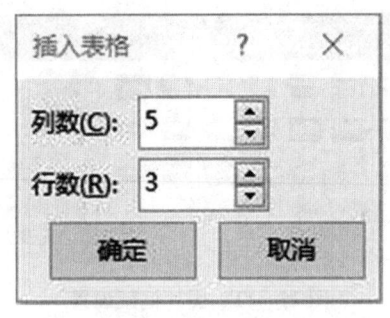

图 11-14 "插入表格"对话框

(3) 编辑表格文字

将第 8 张幻灯片中的标题分别复制到表格第 1 行各列,并设置字体为黑体,20 号字,居中对齐。将标题下的内容分别复制到第 2 行第 2 列、第 3 行第 3 列、第 2 行第 4 列、第 3 行第 5 列的表格中,设置字体为宋体,17 号字,如图 11-15 所示。

删除第 8 张幻灯片。

图 11-15 第 7 张幻灯片

(4) 设置表格

① 修改表格样式

选中表格,在"表格工具"下方的"设计"选项卡中的"表格样式"组中单击右下角下拉箭头,选择"中度样式 2-强调 6"。

② 调整表格

将鼠标置于第一列任意单元格内，在"表格工具"下方的"布局"选项卡中的"单元格大小"组中，修改宽度为5.5厘米。

③ 修饰表格

合并表格第1列的2、3行，选中后右击，在快捷菜单中选择"设置形状格式"，在右侧"设置形状格式"功能区中，单击"形状选项"下第一个"填充与线条"标签，选择"图片或纹理填充"单选按钮，在下方单击"文件…"按钮，在弹出的"插入图片"对话框中，选择"垃圾4.jpg"，如图11-16所示。

用同样的方法将"垃圾5.jpg""垃圾6.jpg""垃圾7.jpg""垃圾8.jpg"放入表格中。

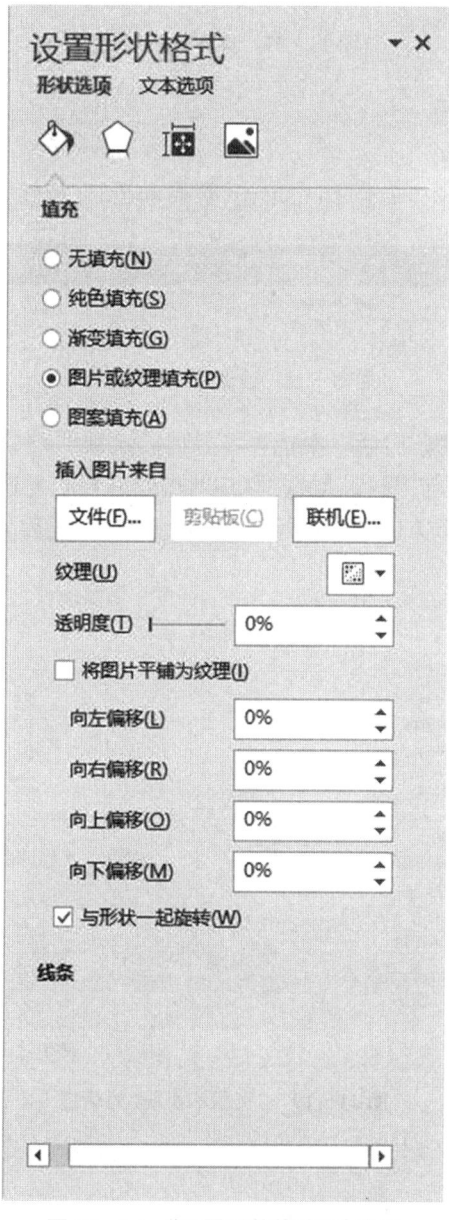

图11-16 "设置形状格式"功能区

最后调整第 8 张幻灯片版式为"竖排标题与文本",如图 11-17 所示。

图 11-17 第 8 张幻灯片

5. 插入日期时间和页码
(1) 插入日期时间和页码
① 单击"插入"选项卡,在"文本"组中单击"页眉和页脚"按钮,如图 11-18 所示。

图 11-18 设置"页眉和页脚"

② 在弹出的"页眉和页脚"对话框中选择"幻灯片"选项卡,在"幻灯片包含内容"区域勾选"日期和时间""幻灯片编号"与"页脚"复选框,在"日期和时间"复选框范围内,选择"自动更新"单选按钮,在"页脚"复选框下方文本框内填入"垃圾分类"。最后勾选"标题幻灯片中不显示"复选框,如图 11-19 所示。

图 11-19 "页眉和页脚"对话框

(2) 设置应用范围
在设置完毕后,可以进行两种选择:
① 点击"应用"按钮,那么所进行的设置只应用于当前的标题幻灯片上。

② 点击"全部应用"按钮,那么设置将应用于所有幻灯片上。这里单击"全部应用"。

6. 存盘,保留结果

按原路径保存文件。制作完毕后,按 F5 键(或单击屏幕左下方的"幻灯片放映"按钮),便可放映幻灯片,观看放映效果。

> **注:演示文稿视图**
>
> 演示文稿窗口的右下方有4个按钮 ▣ 品 🗐 🖵 ,称为视图方式切换按钮,用于快速切换到不同的视图。从左至右依次为"普通视图""幻灯片浏览视图""阅读视图""幻灯片放映"。这4个按钮的功能分别为:
>
> (1)普通视图。选择该视图,屏幕显示方式包含三个窗格:大纲窗格、幻灯片窗格和备注窗格。这些窗格使用户可在同一位置使用演示文稿的各种特征。拖动窗格边框,可调整其大小。其中:
>
> 大纲窗格,可组织和开发演示文稿中的文字内容。可键入演示文稿中的所有文本,然后重新排列项目符号、段落和幻灯片。
>
> 幻灯片窗格,可查看每张幻灯片中的文本外观。可在单张幻灯片中添加图形、视频和声音,并创建超级链接以及向其中添加动画。
>
> 备注窗格,使用户可添加与观众共享的演说者备注或信息。
>
> (2)幻灯片浏览视图。在幻灯片浏览视图中,可在屏幕上同时看到演示文稿中的所有幻灯片,这些幻灯片是以缩略图显示的,这样,就可以很容易地在幻灯片之间添加、删除和移动幻灯片以及选择动画切换。
>
> (3)阅读视图。是以窗口形式对演示文稿中的切换效果和动画效果进行放映,在放映过程中可以单击鼠标切换放映幻灯片。
>
> (4)幻灯片放映。幻灯片放映的顺序有两种:若在普通视图中,以当前幻灯片开始放映;若在幻灯片浏览视图中,以所选幻灯片开始放映。

实验 12　演示文稿的个性化

一、实验要求

1. 掌握幻灯片版式、主题、设计模板的设置及应用。
2. 掌握幻灯片配色方案、背景的设置、母版的设置。
3. 掌握插入 SmartArt 图形、声音等多媒体对象的方法。
4. 掌握动画效果的设置、文本的超链接。
5. 掌握幻灯片切换效果设置和幻灯片放映的高级技巧。

二、实验步骤

1. 设置幻灯片主题及标题幻灯片背景

为了增加版面的美感,可利用 PowerPoint 所提供的"主题"功能,也可根据幻灯片内容个性化设置背景格式。

(1) 设置幻灯片主题

单击"设计"选项卡,在"主题"组中单击"环保"主题,在"变体"组中单击第三个变体方案;单击右下角下拉箭头选择"背景样式"菜单中的"样式 10";"颜色"选择"气流",如图 12-1 所示。

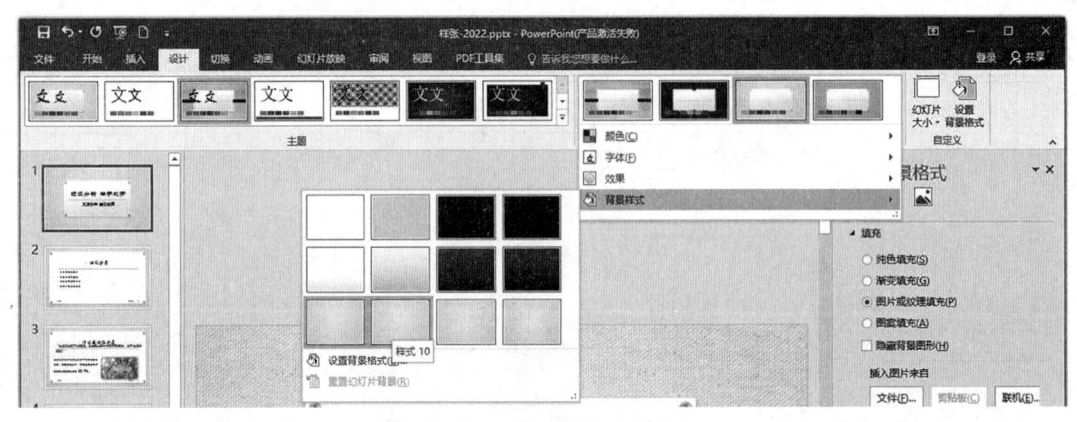

图 12-1　设置主题及背景样式

(2) 设置幻灯片大小及编号起始值

在自定义组中单击"幻灯片大小"按钮,单击"自定义幻灯片大小"选项,弹出如图 12-2 的"幻灯片大小"对话框。幻灯片大小选择"全屏显示(16:9)",宽度为 25.4 厘米,高度为 14.288 厘米,修改"幻灯片编号起始值"为 101,如图 12-2 所示。

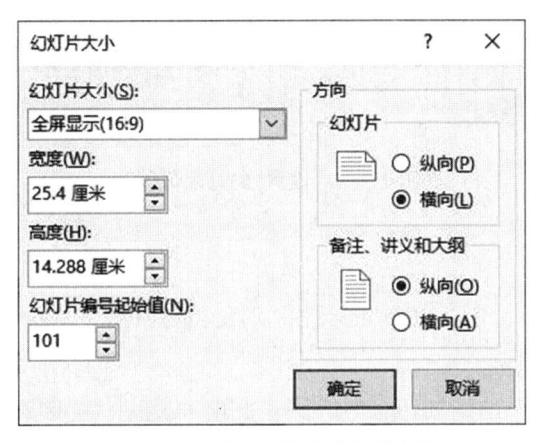

图 12‐2　"幻灯片大小"对话框

（3）设置标题幻灯片背景

单击"设计"选项卡，在"自定义"组中单击"设置格式背景"按钮，在右侧"设置背景格式"功能区中，单击"填充"标签，选择"图片或纹理填充"单选按钮，在下方单击"纹理"按钮，弹出如图 12‐3 所示纹理，从中选择"再生纸"。

图 12‐3　设置背景纹理

注：隐藏背景图形：
　　此处若勾选"隐藏背景图形"选项则可忽略主题模板上的图案。

2. 设置母版字体
（1）打开"幻灯片母版"
单击"视图"选项卡，在"母版视图"组中单击"幻灯片母版"按钮，如图 12‐4 所示。

图 12-4　设置"幻灯片母版"

(2) 设置字体

选中左侧顶部的"环保 幻灯片母版:由幻灯片 101-110 使用",设置标题为黑体,45 号字,内容为黑体,23 号字。

(3) 关闭"幻灯片母版"

当完成所有的设置后,切换到"幻灯片母版"选项卡,单击"关闭母版视图"按钮,返回到普通视图,这时会发现设置的格式已经在幻灯片上显示出来了。

3. SmartArt 图形与自选形状

(1) 修饰第 8 张幻灯片

① 单击"插入"选项卡,在"插图"组中单击"SmartArt",如图 12-5 所示。

图 12-5　打开"SmartArt"对话框

② 弹出如图 12-6 所示对话框,在左侧选择"流程",在中间区域选取"圆箭头流程",单击"确定"按钮。

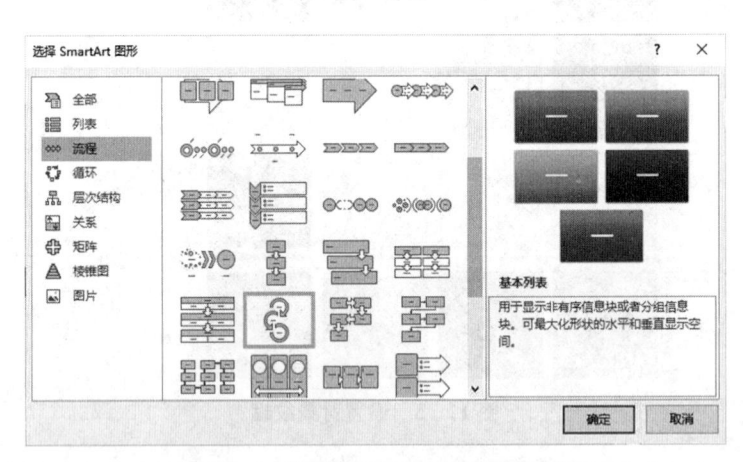

图 12-6　"选择 SmartArt 图形"对话框

③ 将"圆箭头流程"拖动至左侧位置,在上部输入"资源返还",中间输入"堆肥",下部输入"焚烧发电";字体均设为仿宋,16 号字。

④ 单击"SmartArt 工具"中的"设计"选项卡,在"SmartArt 样式"组中单击"更改颜色",选择"彩色"分类中的"彩色范围-个性色 4 至 5"。

⑤ 在"SmartArt 样式"组中单击右下角下拉菜单,在"三维"分组中单击"砖块场景",如图 12-7 所示。

图 12-7　第 108 张幻灯片

(2) 新建第 109 张幻灯片

① 在第 108 张幻灯片后,以"标题和内容"版式插入第 109 张幻灯片,输入标题"垃圾的生命",在下方单击"图片"按钮,插入"垃圾分类 3.jpg"。

② 单击"插入"选项卡,在"插图"组中单击"形状"下拉菜单,选择"星与旗帜"分类中的"竖卷形",在幻灯片适当位置拖动绘制。选中"竖卷形",在"绘图工具"下方的"格式"选项卡中的"大小"组中单击右下方的 按钮,在右侧"设置形状格式"功能区中,单击"形状选项"下第三个"大小与属性"标签,修改大小参数,高度:7 厘米,宽度:2 厘米;修改位置参数,水平位置:2.5 厘米,从:左上角,垂直位置:5.5 厘米,从:左上角。

③ 右击"竖卷形"在弹出的快捷菜单中选择"编辑文字",输入文字"给垃圾一个分类的归宿",设置文字为"方正姚体""16 号"。单击"开始"选项卡,在"段落"组中单击"文字方向"下拉菜单,选择"竖排"。

④ 选中"竖卷形"在"绘图工具"下方的"格式"选项卡中的"形状样式"组中单击右下角下拉菜单,在"预设"分组中选择"渐变填充-绿色,强调颜色 3,无轮廓"。

⑤ 同样的方法在右侧插入与左侧格式大小完全相同的"竖卷形",输入文字"还我们一个清洁的世界";修改位置参数,水平位置:21 厘米,从:左上角,垂直位置:5.5 厘米。

⑥ 单击备注区输入"垃圾分类举手之劳,循环利用变废为宝。",如图 12-8 所示。

图 12-8　第 109 张幻灯片

(3) 修改第 110 张幻灯片

① 选中第 110 张幻灯片"生活中的垃圾分类"内容区域文字,单击"开始"选项卡,在"段落"组中,单击"转换为 SmartArt"按钮,选择下拉菜单中的"其他 SmartArt 图形"。

② 弹出如图 12-9 所示对话框,在左侧选择"列表",在中间区域选取"水平项目符号列表",单击"确定"按钮。手动调整 SmartArt 图形大小与位置。

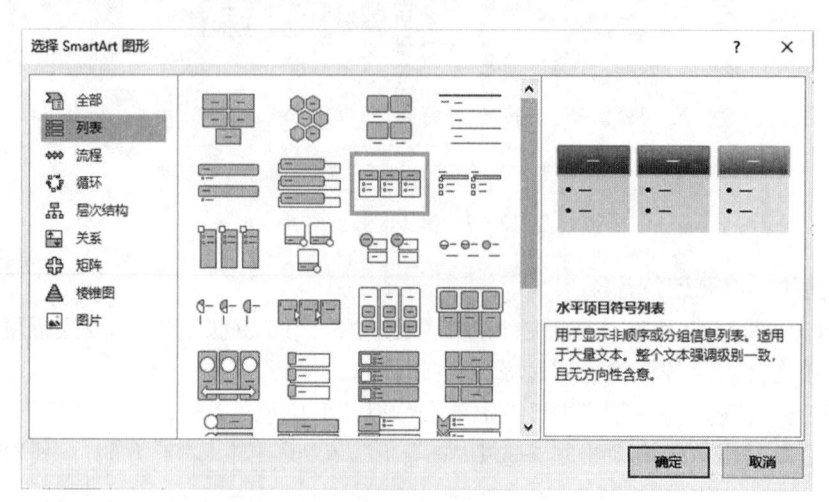

图 12-9 "选择 SmartArt 图形"对话框

③ 在最后一项标题处右击,在弹出的快捷菜单中单击"添加形状"中的"在后面添加形状",如图 12-10 所示。在标题位置输入"有害垃圾",在内容位置依次输入:"废电池""废荧光灯管""水银温度计""过期药品""杀虫剂罐""……"。

图 12-10 "SmartArt 图形"添加形状

④ 在图 12-11 中,选中所有文本(Ctrl+A),将字体设为楷体,18 号字。输入过程中可通过右击选择"升级""降级""上移""下移"来调整文字间的结构与顺序,如图 12-11 所示。

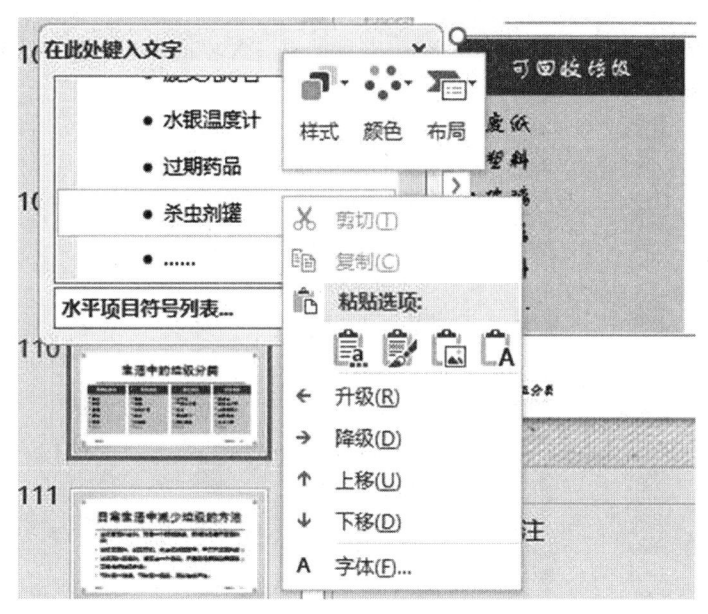

图 12-11　在"SmartArt 图形"中编辑文字

⑤ 单击"SmartArt 工具"中的"设计"选项卡,在"SmartArt 样式"组中单击"更改颜色",选择"彩色"分类中的"彩色范围-个性色 4 至 5";同时设置"SmartArt 样式"为"三维"类别下的"金属场景"。如图 12-12 所示。

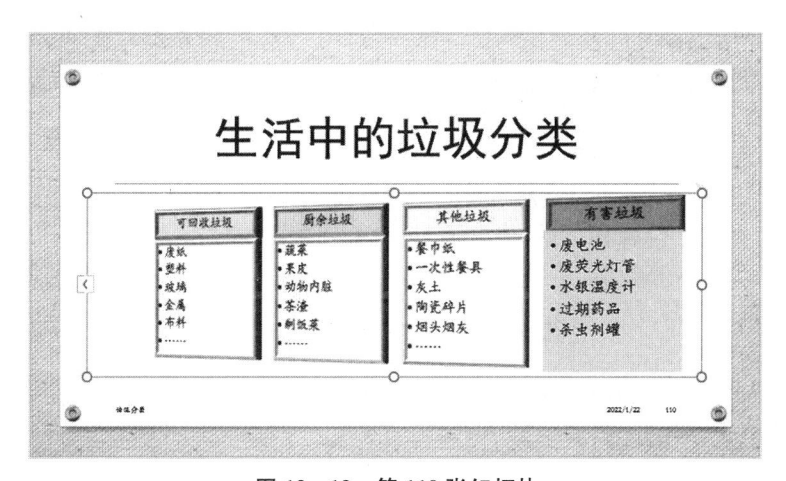

图 12-12　第 110 张幻灯片

4. 设置幻灯片切换方式

所谓切换方式,就是幻灯片放映时一个幻灯片进入和离开屏幕时的方式,既可以为一组幻灯片设置一种切换方式,同时还能够设置每一张幻灯片都有不同的切换方式,但需要一张张地对它进行设置。操作步骤如下:

① 切换到普通视图或者幻灯片浏览视图中,将要设置切换方式的幻灯片选中。

② 单击"切换"选项卡,在"切换到此幻灯片"组中选取"华丽型"中的"棋盘",如图 12-13 所示。在"效果选项"中选择"自顶部"。

— 113 —

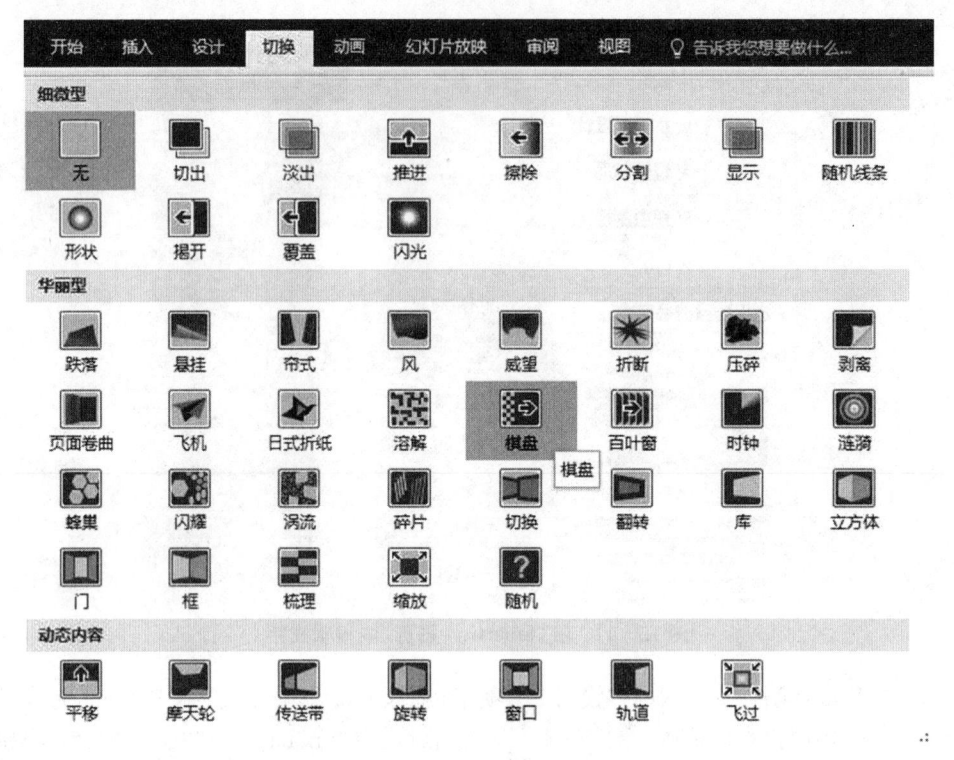

图 12‐13　设置幻灯片切换

③ 在"计时"组中设置声音为"箭头",持续时间:01.75,换片方式勾选"单击鼠标时"与"设置自动换片时间",并设置"设置自动换片时间"为:01:30.00,如图 12‐14 所示。

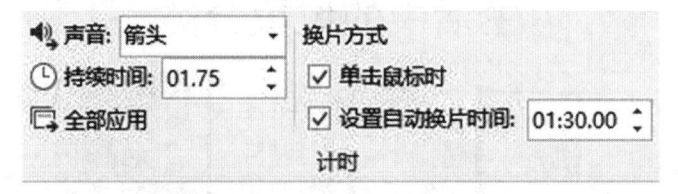

图 12‐14　设置幻灯片切换时间

④ 这里单击"计时"组中的"全部应用"将所有幻灯片都设为此切换效果。
设置完成后,可单击"幻灯片放映"按钮观看效果。

5. 设置文本、图片动画

"动画"功能可使幻灯片上的文本、形状、图像、图表和其他对象具有动画效果,这样可以突出重点,控制信息的流程,并提高演示文稿的趣味性。操作步骤如下:

(1) 为第 103 张幻灯片中的图片设置动画

① 单击"动画"选项卡,在"动画"组中单击其他下拉箭头,选取"更多进入效果",如图 12‐15 所示,在弹出的"更改进入效果"对话框中"基本型"下方选择"十字型扩展",如图 12‐16 所示。

图 12‑15　选取"更多进入效果"

图 12‑16　"更改进入效果"对话框

② 在"动画"组中单击"效果选项"下面的箭头,设置形状为"菱形",方向为"切出"。

(2) 为第3张幻灯片中的文字设置动画

① 为第一段文字"垃圾……资源!"设置动画效果:单击"动画"选项卡,在"动画"组中单击其他下拉箭头,选取"更多强调效果",在弹出的"更改强调效果"对话框中"华丽型"下方选择"**B 加粗展示**"。

② 在"动画"组中单击"效果选项"下面的箭头,设置序列为"作为一个对象"。

③ 在"计时"组中设置开始为"与上一动画同时",持续时间为"01.50"秒,延迟为"01.00"秒。

④ 为第二段文字"这是……42.9%。",设置动画效果:"进入""飞入",效果选项为"自左下部"。

(3) 调整动画顺序

选择第二段文字,在"动画"选项卡中的"计时"组中单击"向前移动",将其设置为最先进入的动画,如图 12-17 所示。

图 12-17　第 103 张幻灯片

6. 设置艺术字

① 修改第 102 张幻灯片的版式为"内容与标题"。

② 修改标题文字"垃圾分类"为仿宋、45 号字。

③ 选中标题文本框,在"绘图工具"下方的"格式"选项卡中的"艺术字样式"组中单击"艺术字",选择"渐变填充-橙色,着色 1,反射",如图 12-18 所示。

图 12-18　插入艺术字

④ 在"绘图工具"下的"格式"选项卡"艺术字样式"组中单击"文本效果",选择"转换"中的"山形",如图 12-19 所示。

图 12-19　设置艺术字效果

⑤ 在"绘图工具"下的"格式"选项卡"形状样式"组中单击"形状填充",在下拉菜单中选择"渐变"下的二级菜单"其他渐变",在右侧"设置形状格式"功能区中,单击"形状选项"下第一个"填充与线条"标签,修改填充参数,首先选择"渐变填充"单选按钮,在"预设渐变"右侧的下拉菜单中选择"顶部聚光灯-个性色 3",如图 12-20 所示。

图 12-20　设置渐变填充

⑥ 选中艺术字文本框,在"绘图工具"下方的"格式"选项卡中的"大小"组中单击右下方的按钮,在右侧"设置形状格式"功能区中,单击"形状选项"下第三个"大小与属性"标签,修改大小参数,高度:3厘米,宽度:8.5厘米;修改位置参数,水平位置:2.5厘米,从:左上角,垂直位置:3厘米,从:左上角。

7. 建立超级链接

① 选中第102张幻灯片中的"什么是垃圾分类",右键单击,在弹出的菜单中选择"超链接",如图12-21所示。

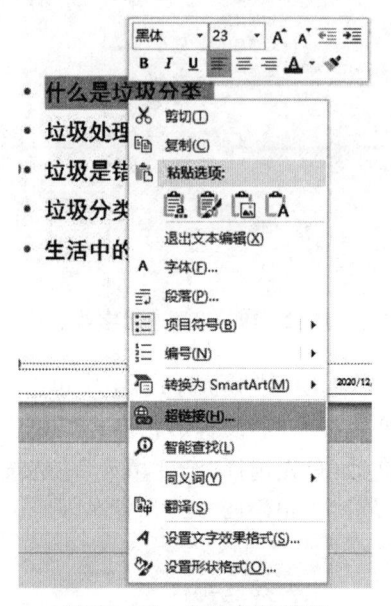

图 12-21 创建超级链接

② 在"插入超链接"对话框中,单击"本文档中的位置",选择"103.什么是垃圾分类",参见图12-22所示。

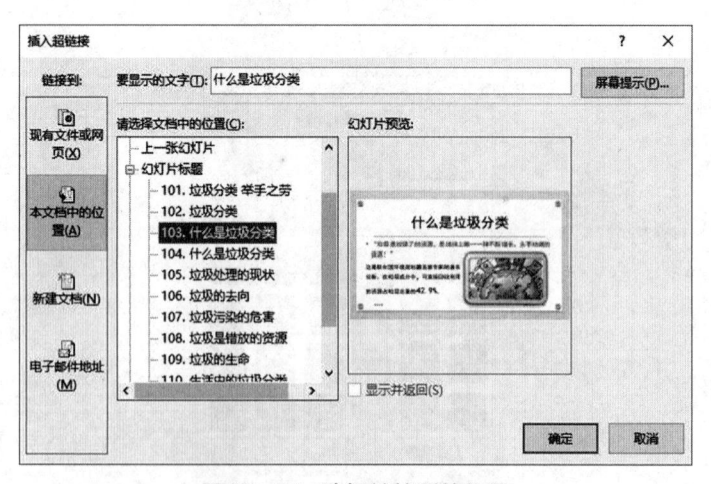

图 12-22 选择链接到的位置

③ 以同样的方法为另外三个标题建立超级链接，分别链接到"105.垃圾处理的现状""108.垃圾是错放的资源""110.生活中的垃圾分类"。

8. 设置背景音乐

为最后一张幻灯片插入背景音乐。

单击"插入"选项卡，在"媒体"组中单击"音频"按钮，选择"PC 上的音频"，在弹出的如图 12-23 所示对话框中，找到"垃圾分类歌.mp3"，单击"插入"按钮。

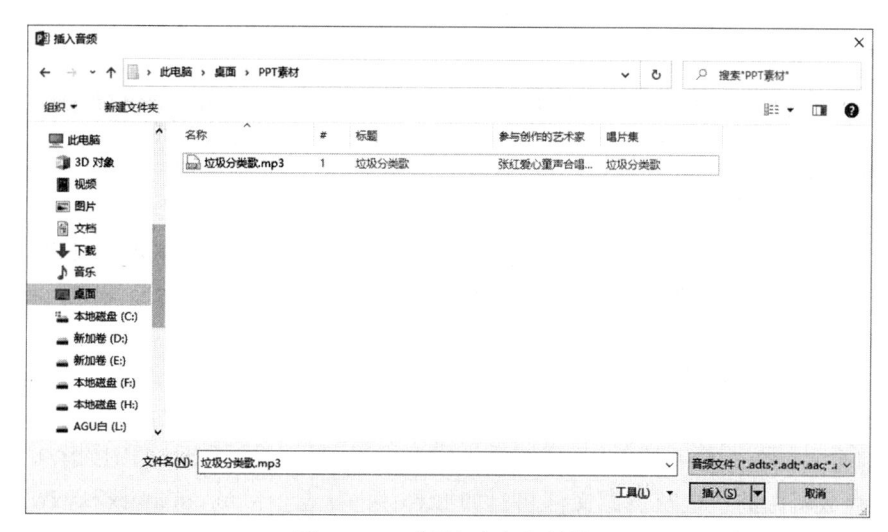

图 12-23　"插入音频"对话框

9. 幻灯片放映

单击"幻灯片放映"选项卡，在"设置"组中单击"设置幻灯片放映"按钮，在如图 12-24 所示对话框内"放映类型"中选择"观众自行浏览（窗口）"。

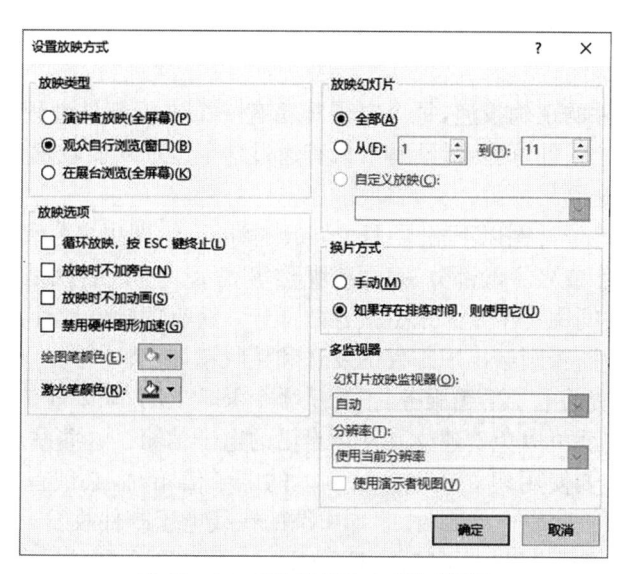

图 12-24　"设置放映方式"对话框

第五章 计算机网络基础

21世纪以来,随着信息技术的不断发展,信息技术正从数字化时代转向智能化建设阶段,智能化是信息技术的进一步扩展,是集物联网、智能感知、云计算、移动互联、大数据等多领域信息技术为一体的综合技术。

信息技术、计算机网络技术以及多媒体技术的快速发展,特别是移动互联网络的出现,为人们随时随地进行网上信息交流、移动支付和发布资讯提供了方便快捷的平台,人们足不出户就可以了解世界各地发生的最新新闻,可以收发电子邮件、网上视频聊天、网上音频电话给世界各地的亲朋好友。

网页浏览器(Web Browser),常被简称为浏览器,是一种用于检索并展示因特网信息资源的应用程序。常用的网页浏览器有IE浏览器、360浏览器和Chrome浏览器等。其中网页浏览器主要通过HTTP协议与网页服务器交互并获取网页,网站由一个或多个网页文件(超文本文件)组成,它们之间通过超链接相连,它的起始页称为主页(HomePage),是访问网站时看到的第一个网页,主页的文件名应与该网站服务器系统配置中指定的缺省页的文件名一致。每个网页都有一个全球唯一的URL(Uniform Resource Locator)地址,URL由3部分组成:资源类型、存放资源的主机及资源文件名。如http://www.jit.edu.cn/xwzx/xyxw.htm,其中www.jit.edu.cn是金陵科技学院网站的主机域名,xyxw.htm为资源文件名。这些独立的URL是因特网上信息表示最主要的方式,分布在因特网的数百万台主机上,利用浏览器可方便地对其进行浏览和检索,所以浏览器又称为超媒体工具。

收发电子邮件是Internet提供的最普通、最常用的服务之一。所谓电子邮件(又称E-mail,简称邮件或电邮),就是利用电子手段,通过网络从一台计算机向另一台计算机传递信息的一种通信方式。目前最流行的电子邮件应用程序有Microsoft Outlook Express、Foxmail等。

为了保证电子邮件的正确投递,每个电子邮箱有一个电子邮件地址,在Internet中,电子邮件地址如同我们每个人的家庭地址一样,只有通过这个地址才能收发个人邮件,才能确保邮件能正确地从一地传送到另一地。

一个电子邮件的地址遵循以下格式:Username@Hosts,即用户名和主机名两部分。用户名一般以用户自己名字或名字的部分、缩写或昵称等表示。主机名就是提供电子邮件服务的服务器名字或域名,中间用一个"@"来链接这两部分。所有的邮件地址都是唯一的,不可能出现两个相同的邮件地址,否则会出现邮件的发送和接收错误。

很多站点提供免费的电子信箱服务,不管从哪个ISP上网,只要能访问这些站点的免费电子信箱服务网页,用户就可以免费建立并使用自己的电子信箱。这些站点大多是基于Web页式的电子邮件,即用户要使用建立在这些站点上的电子信箱时,必须首先使用浏览器进入主页,登录后,在Web页上收发电子邮件,也即所谓的在线电子邮件收发。

本章安排了"信息检索"和"电子邮件(E-mail)的收发"两个实验。通过上机练习,要求掌握浏览器的使用和基本设置、掌握网站的访问和页面的保存、掌握网络资源信息检索和下载、掌握电子邮件的收发等内容。

实验 13　信息检索

一、实验要求

1. 掌握浏览器的使用和基本设置。
2. 掌握网站的访问和页面的保存。
3. 掌握网络资源信息检索和下载。

二、实验步骤

1. 浏览器的使用和基本设置

（1）浏览器的类型和使用

网页浏览器（Web Browser），常被简称为浏览器，是一种用于检索并展示万维网信息资源的应用程序。常用的网页浏览器有 IE 浏览器、360 浏览器和 Chrome 浏览器等，其中网页浏览器主要通过 HTTP 协议与网页服务器交互并获取网页，这些网页由 URL 指定，比如访问金陵科技学院官网，地址为 http://www.jit.edu.cn，使用 360 浏览器打开网站主页如图 13－1 所示。

图 13－1　网站主页

（2）浏览器的基本设置

用户可以将喜欢或经常浏览的网站收录到浏览器收藏夹中，以方便以后快速地打开它们。要将网站加入收藏夹，以金陵科技学院网页在 360 浏览器中的应用为例，其操作如下：

① 打开 360 浏览器，在地址栏输入金陵科技学院首页（http://www.jit.edu.cn）网址。

② 按 Ctrl＋D 组合键或点击浏览器菜单栏"收藏"选项，在下拉菜单中选择"添加到收藏夹"命令。

③ 在弹出的"添加收藏"页面"名称"栏中输入收藏页面的名字，便于以后查找。

图 13-2 "添加收藏"对话框

④ 在弹出的如图 13-2 所示的对话框中,在"文件夹"选项中单击"新建文件夹"按钮,可以创建一个收藏文件夹,用于分类收藏不同类型的网站。

⑤ 单击"添加"按钮。

⑥ 按上述方法,分别把新浪(https://www.sina.com.cn)、百度(http://www.baidu.com)、腾讯(https://www.qq.com)等网站添加至收藏夹中。

注:
　　网址添加到收藏夹,也可以单击地址栏右侧的"收藏"菜单栏,在弹出的菜单中单击"添加到收藏夹"按钮。

⑦ 单击地址栏右侧的"工具"菜单栏,在弹出的菜单中单击"选项"按钮,按照实际需求对浏览器的基本设置进行配置,也可以对界面、标签和安全等其他设置进行配置。如设置浏览器启动时打开主页为金陵科技学院首页(http://www.jit.edu.cn),如图 13-3 所示:

图 13-3 浏览器的设置

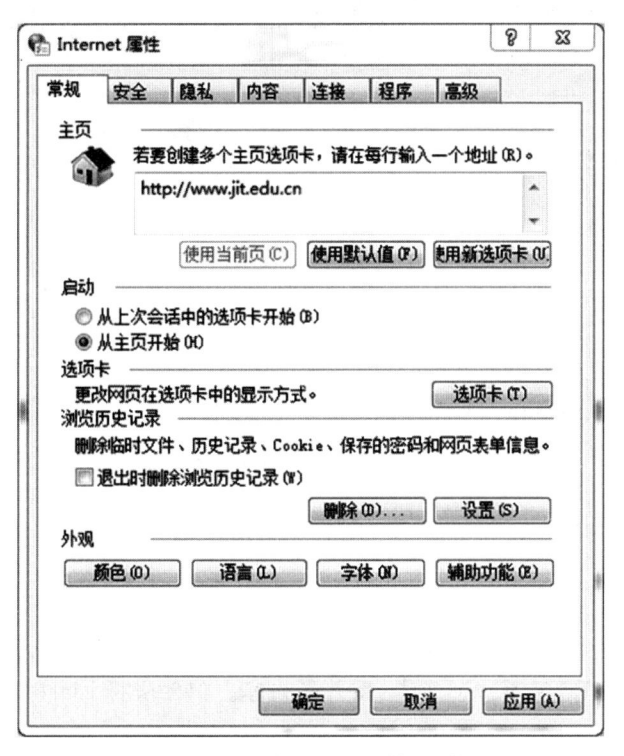

图 13‑4 "Internet 属性"设置

> 注：
> 　　安全、隐私等其他高级配置，可以单击地址栏右侧的"工具"菜单栏，在弹出的菜单中单击"Internet 选项"按钮进入"Internet 属性"，按照实际需求进行配置，如图 13‑4 所示。

2. 网站的访问和页面的保存

(1) 访问金陵科技学院教务处网站

要访问某网站的主页地址，可以执行如下操作，以金陵科技学院教务处网站使用"IE 浏览器"访问为例。

① 单击"IE 浏览器"图标，打开浏览器。

② 在地址栏中输入金陵科技学院教务处网站网址（http://jwc.jit.edu.cn）。

③ 关闭浏览器。

(2) 以文本文件格式保存金陵科技学院网站首页中的"学校概况"页面

① 打开 IE 浏览器，访问金陵科技学院首页（http://www.jit.edu.cn）网站，点击页面中的"学校概况"链接。

② 按 Ctrl+S 组合键或点击浏览器菜单栏中的"文件"，选择"另存为"选项，在弹出的对话框中选择要保存的文件，位置为"桌面"。

③ 输入保存文件名为"金陵科技学院学校概况"，在"保存类型"下拉菜单中选择文本文件格式（*.txt），如图 13‑5 所示。

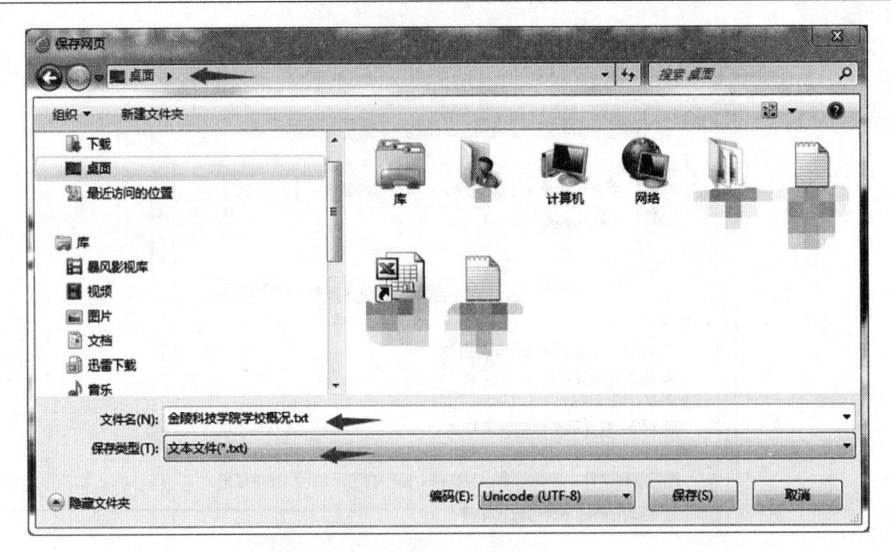

图 13-5　保存网页

注:保存类型
　　1.网页,全部:选择此类型时,会将当前网页保存为一个.htm 或.html 文件,并生成一个同名的文件夹,用于保存网页中的脚本、图片等内容。但无法将 Flash 或视频等特殊文件保存下来。
　　2.Web 文档,单个文件:选择此类型时,会将网页保存成一个单独的.mht 文件,以便于管理。
　　3.网页,仅 HTML:选择此类型时,将只保存网页中的文本。
　　4.文本文件:选择此类型时,会将网页保存为一个文本文件。
　　提示:有些网页由于受到脚本或其他方式的保护而无法保存。另外,建议等到网页完全载入完毕后再保存,否则可能会出现保存过程中卡住不动的问题。

　　④ 单击"保存"按钮,即开始下载网页并保存到本地电脑,如图 13-6 所示。

　　3.网络资源信息检索和下载

　　(1)下载图片

　　对于网页中需要的图片,可以下载下来,其操作方法如下。

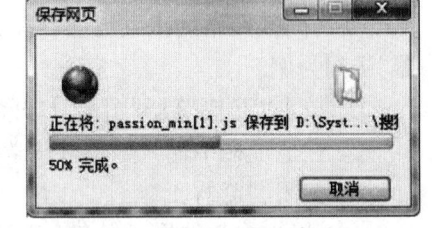

　　① 打开相关的网页,待网页中的图片加载完毕后,在图片上右击鼠标。

图 13-6　下载网页

　　② 在弹出的菜单中选择"图片另存为"命令。
　　③ 在弹出的"保存图片"对话框设置保存的路径、名称等,单击"保存"按钮。

注:
　　图片上右击鼠标,在弹出的菜单中选择"设置为背景"命令,可以直接将该图片设置为桌面背景。

　　(2)下载文件
　　以下载"搜狗输入法"软件为例,讲解使用 360 浏览器下载文件的步骤。

① 访问百度首页（https://www.baidu.com）。

② 在搜索栏中输入"搜狗输入法"，单击"百度一下"按钮。

③ 在返回的搜索结果中，单击"搜狗输入法-首页（官网）"链接，在浏览器中打开搜狗输入法-网站首页，在页面中点击"立即下载"，如图13-7所示。

图 13-7　下载软件

④ 单击"保存"右侧的三角按钮，在弹出的菜单中选择"另存为"命令，在弹出的对话框中选择文件保存的位置，然后单击"保存"按钮即可。

(3) 中国知网（期刊网）资源信息检索

中国知网是一个提供文献检索的资源平台，金陵科技学院的所有在校学生均可以使用和访问此平台，浏览和下载相关资源。其基本操作方法如下：

① 打开360浏览器，访问金陵科技学院首页（http://www.jit.edu.cn），点击"我的金科院"进行登录，在弹出的页面输入用户名（本人学号）和密码，进入"金陵科技学院网上服务大厅"。

② 在页面中点击"可用应用"选项，点击"图书服务"中的"期刊网"服务流程，如图13-8所示。

图 13-8　访问资源平台

③ 进入期刊网(中国知网 http://www.cnki.net)主页,在文献搜索栏可以搜索相关资源,根据需要可以下载相关资源。如搜索主题为"计算机网络安全技术",其查询结果如图 13-9 所示,其查询结果均可浏览或下载。

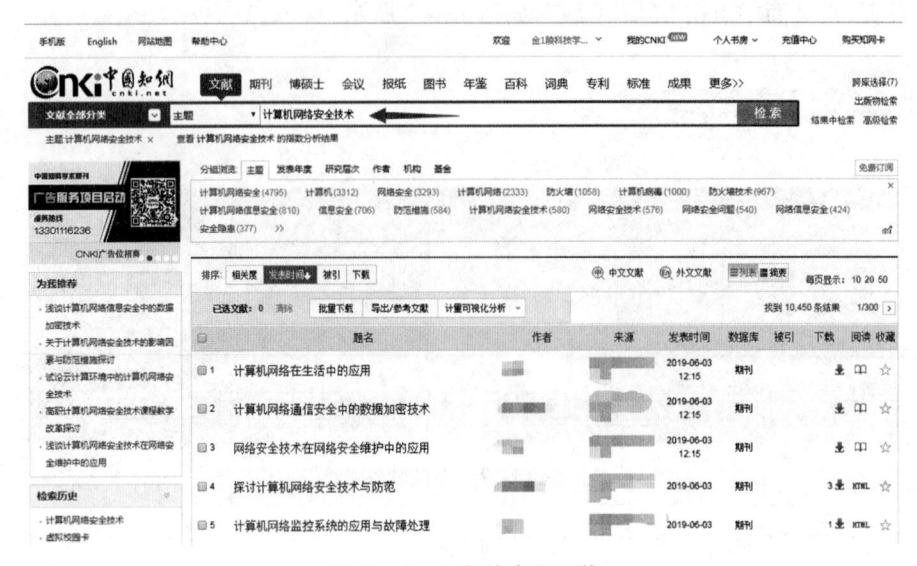

图 13-9 信息检索及下载

实验 14 电子邮件(E-mail)的收发

一、实验要求

1. 掌握电子邮箱的申请与登录。
2. 掌握电子邮件的编辑与发送。
3. 掌握电子邮件的接收与阅读。

二、实验步骤

1. 电子邮箱的申请与登录

(1) 电子邮箱的申请

以申请 126 免费邮箱为例,其操作方法如下:

图 14-1 注册新账号

图 14-2 填写账号申请信息

① 启动 360 浏览器,在地址栏中输入 https://www.126.com,并按 Enter 键。
② 进入 126 邮箱首页后,单击右侧的"注册新账号"按钮,如图 14-1 所示。
③ 在弹出的表单页面中填入邮件地址,若地址可用,则显示如图 14-2 所示的状态。
④ 继续填写其他项目,并完成手机号码实名验证后,完成邮箱注册。
提示:前面带有"*"号的项目必须填写。
⑤ 完成注册后,即进入个人邮箱首页,如图 14-3 所示。

图 14-3　个人邮箱首页

(2) 电子邮箱的登录

以登录"126 邮箱"为例,介绍如何登录免费邮箱。
① 启动 360 浏览器,在地址栏中输入 https://www.126.com,并按 Enter 键。
② 在登录页面中输入之前注册好的用户名和密码。
③ 若希望之后十天内自动登录,可以选中其中的"十天内免登录"选项,如图 14-4 所示。

图 14-4　登录邮箱

④ 单击"登录"按钮,即可进入邮箱。

2. 电子邮件的编辑与发送

成功登录邮箱后即可编辑并发送邮件,以网易免费邮箱为例,其操作方法如下:
① 单击"写信"按钮,进入邮件编辑页面,如图 14-5 所示。
② 在"收件人"栏中输入接收邮件者的邮箱地址。
③ 在"主题"栏中输入邮件的主题。
④ 在"正文"栏中输入邮件内容。

⑤ 单击"添加附件"按钮,在弹出的对话框中选择一个要发送的附件。
⑥ 单击"打开"按钮即可开始上传,如图 14-6 所示。

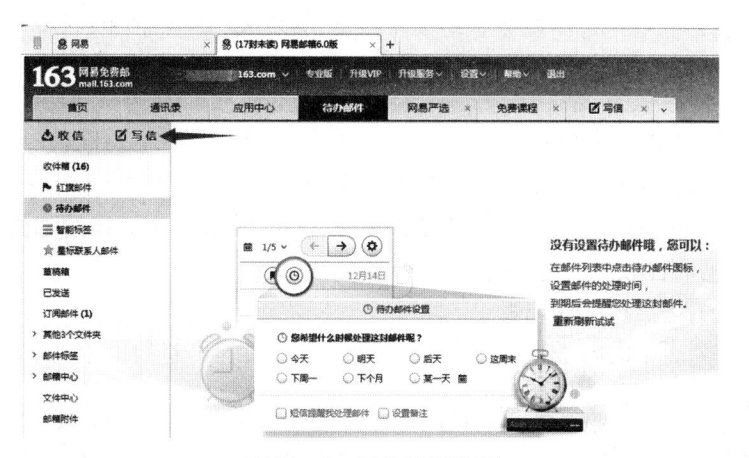

图 14-5　邮件编辑页面

图 14-6　编辑并发送邮件

⑦ 等待附件上传完毕后,将显示成功上传的提示。
⑧ 输入完成后,单击"发送"按钮。
⑨ 邮件发送到对方邮箱中后,显示邮件发送成功页面,如图 14-7 所示。

图 14-7　邮件发送成功页面

> **注：**
> 　　在等待的过程中不用担心关闭窗口或关机等误操作会导致之前的邮件白写，126 和网易等大多数邮箱每隔一定时间就会自动保存一次，并存入"草稿箱"中，以便下次继续编辑。

3. 电子邮件的接收与阅读

（1）电子邮件的接收与阅读

当收到电子邮件后，可以按照以下方法接收和阅读：

① 登录电子邮箱，然后选择窗口左侧的"收信"链接，将显示未阅读的邮件。若单击"收件箱"链接，则显示所有已收到的电子邮件。

② 在窗口右侧将出现邮件列表。

③ 单击邮件列表中的电子邮件的主题，即可将该邮件打开进行阅读，如图 14-8 所示。

图 14-8　阅读邮件

（2）电子邮件附件的下载

若收到的邮件带有附件时，打开邮件，鼠标移至附件处，在显示的附件上方单击"下载"，在弹出的"文件下载"对话框中单击"保存"按钮。在弹出的菜单中选择"另存为"命令，在弹出的对话框中选择文件保存的位置，然后单击"保存"按钮即可。

> **注：**
> 　　收到陌生人的邮件时，不要急于打开并访问其中提供的链接，因为除了一些是广告链接外，还可能是病毒链接，所以一定要确认清楚，以免误操作而使电脑中毒。另外，如果邮箱中带有附件，则更要加倍小心，目前，通过电子邮件传播的病毒已经成为病毒传播的主要途径。它们一般藏在邮件的"附件"中进行扩散，当打开了附件，运行了附件中的病毒程序，就会使你的电脑中毒。因此千万不要轻易打开陌生人来信中的附件文件，尤其是一些可执行程序文件以及 Word 和 Excel 文档。

附录　全国计算机等级考试一级计算机基础及 MS Office 应用考试大纲（2021 年版）

基本要求

1. 掌握算法的基本概念。
2. 具有微型计算机的基础知识（包括计算机病毒的防治常识）。
3. 了解微型计算机系统的组成和各部分的功能。
4. 了解操作系统的基本功能和作用，掌握 Windows 7 的基本操作和应用。
5. 了解计算机网络的基本概念和因特网（Internet）的初步知识，掌握 IE 浏览器软件和 Outlook 软件的基本操作和使用。
6. 了解文字处理的基本知识，熟练掌握文字处理软件 Word 2016 的基本操作和应用，熟练掌握一种汉字（键盘）输入方法。
7. 了解电子表格软件的基本知识，掌握电子表格软件 Excel 2016 的基本操作和应用。
8. 了解多媒体演示软件的基本知识，掌握演示文稿制作软件 PowerPoint 2016 的基本操作和应用。

考试内容

一、计算机基础知识

1. 计算机的发展、类型及其应用领域。
2. 计算机中数据的表示与存储。
3. 多媒体技术的概念与应用。
4. 计算机病毒的概念、特征、分类与防治。
5. 计算机网络的概念、组成和分类；计算机与网络信息安全的概念和防控。

二、操作系统的功能和使用

1. 计算机软、硬件系统的组成及主要技术指标。
2. 操作系统的基本概念、功能、组成及分类。
3. Windows 7 操作系统的基本概念和常用术语，文件、文件夹、库等。
4. Windows 7 操作系统的基本操作和应用：
(1) 桌面外观的设置，基本的网络配置。
(2) 熟练掌握资源管理器的操作与应用。

(3) 掌握文件、磁盘、显示属性的查看、设置等操作。

(4) 中文输入法的安装、删除和选用。

(5) 掌握对文件、文件夹和关键字的搜索。

(6) 了解软、硬件的基本系统工具。

5. 了解计算机网络的基本概念和因特网的基础知识,主要包括网络硬件和软件,TCP/IP 协议的工作原理,以及网络应用中常见的概念,如域名、IP 地址、DNS 服务等。

6. 能够熟练掌握浏览器、电子邮件的使用和操作。

三、文字处理软件的功能和使用

1. Word 2016 的基本概念,Word 2016 的基本功能、运行环境、启动和退出。

2. 文档的创建、打开、输入、保存、关闭等基本操作。

3. 文本的选定、插入与删除、复制与移动、查找与替换等基本编辑技术;多窗口和多文档的编辑。

4. 字体格式设置、文本效果修饰、段落格式设置、文档页面设置、文档背景设置和文档分栏等基本排版技术。

5. 表格的创建、修改;表格的修饰;表格中数据的输入与编辑;数据的排序和计算。

6. 图形和图片的插入;图形的建立和编辑;文本框、艺术字的使用和编辑。

7. 文档的保护和打印。

四、电子表格软件的功能和使用

1. 电子表格的基本概念和基本功能,Excel 2016 的基本功能、运行环境、启动和退出。

2. 工作簿和工作表的基本概念和基本操作,工作簿和工作表的建立、保存和退出;数据输入和编辑;工作表和单元格的选定、插入、删除、复制、移动;工作表的重命名和工作表窗口的拆分和冻结。

3. 工作表的格式化,包括设置单元格格式、设置列宽和行高、设置条件格式、使用样式、自动套用模式和使用模板等。

4. 单元格绝对地址和相对地址的概念,工作表中公式的输入和复制,常用函数的使用。

5. 图表的建立、编辑、修改和修饰。

6. 数据清单的概念,数据清单的建立,数据清单内容的排序、筛选、分类汇总,数据合并,数据透视表的建立。

7. 工作表的页面设置、打印预览和打印,工作表中链接的建立。

8. 保护和隐藏工作簿和工作表。

五、PowerPoint 的功能和使用

1. PowerPoint 2016 的基本功能、运行环境、启动和退出。

2. 演示文稿的创建、打开、关闭和保存。

3. 演示文稿视图的使用,幻灯片的基本操作(编辑版式、插入、移动、复制和删除)。

4. 幻灯片的基本制作方法(文本、图片、艺术字、形状、表格等插入及格式化)。

5. 演示文稿主题选用与幻灯片背景设置。

6. 演示文稿放映设计(动画设计、放映方式设计、切换效果设计)。

7. 演示文稿的打包和打印。

考试方式

上机考试,考试时长 90 分钟,满分 100 分。

一、题型及分值

单项选择题(计算机基础知识和网络的基本知识)　20 分
Windows 7 操作系统的使用　10 分
Word 2016 操作　25 分
Excel 2016 操作　20 分
PowerPoint 2016 操作　15 分
浏览器(IE)的简单使用和电子邮件收发　10 分

二、考试环境

操作系统:Windows 7
考试环境:Microsoft Office 2016

第二篇

学 习 指 导

基础篇

第1章 计算机基础知识

1.1 计算机的发展

掌握计算机的发展简史、特点、分类及其应用领域。

一、计算机的发展简史

第一台计算机 ENIAC(电子数字积分计算机)诞生于1946年,冯·诺依曼提出的其原理和思想为:① 采用二进制;② 存储程序控制,程序和数据存储在存储器中;③ 计算机的5个基本组成部件为运算器、存储器、控制器、输入设备、输出设备。

计算机发展经历了4个阶段:

	第一阶段	第二阶段	第三阶段	第四阶段
主要电子器件	电子管	晶体管	中小规模集成电路	大规模超大规模集成电路
内存	汞延迟线	磁芯存储器	半导体存储器	半导体存储器
外存	穿孔卡片、纸带	磁带	磁带、磁盘	磁盘、磁带、光盘等
处理速度	5千至几万条	几万至几十万条	几十万至几百万条	上千万至亿万条

未来计算机的发展趋势:巨型化、微型化、网络化、智能化。

二、计算机的特点、用途和分类

1. 计算机的特点
(1) 高速、精确的运算能力。
(2) 准确的逻辑判断能力。
(3) 强大的存储能力。
(4) 自动功能。
(5) 网络与通信功能。

2. 计算机的用途
(1) 科学计算。
(2) 数据处理(信息处理)。
(3) 实时控制。
(4) 计算机辅助:计算机辅助设计(CAD)、计算机辅助制造(CAM)、计算机辅助教育(CAI)、计算机辅助技术(CAT)。

(5) 网络与通信功能。
(6) 人工智能。
(7) 数字娱乐。
(8) 嵌入式系统。

3. 计算机的分类

(1) 按处理数据的形态分类：数字计算机、模拟计算机、混合计算机。
(2) 按使用范围分类：通用计算机、专用计算机。
(3) 按其性能分类：超级计算机、大型计算机、小型计算机、微型计算机、工作站和服务器。

1.2 信息的表示与存储

应掌握计算机中数据、字符和汉字的编码。

1. 数据

(1) 数值数据：表示量的大小和正负。
(2) 字符数据：用以表示一些符号、标记，如英文字母、数字专用符号、标点符号等，汉字、图形、声音等数据。

2. 数制

(1) 数制概念：数的表示规则。通常按进位原则进行计数。称为进位计数制，简称数制。
(2) 基数：某进位制中用到的基本符号（数码）的个数。如：R 进制表示有 R 个基本符号，其基数就为 R。
(3) 位权：在某一进位制的数中，每一位的大小都对应着该位上的数码乘上一个固定的数，这个固定的数就是这一位的权数。权数是一个幂。

例：

进位制	基数	基本符号（数码）	权	表示
二进制	2	0、1	2	B
八进制	8	0、1、2、3、4、5、6、7	8	O
十进制	10	0、1、2、3、4、5、6、7、8、9	10	D
十六进制	16	0、1、2、3、4、5、6、7、8、9、A、B、C、D、E、F	16	H

3. 各种进制间的转换

(1) 十进制数转换为二进制数
方法：基数连除、连乘法。
原理：将整数部分和小数部分分别进行转换。
整数部分采用基数连除法，小数部分采用基数连乘法，转换后再合并。
整数部分采用基数连除法，除基取余，先得到的余数为低位，后得到的余数为高位。小数部分采用基数连乘法，乘基取整，先得到的整数为高位，后得到的整数为低位。
(2) 二进制数与八进制数的相互转换

二进制数转换为八进制数:将二进制数由小数点开始,整数部分向左,小数部分向右,每3位分成一组,不够3位补零,则每组二进制数便是一位八进制数。

例:

0 0 1 | 1 0 1 | 0 1 0. 010＝$(152.2)_8$

八进制数转换为二进制数:将每位八进制数用3位二进制数表示。

例:

$(374.26)_8$＝ 011 111 100. 010 110

(3) 二进制数与十六进制数的相互转换

三进制数与十六进制数的相互转换,按照每4位二进制数对应于一位十六进制数进行转换。例:

0 0 0 1 | 1 1 1 0 | 1 0 0 0. 0 1 1 0 ＝$(1E8.6)_{16}$

$(AF4.76)_{16}$＝ 1010 1111 0100. 0111 0110

4. 计算机中的信息单位

位(bit):表示数据的每个1或者0都被称作一个位,它是度量数据的最小单位。

字节(Byte):是计算机中组织和存储数据的基本单位,1B＝8b。

常用存储单位:

1 KB＝1024 B

1 MB＝1024 KB

1 GB＝1024 MB

1 TB＝1024 GB

5. 字符

字符分类:西文字符与中文字符。

编码:用一定位数的二进制数来表示十进制数、字母、符号等信息称为编码。

(1) 西文字符编码:ASCII 码(美国信息交换标准交换代码)。

(2) Unicode 编码:最初由 APPLE 公司发起制定的通用多文字集,后被 Unicode 协会开发为表示几乎世界上所有书写语言的字符编码标准。

(3) 中文字符。

1980年,我国颁布了国家汉字编码标准 GB2312－80,全称是《信息交换用汉字编码字符集》,简称国标码。该标准把6763个常用汉字分成两级,一级汉字3755个,二级汉字3008个。用两个字节表示一个汉字,每个字节只有7位,与 ASCII 码相似。

国标码:由4位十六进制数组成。

区位码:将 GB2312－80 的全部字符集组成一个94×94的方阵,每一行称为一个"区",编号为01～94;每一列称为一个"位"编号为01～94,这样得到 GB2312－80 的区位图,用区位图的位置来表示的汉字编码,称为区位码。

GBK 编码:扩充汉字编码共收录21003个汉字,也包含 BIG5(港澳台)编码中的所有汉字。

(4) 汉字的处理过程:汉字输入→国标码→机内码→地址码→字形码→汉字输出。

1.3　多媒体技术简介

掌握多媒体技术的基本知识。

1. 有关概念

媒体：指文字、声音、图像、动画和视频等内容。

多媒体：指能够同时对两种或两种以上媒体进行采集、操作、编辑、存储的综合处理技术。

多媒体特性：交互性、集成性。

2. 媒体数字化

(1) 声音数字化：WAV 文件、MIDI 文件、VOC 文件、AU 文件、AIF 文件。

(2) 图像数字化：BMP 文件、GIF 文件等。

3. 多媒体数据压缩

无损压缩和有损压缩。

1.4　计算机病毒及其防治

应掌握计算机病毒的概念和防治。

1. 概念

计算机病毒是一种特殊的具有破坏性的计算机程序。

2. 特点

寄生性、破坏性、传染性、潜伏性、隐蔽性。

3. 计算机病毒防治

预防为主：① 专机专用，② 利用写保护，③ 慎用网上下载的软件，④ 分类管理数据，⑤ 建立备份，⑥ 采用防毒软件或防毒卡，⑦ 定期检查，⑧ 准备系统盘。

第 1 章章节测试

选择题

1. 电子计算机的最早的应用领域是＿＿＿＿。
   A. 数据处理　　　　B. 数值计算　　　　C. 文字处理　　　　D. 工业控制
2. 1946 年诞生的世界上公认的第一台电子计算机是＿＿＿＿。
   A. EDVAC　　　　B. UNIVAC-1　　　　C. ENIAC　　　　D. IBM650
3. 世界上公认的第一台电子计算机诞生的年代是＿＿＿＿。
   A. 1943　　　　B. 1950　　　　C. 1946　　　　D. 1951
4. 下列关于世界上第一台电子计算机 ENIAC 的叙述中，错误的是＿＿＿＿。
   A. 它主要采用电子管和继电器　　　　B. 它主要用于弹道计算

C. 它是 1946 年在美国诞生的　　　　　　D. 它是首次采用存储程序控制使计算机自动工作

5. 1946 年首台电子数字计算机 ENIAC 问世后，冯·诺依曼（Von Neumann）在研制 ED-VAC 计算机时，提出两个重要的改进，它们是_____。
   A. 采用 ASCII 编码系统　　　　　　　　B. 采用二进制和存储程序控制的概念
   C. 引入 CPU 和内存储器的概念　　　　　D. 采用机器语言和十六进制

6. 计算机采用的主机电子器件的发展顺序是_____。
   A. 电子管、晶体管、中小规模集成电路、大规模和超大规模集成电路
   B. 电子管、晶体管、集成电路、芯片
   C. 晶体管、电子管、集成电路、芯片
   D. 晶体管、电子管、中小规模集成电路、大规模和超大规模集成电路

7. 第二代电子计算机所采用的电子元件是_____。
   A. 继电器　　　　B. 集成电路　　　　C. 电子管　　　　D. 晶体管

8. 下列不属于第二代计算机特点的一项是_____。
   A. 外存储器主要采用磁盘和磁带　　　　B. 采用电子管作为逻辑元件
   C. 运算速度为每秒几万～几十万条指令　　D. 内存主要采用磁芯

9. 第三代计算机采用的电子元件是_____。
   A. 电子管　　　　B. 晶体管　　　　C. 大规模集成电路　　D. 中、小规模集成电路

10. 现代微型计算机中所采用的电子器件是_____。
    A. 电子管　　　　　　　　　　　　　　B. 晶体管
    C. 大规模和超大规模集成电路　　　　　D. 小规模集成电路

11. 下列关于计算机的主要特性，叙述错误的有_____。
    A. 处理速度快，计算精度高　　　　　　B. 网络和通信功能强
    C. 存储容量大　　　　　　　　　　　　D. 逻辑判断能力一般

12. 计算机之所以能按人们的意图自动进行工作，最直接的原因是因为采用了_____。
    A. 存储程序控制　　B. 程序设计语言　　C. 二进制　　　　D. 高速电子元件

13. 办公室自动化（OA）是计算机的一大应用领域，按计算机应用的分类，它属于_____。
    A. 科学计算　　　　B. 实时控制　　　　C. 辅助设计　　　D. 数据处理

14. 电子数字计算机最早的应用领域是_____。
    A. 辅助制造工程　　B. 数值计算　　　　C. 过程控制　　　D. 信息处理

15. 计算机辅助设计的简称是_____。
    A. CAD　　　　　　B. CAI　　　　　　C. CAT　　　　　D. CAM

16. CAM 的含义是_____。
    A. 计算机辅助测试　　　　　　　　　　B. 计算机辅助制造
    C. 计算机辅助教学　　　　　　　　　　D. 计算机辅助设计

17. 计算机辅助教育的英文缩写是_____。
    A. CAD　　　　　　B. CAM　　　　　　C. CAE　　　　　D. CAI

18. 专门为某种用途而设计的计算机，称为_____计算机。
    A. 专用　　　　　　B. 模拟　　　　　　C. 特殊　　　　　D. 通用

19. 个人计算机属于_____。
    A. 大型主机　　　　B. 小型计算机　　　C. 微型计算机　　D. 巨型机算机

20. 下列有关计算机的新技术的说法中,错误的是_____。
    A. 网格计算利用互联网把分散在不同地理位置的电脑组织成一个"虚拟的超级计算机"
    B. 网格计算技术能够提供资源共享,实现应用程序的互连互通,网格计算与计算机网络是一回事
    C. 中间件是介于应用软件和操作系统之间的系统软件
    D. 嵌入式技术是将计算机作为一个信息处理部件,嵌入到应用系统中的一种技术,也就是说,它将软件固化集成到硬件系统中,将硬件系统与软件系统一体化

21. 核爆炸和地震灾害之类的仿真模拟,其应用领域是_____。
    A. 数据处理　　　B. 科学计算　　　C. 计算机辅助　　　D. 实时控制

22. 计算机的发展趋势是_____、微型化、网络化和智能化。
    A. 巨型化　　　B. 精巧化　　　C. 小型化　　　D. 大型化

23. 下列有关信息和数据的说法中,错误的是_____。
    A. 数据是信息的载体
    B. 数据处理之后产生的结果为信息,信息有意义,数据没有
    C. 数值、文字、语言、图形、图像等都是不同形式的数据
    D. 数据具有针对性、时效性

24. 在计算机术语中,bit 的中文含义是_____。
    A. 字长　　　B. 位　　　C. 字　　　D. 字节

25. 计算机技术中,下列不是度量存储器容量的单位是_____。
    A. KB　　　B. GB　　　C. GHz　　　D. MB

26. 计算机运算部件一次能同时处理的二进制数据的位数称为_____。
    A. 波特　　　B. 字节　　　C. 字长　　　D. 位

27. Pentium(奔腾)微机的字长是_____。
    A. 8 位　　　B. 16 位　　　C. 32 位　　　D. 64 位

28. 十进制数 54 转换成无符号二进制整数是_____。
    A. 0111110　　　B. 0111100　　　C. 0110101　　　D. 0110110

29. 十进制数 55 转换成无符号二进制数等于_____。
    A. 111111　　　B. 111011　　　C. 111001　　　D. 110111

30. 十进制整数 64 转换为二进制整数等于_____。
    A. 1000010　　　B. 1000100　　　C. 1100000　　　D. 1000000

31. 十进制数 75 等于二进制数_____。
    A. 1000111　　　B. 1001011　　　C. 1010101　　　D. 1001101

32. 十进制数 89 转换成二进制数是_____。
    A. 1010101　　　B. 1011011　　　C. 1011001　　　D. 1010011

33. 十进制数 90 转换成无符号二进制数是_____。
    A. 1011100　　　B. 1011010　　　C. 1011110　　　D. 1101010

34. 十进制数 100 转换成二进制数是_____。
    A. 1.101e+006　　　B. 1.10011e+006　　　C. 1.1001e+006　　　D. 110101

35. 十进制数 100 转换成二进制数是_____。
    A. 01100110　　　B. 01100100　　　C. 01100101　　　D. 01101000

36. 十进制数101转换成二进制数等于_____。
    A. 1101011   B. 1110001   C. 1000101   D. 1100101
37. 与十进制数254等值的二进制数是_____。
    A. 11111011   B. 11101111   C. 11111110   D. 11101110
38. 无符号二进制整数1111001转换成十进制数是_____。
    A. 119   B. 121   C. 117   D. 120
39. 无符号二进制整数101001转换成十进制整数等于_____。
    A. 41   B. 43   C. 45   D. 39
40. 二进制数110001转换成十进制数是_____。
    A. 49   B. 47   C. 48   D. 51
41. 二进制数1001001转换成十进制数是_____。
    A. 73   B. 75   C. 71   D. 72
42. 二进制数1100100等于十进制数_____。
    A. 100   B. 104   C. 112   D. 96
43. 下列两个二进制数进行算术加运算,100001+111=_____。
    A. 101110   B. 101010   C. 101000   D. 100101
44. 执行二进制算术加运算11001001+00100111其运算结果是_____。
    A. 00000001   B. 10100010   C. 11110000   D. 11101111
45. 执行二进制逻辑乘运算(即逻辑与运算)01011001ˆ10100111其运算结果是_____。
    A. 1111111   B. 00000000   C. 00000001   D. 1111110
46. 在一个非零无符号二进制整数之后添加一个0,则此数的值为原数的_____。
    A. 1/2倍   B. 2倍   C. 4倍   D. 1/4倍
47. 5位二进制无符号数最大能表示的十进制整数是_____。
    A. 31   B. 63   C. 32   D. 64
48. 一个字长为5位的无符号二进制数能表示的十进制数值范围是_____。
    A. 0～31   B. 0～32   C. 1～32   D. 1～31
49. 一个字长为6位的无符号二进制数能表示的十进制数值范围是_____。
    A. 1～63   B. 0～64   C. 1～64   D. 0～63
50. 一个字长为8位的无符号二进制整数能表示的十进制数值范围是_____。
    A. 0～256   B. 1～255   C. 0～255   D. 1～256
51. 用8位二进制数能表示的最大的无符号整数等于十进制整数_____。
    A. 256   B. 127   C. 255   D. 128
52. 下列4个无符号十进制整数中,能用8个二进制位表示的是_____。
    A. 201   B. 313   C. 296   D. 257
53. 在十六进制数CD等值的十进制数是_____。
    A. 206   B. 204   C. 203   D. 205
54. 二进制数110000转换成十六进制数是_____。
    A. 77   B. 30   C. 70   D. D7
55. 二进制数101110转换成等值的十六进制数是_____。
    A. 2E   B. 2C   C. 2F   D. 2D

56. 将十进制 257 转换成十六进制数是_____。
    A. Fl   B. 101   C. FF   D. 11
57. 已知 a＝00111000B 和 b＝2FH,则两者比较的正确不等式是_____。
    A. a＝b   B. a＜b   C. 不能比较   D. a＞b
58. 已知 3 个用不同数制表示的整数 A＝00111101B,B＝3CH,C＝64D,则能成立的比较关系是_____。
    A. B＜C＜A   B. C＜B＜A   C. B＜A＜C   D. A＜B＜C
59. 根据数制的基本概念,下列各进制的整数中,值最小的一个是_____。
    A. 十六进制数 10   B. 二进制数 10   C. 八进制数 10   D. 十进制数 10
60. 在数制的转换中,正确的叙述是_____。
    A. 不同数制的数字符是各不相同的,没有一个数字符是一样的
    B. 对于相同的十进制整数(＞1),其转换结果的位数的变化趋势随着基数 R 的增大而减少
    C. 对于相同的十进制整数(＞1),其转换结果的位数的变化趋势随着基数 R 的增大而增加
    D. 对于同一个整数值的二进制数表示的位数一定大于十进制数字的位数
61. 根据汉字国标 GB2312－80 的规定,1KB 存储容量可以存储汉字的内码个数是_____。
    A. 1024   B. 约 341   C. 256   D. 512
62. 根据汉字国标 GB2312－80 的规定,一个汉字的内码码长为_____。
    A. 24bit   B. 16bit   C. 8bit   D. 12bit
63. 根据国标 GB2312－80 的规定,总计有各类符号和一、二级汉字编码_____。
    A. 3008 个   B. 7445 个   C. 7145 个   D. 3755 个
64. 根据汉字国标码 GB2312－80 的规定,将汉字分为常用汉字和次常用汉字两级。次常用汉字的排列次序是按_____。
    A. 使用频率多少   B. 偏旁部首   C. 汉语拼音字母   D. 笔划多少
65. 在计算机内部对汉字进行存储、处理和传输的汉字编码是_____。
    A. 汉字信息交换码   B. 汉字内码   C. 汉字字形码   D. 汉字输入码
66. 显示或打印汉字时,系统使用的是_____汉字的。
    A. 输入码   B. 字形码   C. 机内码   D. 国标码
67. 微型计算机普遍采用的字符编码是_____。
    A. 汉字编码   B. ASCII 码   C. 原码   D. 补码
68. 一个汉字的内码与它的国标码之间的差是_____。
    A. 4040H   B. 2020H   C. A0A0H   D. 8080H
69. 在下列各种编码中,每个字节最高位均是"1"的是_____。
    A. 汉字国标码 B. ASCII 码   C. 汉字机内码 D. 外码
70. 一个汉字的内码长度为 2 字节,其每个字节的最高二进制位的值分别为_____。
    A. 1,0   B. 0,1   C. 0,0   D. 1,1
71. 已知一汉字的国标码是 5E38H,其内码应是_____。
    A. 7E58H   B. DEB8H   C. DE38H   D. 5EB8H
72. 下列编码中,属于正确的汉字内码的是_____。
    A. FB67H   B. A3B3H   C. 5EF6H   D. C97DH

73. 已知"装"字的拼音输入码是"zhuang",而"大"字的拼音输入码是"da",它们的国标码的长度的字节数分别是_____。
    A. 2,2   B. 4,2   C. 3,1   D. 6,2
74. 汉字区位码分别用十进制的区号和位号表示。其区号和位号的范围分别是_____。
    A. 1~94,1~94   B. 0~94,0~~94   C. 0~95,0~95   D. 1~95,1~95
75. 已知汉字"家"的区位码是2850,则其国标码是_____。
    A. 3C52H   B. 9CB2H   C. 4870D   D. A8D0H
76. 汉字输入码可分为有重码和无重码两类,下列属于无重码类的是_____。
    A 简拼码   B. 全拼码次   C. 自然码   D. 区位码
77. 一个汉字的机内码与国标码之间的差别是_____。
    A. 前者各字节的最高位二进制值各为1,而后者为0
    B. 前者各字节的最高位二进制值各为1.0,而后者为0.1
    C. 前者各字节的最高位二进制值各为0.1,而后者为1.0
    D. 前者各字节的最高位二进制值各为0,而后者为1
78. 存储一个24×24点的汉字字形码需要_____。
    A. 64 字节   B. 32 字节   C. 72 字节   D. 48 字节
79. 一个字符的标准 ASCII 码码长是_____。
    A. 6bits   B. 8bits   C. 7bits   D. 16bits
80. 标准 ASCII 码用7位二进制位表示一个字符的编码,其不同的编码共有_____。
    A. 127 个   B. 254 个   C. 128 个   D. 256 个
81. 在标准 ASCII 码表中,根据码值由小到大的排列原则,下列字符组的排列顺序是_____。
    A. 数字符、小写英文字母、大写英文字母、空格字符
    B. 空格字符、数字符、小写英文字母、大写英文字母
    C. 数字符、大写英文字母、小写英文字母、空格字符
    D. 空格字符、数字符、大写英文字母、小写英文字母
82. 在下列字符中,其 ASCII 码值最小的一个是_____。
    A. p   B. Z   C. a   D. 9
83. 在下列字符中,其 ASCII 码值最大的一个是_____。
    A. Z   B. 9   C. a   D. 空格字符
84. 下列叙述中,正确的是_____。
    A. 大写英文字母的 ASCII 码值大于小写英文字母的 ASCII 码值
    B. 一个字符的 ASCII 码与它的内码是不同的
    C. 同一个英文字母(如 A)的 ASCII 码和它在汉字系统下的全角内码是相同的
    D. 一个字符的标准 ASCII 码占一个字节的存储量,其最高位二进制总为0
85. 下面不是汉字输入码的是_____。
    A. 五笔字形码   B. 双拼编码   C. ASCII 码   D. 全拼编码
86. 王码五笔字型输入法属于_____。
    A. 联想输入法   B. 音码输入法   C. 形码输入法   D. 音形结合的输入法
87. 字符比较大小实际是比较它们的 ASCII 码值,正确的比较是_____。

A. '9'比'D'大　　　　B. 'F'比'D'小　　　　C. 'A'比'B'大　　　　D. 'H'比'h'小

88. 已知三个字符为：a, X 和 5，按它们的 ASCII 码值升序排序，结果是_____。
A. X, a, 5　　　　B. a, 5, X　　　　C. 5, X, a　　　　D. 5, a, X

89. 已知英文字母 m 的 ASCII 码值为 6DH，那么 ASCII 码为 70H 的英文字母是_____。
A. Q　　　　B. P　　　　C. p　　　　D. j

90. 已知英文字母 m 的 ASCII 码值为 6DH，那么字母 q 的 ASCII 码值是_____。
A. 6FH　　　　B. 72H　　　　C. 70H　　　　D. 71H

91. 已知英文字母 m 的 ASCII 码值为 109，那么英文字母 p 的 ASCII 码值是_____。
A. 111　　　　B. 113　　　　C. 114　　　　D. 112

92. 以下关于流媒体技术的说法中，错误的是_____。
A. 流媒体可用于在线直播等方面
B. 媒体文件全部下载完成才可以播放
C. 实现流媒体需要合适的缓存
D. 流媒体格式包括 asf, rm, ra 等

93. 在 CD 光盘上标记有"CD-RW"字样，此标记表明这光盘_____。
A. 可多次擦除型光盘
B. 只能读出，不能写入的只读光盘
C. RW 是 Read and Write 的缩写
D. 只能写入一次，可以反复读出的一次性写入光盘

94. 下列关于计算机病毒的叙述中，错误的是_____。
A. 计算机病毒具有传染性
B. 计算机病毒是一个特殊的寄生程序
C. 感染过计算机病毒的计算机具有对该病毒的免疫性
D. 计算机病毒具有潜伏性

95. 相对而言，下列类型的文件中，不易感染病毒的是_____。
A. *.com　　　　B. *.exe　　　　C. *.doc　　　　D. *.txt

96. 下列选项中，不属于计算机病毒特征的是_____。
A. 免疫性　　　　B. 破坏性　　　　C. 潜伏性　　　　D. 传染性

97. 对计算机病毒的防治也应以"预防为主"。下列各项措施中，错误的预防措施是_____。
A. 将重要数据文件及时备份到移动存储设备上
B. 不要随便打开/阅读身份不明的发件人发来的电子邮件
C. 在硬盘中再备份一份
D. 用杀病毒软件定期检查计算机

98. 计算机病毒是指能够侵入计算机系统并在计算机系统中潜伏、传播、破坏系统正常工作的一种具有繁殖能力的_____。
A. 源程序　　　　B. 特殊小程序　　　　C. 特殊微生物　　　　D. 流行性感冒病毒

99. 下列关于计算机病毒的说法中，正确的是_____。
A. 计算机病毒是一种通过自我复制进行传染的，破坏计算机程序和数据的小程序
B. 计算机病毒是一种有损计算机操作人员身体健康的生物病毒
C. 计算机病毒发作后，将造成计算机硬件永久性的物理损坏
D. 计算机病毒是一种有逻辑错误的程序

100. 计算机病毒实质上是_____。

A. 一些微生物　　B. 一段程序　　C. 一类化学物质　　D. 操作者的幻觉
101. 计算机病毒破坏的主要对象是＿＿＿＿＿＿＿。
　　　A. 优盘　　　　B. 程序和数据　　C. 磁盘驱动器　　D. CPU
102. 下列叙述中，正确的是＿＿＿＿＿＿＿。
　　　A. 所有计算机病毒只在可执行文件中传染
　　　B. 计算机病毒是由于光盘表面不清洁而造成的
　　　C. 只要把带毒优盘设置成只读状态，那么此盘上的病毒就不会因读盘而传染给另一台计算机
　　　D. 计算机病毒可通过读写移动存储器或 Internet 网络进行传播
103. 下列关于计算机病毒的叙述中，正确的是＿＿＿＿＿＿＿。
　　　A. 计算机病毒是一种被破坏了的程序
　　　B. 反病毒软件必须随着新病毒的出现而升级，提高查、杀病毒的功能
　　　C. 反病毒软件可以查、杀任何种类的病毒
　　　D. 感染过计算机病毒的计算机具有对该病毒的免疫性
104. 计算机病毒除通过读写或复制移动存储器上带病毒的文件传染外，另一条主要的传染途径是＿＿＿＿＿＿＿。
　　　A. 电源电缆　　　　　　　　　　B. 键盘
　　　C. 输入有逻辑错误的程序　　　　D. 网络

第 2 章 计算机系统

2.1 计算机的硬件系统

冯·诺依曼是美籍匈牙利数学家,他于 1946 年提出了关于计算机组成和工作方式的基本设想,到现在为止,尽管计算机制造技术已经发生了极大的变化,但大部分计算机体系结构仍然是根据他的设计思想制造的,这样的计算机称为冯·诺依曼结构计算机。冯·诺依曼提出计算机应包括运算器、存储器、控制器、输入和输出设备 5 大基本部件。

一、控制器

控制器(Control Unit)是计算机中指令的解释和执行结构,其主要功能是控制运算器、存储器、输入输出设备等部件协调动作。控制器工作时,从存储器取出一条指令,并指出下一条指令所在的存放地址,然后对所取指令进行分析,同时产生相应的控制信号,并由控制信号启动有关部件,使这些部件完成指令所规定的操作。这样逐一执行一系列指令组成的程序,就能使计算机按照程序的要求,自动完成预定的任务。

二、运算器

1. 运算器

运算器(Arithmetical Unit)的主要功能是完成对数据的算术运算、逻辑运算和逻辑判断等操作。由算术逻辑单元(ALU)、累加寄存器、数据缓冲寄存器和状态条件寄存器组成,它是数据加工处理部件,完成计算机的各种算术和逻辑运算。

运算器有两个主要功能:
(1) 执行所有的算术运算,如加、减、乘、除等基本运算及附加运算。
(2) 执行所有的逻辑运算,并进行逻辑测试,如与、或、非、零值测试或两个值的比较等。

2. 指令与指令系统

计算机的指令是指使计算机执行各种操作的命令,它是计算机的控制信息。一条指令对应着一种基本操作,一台计算机能执行多少种操作,就要有多少条指令。一台计算机所能执行的全部指令(约 100~300 条)的集合称为这台计算机的指令系统。指令系统的功能强弱在很大程度上决定了这类计算机性能的高低,它集中地反映了微处理器的硬件功能和属性。

计算机能直接识别和执行的指令是用二进制编码表示的机器指令。机器指令的一般格式为:

操作码	操作数

其中:操作码是用来规定指令要执行的操作,例如,加、减法运算或数据传送操作等,是指令中不可缺少部分。操作数是用来指明参加操作的数的来源和去向。不同 CPU 指令中操作

数的个数不同,可以有 0 至 3 个不等。

不同种类的微处理器,由于其内部结构各不相同,因此,它们也就具有不同的指令系统。大致可以分为以下几种类型:

(1) 数据传送指令:包括立即数到寄存器、寄存器到寄存器、寄存器到存储器,存储器到寄存器的数据传送操作。

(2) 算术运算:包括加、减、乘运算。

(3) 逻辑运算:包括与、或、异或、测试、移位等操作。

(4) 转移指令:包括条件转移、无条件转移、中断返回、子程序调用等操作。

(5) 控制指令:如开中断、关中断等操作。

指令的执行过程可以归纳如下:

(1) CPU 的控制器从存储器读取一条指令放入指令寄存器中。

(2) 指令寄存器中的指令经过译码,决定该指令应进行何种操作、操作数在哪里。

(3) 根据操作数的位置取出操作数。

(4) 运算器按照操作码的要求,对操作数完成规定的运算,并根据运算结果修改或设置处理器的一些状态标志。

(5) 把运算结果保存到指定的寄存器中,需要时也需将结果从寄存器保存到内存单元中。

(6) 修改指令计数器,决定下一条指令的地址。

三、存储器

计算机的存储器可分为主(内)存储器和外存储器。

1. 内存

内存储器直接与 CPU 相连,用于存储正在运行的程序和需要立即处理的数据,外存储器是计算机的辅助性存储设备。CPU 在工作时,如果要读取外存储器上的某些数据,需要把外存储器中的数据先传送到内存中,然后再调入 CPU 进行操作,因此内存较外存储器存取速度快。

内存速度指计算机进行一次读或写操作所花费的"访问时间"。从工作速度上看,内存总是比 CPU 要慢得多,从计算机问世之初直到现在,始终是计算机信息流动的一个"瓶颈"。目前一次存储器"访问时间"大约为几个 ns(纳秒,10 亿分之一秒)之间,这个速度与 CPU 的速度相比仍有较大差距。自然,存取速度越快的存储器成本越高,反之成本越低。为了使存储器的性能/价格比得到优化,计算机中各种存储器往往组成一个层状图,它们互相取长补短,协调工作。如下图所示,它们由上至下存取时间依次增加(寄存器为 1ns,磁带为 10 s),存储的容量也大幅度提高(寄存器的容量一般<1kB,而磁带可以存储到 50~100 TB)。

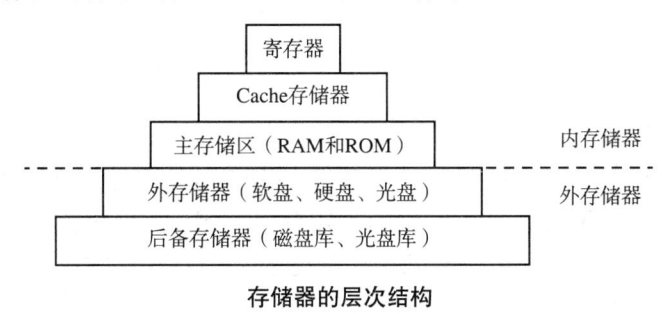

存储器的层次结构

存储器的容量都是以字节作为基本计数单位的,表示存储器容量的单位有:B(字节)、KB(千字节)、MB(兆字节)、GB(千兆字节)、TB(太字节)。

各单位的关系如下:

1 KB＝1024 B

1 MB＝1024 KB

1 GB＝1024 MB

1 TB＝1024 GB

微型计算机的内存储器是由半导体器件构成的半导体存储芯片。从使用功能上可以分为:随机存储器(Random Access Memory,简称 RAM,又称读写存储器)、只读存储器(ReadOnly Memory,简称 ROM)。

RAM 的特点是可以读出,也可以写入。读出时并不损坏原来存储的内容,只有写入时才修改原来所存储的内容。断电后,存储内容立即消失，即具有易失性。RAM 可分为动态(Dynamic RAM)和静态(Static RAM)两大类。DRAM 的特点是集成度高，成本低,功耗小,主要用于大容量内存储器;SRAM 的特点是存取速度快,集成度低,功耗较大,成本高,主要用于高速缓冲存储器。

ROM 是只读存储器。顾名思义,它的特点是只能读出原有的内容,不能由用户再写入新内容。原来存储的内容是采用掩膜技术由厂家一次性写入的,并永久保存下来。它一般用来存放专用的固定的程序和数据,不会因断电而丢失。可以分为:掩膜式 ROM、可编程的 PROM(可用紫外线擦除)、可编程的 EPROM(可用电擦除)快速擦除 ROM(Flash ROM)等。其中掩膜式 ROM、可编程的 PROM 不能在线改写内容,可编程的 EPROM 可以通过专门的设备改写。Flash ROM 简称闪存,是一种新型的非易失性存储器,但又像 RAM 一样可以方便改写,它的工作原理是:在低电压下,存储信息可读但不可改写,类似 ROM;在较高电压下,存储的信息可以更改,类似于 RAM。因此 Flash ROM 在 PC 机中可以在线改写,信息一旦写入即相对固定,由于芯片的存储容量大,易修改,因此在 PC 机中用于存储 BIOS 程序,也可使用在数码相机和优盘中。

半导体存储器类型的主要分类如下图所示。

$$\left.\begin{array}{l}\text{RAM}\left\{\begin{array}{l}\text{静态 RAM(SRAM)}\\ \text{动态 RAM(DRAM)}\end{array}\right.\\ \text{ROM}\left\{\begin{array}{l}\text{掩膜型 ROM}\\ \text{可编程 ROM(PROM)}\\ \text{可擦除可编程 ROM(EPROM)}\\ \text{快速擦除 ROM(Flash ROM)}\end{array}\right.\end{array}\right.$$

半导体存储器类型

2. 外存

(1) 硬盘存储器

① 硬盘的组成原理

硬盘存储器是由若干片硬盘片组成的盘片组,一般被固定在计算机机箱内。与软盘相比,硬盘的容量要大得多,存取信息的速度也快得多。目前生产的硬盘容量一般在 500 GB 以上,甚至达到几 TB。硬盘的盘片、磁头及其驱动机构全部封装在一起构成一个密封的组合件,又称为温彻斯特硬盘,是由 IBM 公司开发而成的。

硬盘结构示意图如下左图所示,硬盘实物图如下右图所示。

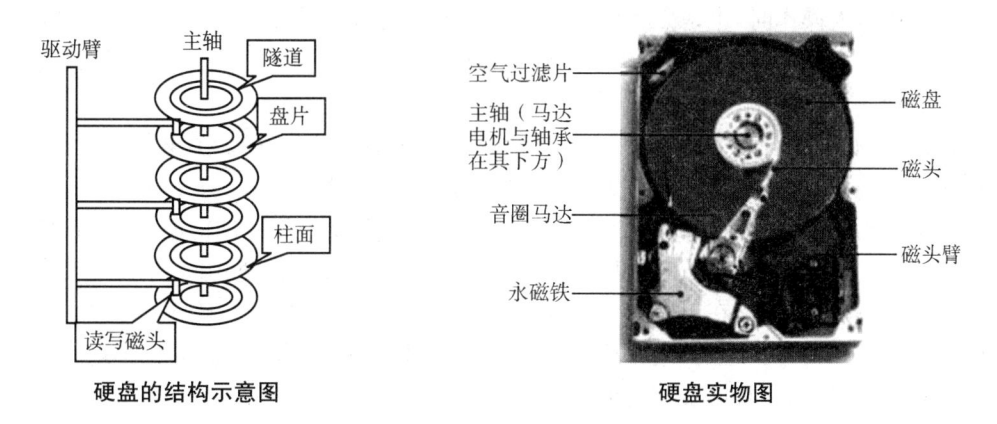

硬盘的结构示意图　　　　　　　　　　硬盘实物图

硬盘存储器由磁盘盘片、主轴与主轴电机、移动臂、磁头和控制电路等组成,它们全部密封在一个盒状装置内。硬盘的盘片由铝合金(也有用玻璃)制成,盘片的上下两面都涂有一层很薄的磁性材料,通过被化分成若干同心圆的磁道来记录数据。硬盘片表面由外向里分成许多同心圆,每个圆称为一个磁道,每个盘片(又称单碟)一般都有 1000 个以上的磁道。每个磁道还要分成若干个扇区,一般有上千个扇区,每个扇区的容量通常为 512 个字节。一般一块硬盘由 1 至 5 张盘片组成,它们都固定在主轴上。主轴底部有一个电机,当硬盘工作时,电机带动主轴,主轴带动磁盘高速旋转,其速度为每分钟几千转甚至上万转。盘片高速旋转时带动的气流将盘片上的磁头托起,磁头是一个质量很轻的薄膜组件,它负责盘片上数据的写入与读出。每一个磁面都会有一个磁头,从最上面开始,从 0 开始编号。不工作时,与磁盘是接触的,停在不存放任何数据的区域(是盘片的起始位置),工作时呈飞行状态,离盘面数据区 0.2～0.5 微米。移动臂用来固定磁头,使磁头可以沿着盘片的径向高速移动,以便定位到指定的磁道。这就是硬盘的工作原理。

硬盘上的数据读写速度与机械有关,因此完成一次读写操作很慢,大约需要 10 ms 左右。为了提高它与主机的交换数据的速度,可以将数据暂存在硬盘的高速缓存,高速缓存由 DRAM 芯片构成,DRAM 的速度比磁介质快很多。在读硬盘中的数据时,磁盘控制器先检查所需数据是否在缓存中,如果在的话就由缓存送出所需的数据,这样可以避免直接访问硬盘了,只有当缓存中没有该数据时,才向硬盘查找并读出数据。

硬盘与主机的接口用于为主机与硬盘驱动器之间提供一个通道,以实现主机与硬盘之间的高速数据传输。PC 机使用的硬盘接口早期是 IDE 接口(称为 ATA 标准)。曾经流行了多年的 IDE 硬盘大多采用 Ultra ATA100 或 Ultra ATA133 接口(并行 ATA 接口),传输速率分别为 100 MB/s 和 133 MB/s。后来推出了一种串行 ATA(简称 SATA)硬盘接口,它以高速串行的方式传输数据,其传输速率达 150 MB/s～600 MB/s,可用来连接大容量高速硬盘,目前已被广泛应用。

② 硬盘主要技术指标

● 容量:硬盘的存储容量现在以千兆字节(GB)为单位,目前 PC 机硬盘单碟容量约为 320 G～3 TB,硬盘存储容量为所有单碟容量之和。作为 PC 机的外存储器,硬盘容量自然是越大越好,但限于成本和体积,碟片数目宜少不宜多,因此提高单碟容量是提高硬盘容量的关键。

● 缓冲区容量:也称之为缓存(Cache)容量,单位为 MB。为了减少主机的等待时间,硬盘会将读取的资料先存入缓冲区,等全部读完或缓冲区填满后再以接口速率快速向主机发送。通常情况下在写入操作时,也是先将数据写入缓冲区再发送到磁头,等磁头写入完毕后再报告主机写入完毕。理论上讲缓冲容量越大越好。目前,硬盘的缓存容量一般为 8 MB 或 16 MB,有的可以达到 32 MB 以上。

● 数据传输率:单位为 MB/s,根据数据交接方式的不同又分外部与内部数据传输率,外部传输率是指缓冲区与主机(即内存)之间的数据传输率,上限速率取决于硬盘的接口类型。内部传输率是指磁头与缓冲区之间的数据传输率,它的速率要小于外部传输率,它是评价一个硬盘整体性能的决定性因素。在硬盘尺寸相同的情况下,若硬盘转速相同,单碟容量越大,则硬盘的内部传输速率越高;在单碟容量相同时,转速越高,则硬盘内部传输率也越高。

● 平均存取时间:由硬盘的旋转速度、磁头的寻道时间和数据的传输速率所决定。硬盘旋转速度越高,磁头移动到数据所在磁道越快。

③ 使用硬盘时要注意的问题

● 防止灰尘

● 防止高温

● 防止病毒

● 定期整理硬盘碎片

(2) 移动存储器

闪存也称为"优盘",它采用 Flash 存储器(闪存)技术,体积很小,重量很轻,容量可以按需要而定(如 512 MB~256 GB),具有写保护功能,数据保存安全可靠,使用寿命可长达数年。利用 USB 接口,可以与几乎所有计算机连接。有些产品还可以模拟光驱和硬盘启动操作系统,当 Windows 操作系统受到病毒感染时,优盘可以同光盘一样起到引导操作系统启动的作用。

移动硬盘,主要指采用 USB 或 IEEE1394 接口的、可以随时插上或拔下的、小型而便于携带的硬盘存储器,通常它是采用微型硬盘加上特制的配套硬盘盒构成的一个大容量存储系统。一些超薄型的移动硬盘,厚度仅 1 个多厘米,比手掌还小一些,重量只有 200~300 克,而存储容量可以是 500 GB 或更高。硬盘盒中的微型硬盘,每分钟转速4200~5400 转,噪声小,工作环境安静。

(3) 光盘存储器

光盘可分为只读光盘、可记录光盘和可改写光盘 3 种类型。

① 只读型光盘(CD - ROM)

CD - ROM 是 Compact Disk-Read Only Memory(只读压缩光盘存储器)的缩写,又称为光盘只读存储器,由光盘驱动器和光盘组成。对于只读式光盘,用户只能读取光盘上已经记录的各种信息,但不能修改或写入新的信息。最大容量大约是 700 MB。

② 一次写光盘存储器 CD - R

CD - R 是英文 CD Recordable 的简称,中文简称刻录机。顾名思义,就是只允许写一次,写完以后,记录在 CD - R 盘上的信息无法被改写,但可以像 CD - ROM 盘片一样,在 CD - ROM 驱动器和 CD - R 驱动器上被反复地读取多次。

③ 可擦写光盘存储器(CD - RW)

CD - RW(CD - Rewritable)是一种新型的可重复擦写型光盘存储器,它不仅可以完成 CD - ROM 无法胜任的工作,而且还具有 CD - R(CD - Recordable)刻录机所不具备的可重复擦写的特点。

④ 数字通用光盘 DVD

DVD 是数字通用光盘(Digital Versatile Disc)的缩写。它集计算机技术、光学记录技术和影视技术等为一体,其目的是满足人们对大存储容量、高性能的存储媒体的需求,主要用于存储多媒体软件和影视节目。单面单层容量为 4.7 GB、单面双层容量为 8.5 GB。

⑤ 蓝光光盘

蓝光光盘是采用波长为 405 nm 的蓝色激光光束来进行读写操作,用以存储高品质的影音以及高容量的数据。单面单层容量为 25 GB、单面双层容量为 50 GB。

四、输入设备

输入设备是计算机系统必不可少的组成部分,用于向计算机输入命令、数值、文本、图像、声音和视频等信息。

1. 键盘

键盘(Keyboard)是最常用也是最主要的输入设备,通过键盘,可以将字母、数字、标点符号等输入计算机中,从而向计算机发出命令、输入数据等。

键盘的按键有机械式和电容式两种。键盘的接口有 PS/2 接口、USB 接口和无线 3 种。

2. 鼠标

鼠标是一种移动光标和实现选择操作的计算机输入设备。它的基本工作原理是:当用户移动鼠标器时,借助于机械的或光学的方法,把鼠标运动的距离和方向(或 X 方向及 Y 方向的距离)分别变换成 2 个脉冲信号输入计算机,计算机中运行的鼠标驱动程序将脉冲个数再转换成为鼠标器在水平方向和垂直方向的位移量,从而控制屏幕上鼠标箭头的运动。

按结构上分,鼠标可以分为机械式、光机式、光电式和无线式 4 大类。

3. 扫描仪

扫描仪作为计算机的一种输入设备,它的作用就是将图片、照片、胶片以及文稿资料等书面材料或实物的外观扫描后输入计算机中,并形成文件保存起来。

4. 数码照相机

数码相机(Digital Camera,简称 DC)又叫数字相机,是一种介于传统相机和扫描仪之间的产品。与传统的照相机相比,数码相机不需要胶卷和暗房,能直接将数字形式的照片输入计算机进行处理,或通过网络传送至其他地方,也可以通过打印机打印出来或通过电视机进行观看。与扫描仪相比,扫描仪只能将二维图片进行数字化,精度较高,而数码相机可将三维景物进行数字化。

5. 笔输入设备

笔输入设备作为一种新颖的输入设备近几年发展迅速,它操作简单,兼有键盘、鼠标和写字笔的功能。此外,它在手机、手持式计算机(一种能不依靠电网电源工作的微型计算机,可以拿在手里进行操作)、PDA(个人数字助理,集计算、电话/传真和网络功能于一身的手持设备)中也普遍存在。

五、输出设备

和输入设备作用相反,输出设备的作用是将计算机中的信息通过不同的设备输出。

1. 显示器

(1) 概述

显示器是计算机必不可少的一种图文输出设备,其作用是将数字信号转换为光信号,使文字与图形在屏幕上显示出来,从而使用户及时了解计算机的处理结果和工作状态,便于进行操作。显示器主要有两类:CRT 显示器和 LCD 液晶显示器。

(2) 显示器的一些主要性能参数

● 显示屏尺寸:即计算机显示器屏幕的大小,是以显示屏对角线的长度来度量,与电视机的尺寸注明方法一样,有 19 英寸、21 英寸、27 英寸、32 英寸等。

● 分辨率:分辨率是指显示器所能显示的点数的多少,显示器可显示的点数越多,画面就越精细,同样的屏幕区域内能显示的信息也越多,所以分辨率是个非常重要的性能指标。一般用水平分辨率×垂直分辨率来表示,如 1920×1080、2560×1440 等。

● 刷新率:刷新率是屏幕显示图像每秒钟显示的次数,刷新率越高,图像的稳定性越好。从理论上来讲,只要刷新率达到 85 Hz,也就是每秒刷新 85 次,人眼就感觉不到屏幕的闪烁了。

● 可显示的颜色数量:一个像素可以显示多少种颜色,由表示这个像素的二进制位数决定,二进制位数越多,所能表示的颜色越丰富。

(3) 显示卡

显示卡(又称显示适配器或显示控制器),作用是控制显示器的显示方式。在显示器里也有控制电路,但起主要作用的是显示卡。

显示卡主要由显示控制电路、绘图处理器、显示内存和接口电路 4 个部分组成。显示控制电路负责对显示卡的操作进行控制和协调,包括对 CRT 或 LCD 显示器进行控制。接口电路负责显示卡与 CPU 和内存的数据传输。由于经常需要将内存中的图像数据成块地传送到显存中,因此相互间的连接速度十分重要。显示卡接口起到了将计算机主存和显存直接连的作用。显卡的类型有 ISA、PCI、AGP 和 PCI－Express 等,目前大多使用 PCI－Express 接口类型。

2. 打印机

打印机将输出信息以字符、图形、表格等形式印刷在纸上,是重要的输出设备。打印机的种类很多,根据打印的原理可分为:针式打印机、喷墨打印机、激光打印机。

(1) 针式打印机

针式打印机是最早出现的打印机,它是通过安装在打印头上的数根"打印针"打击色带产生打印效果的,因此也称为针式打印机。常见的有 9 针单排排列的(称为 9 针打印机)和 24 针双排错落排列的(24 针打印机)两种。

针式打印机价格便宜、耗材也便宜,使用非常普遍,但是和喷墨、激光打印机比起来,打印速度比较慢,打印质量低,噪声非常大,慢慢退出了打印机的行列,只有在特定单位如银行或财务部门需要打印多层票据才使用针式打印机。

(2) 喷墨打印机

喷墨打印机在打印字方式上与针式打印机相似,但印在纸上的墨点是通过打印头上的许多(数十到数百个)小喷孔喷出的墨水形成的。与针式打印机的打印针相比,这些喷孔直径很小,数量更多。微小墨滴的喷射由压力、热力或者静电方式驱动。由于没有击打,故在工作过程中几乎没有声音,而且打印纸也不受机械压力,打印效果较好,在打印图形、图像时(与针式打印机相比)效果更为明显。

(3) 激光打印机

激光打印机是用电子照相方式记录图像,通过静电吸附墨粉后在纸张上印字的。它的基本原理与静电复印机类似。它用接收到的信号来调制激光束,使其照射到一个具有正电位的感光鼓(硒鼓)上,被激光照射的部位转变为负电位,能吸附墨粉,激光束扫描使硒鼓上形成了所需要的结果影像,在硒鼓吸附到墨粉后,再通过压力和加热把影像转移到输出在一页打印纸上。由此可见,激光打印机的输出是按页进行的。由于激光束极细,能够在硒鼓上产生非常精细的效果,所以激光打印机的输出质量很高。

由于激光打印机输出速度快、打印质量高,而且可以使用普通纸,因而是理想的输出设备。激光打印机的主要缺点是耗电量大,墨粉价格较贵,因此运行费用较高。

2.2 计算机的软件系统

一、软件概念

1. 程序

软件:设计比较成熟、功能比较完善、具有某种使用价值且有一定规模的程序,包含程序、与程序相关的数据和文档。

程序:按照一定顺序执行的、能够完成某一任务的指令集合。

2. 程序设计语言

程序设计语言按照其级别可以分成:机器语言、汇编语言和高级语言。

(1) 机器语言:由二进制代码构成的机器指令的集合,是机器唯一能直接识别的语言。

(2) 汇编语言:用助记符号来表示机器指令中的操作符与操作数。

● 汇编指令与机器指令是一一对应的。

● 用汇编指令编写出来的程序为"汇编语言源程序",该程序不能在 CPU 中直接执行,必须用汇编程序将源程序中的每条汇编指令转换为对应的机器指令后,才能在 CPU 中执行。

● 汇编语言与硬件的关系等同于机器语言与硬件的关系,不同型号 CPU 所支持的汇编语言也不同,因此汇编语言也是一种面向机器的编程语言。

(3) 高级程序设计语言:一种比较接近自然语言和数学语言而与计算机硬件无关的符号表示,可用于描述运算、操作和过程。

● 高级程序设计语言接近人们日常使用的自然语言(主要是英语),容易理解、记忆和使用,可在不同计算机上通用。

● 用任何高级语言所编写的程序称为"高级语言源程序",该程序不能被 CPU 理解和直接执行,必须经高级语言翻译程序将源程序中每条语句转换成一个功能相等的指令序列后,才能在 CPU 中执行。

● 按所支持的程序设计方法的不同,高级程序设计语言可分为:面向过程程序设计语言和面向对象程序设计语言。

二、软件系统及其组成

1. 系统软件

它是指接近计算机核心的、为方便使用计算机和管理计算机资源而设计的软件。系统软件具有通用性和支持性。系统软件主要包含有操作系统、语言处理系统、数据库管理系统和系统辅助处理系统等。

2. 应用软件

用户为解决各种实际问题而编制的程序总称为应用软件。根据服务的对象,应用软件一般可分为通用应用软件和专用应用软件两大类。

① 通用应用软件

它是为解决某一类问题而设计的多用途软件,如文字处理软件(Word 和 WPS Office)、电子表格软件(Excel)、图像处理软件(Photoshop)等。

② 专用应用软件

它是为解决某一具体问题而设计的软件,如某单位的工资管理软件、人事管理软件等。常用的应用软件有:办公软件套件、多媒体处理软件、Internet 工具软件等。

2.3 操作系统

一、操作系统的概念

操作系统(Operation System,简称 OS)是计算机中最重要的一种系统软件,它是一些程序模块的集合。能以尽量有效、合理的方式组织和管理计算机的软硬件资源,合理安排计算机的工作流程,控制和支持应用程序的运行,并向用户提供各种服务,使用户能灵活、方便、有效地使用计算机,也使整个计算机系统高效率地运行。

进程:是指进行中的程序,即:进程=程序+执行。

线程:是进程的一个实体,是 CPU 调度和分派的基本单位,它是比进程更小的能独立运行的基本单位。是为了更好地实现并发处理和共享资源,提高 CPU 的利用率,目前许多操作系统把进程再"细分"成线程。

内核态:即特权态,拥有计算机中所有的软硬件资源的程序。

用户态:即普通态,其访问资源的数量和权限均受到限制。

二、操作系统的功能

操作系统主要功能:管理和控制计算机系统的所有资源(包括硬件和软件),即五大管理——进程管理、存储管理、设备管理、文件管理和作业管理。

进程管理:对处理机资源进行管理,把 CPU 让给更重要、更迫切的程序。

存储管理:管理内存资源的高效、合理使用。主要内容包括内存的分配和回收、内存的共享和保护、内存自动扩充等。

设备管理:对计算机系统中除了 CPU 和内存以外的所有 I/O 设备的管理。

文件管理:有效地支持文件的存储、检索和修改等操作,解决文件的共享、保密和保护问题,使用户程序能方便、安全地访问它所需要的文件。

作业管理:一个作业就是用户的一个计算问题,按照用户的命令控制作用运行。当出现资源限制时,能挑出急用的作业装入内存,进行作用调度。

三、操作系统的发展

第一阶段:人工操作方式。
第二阶段:单道批处理操作系统。
第三阶段:多道批处理操作系统。
第四阶段:分时操作系统。
第五阶段:实时操作系统。
第六阶段:现代操作系统。

四、操作系统的种类

操作系统是计算机软件的核心,根据操作系统的用户界面和功能不同有多种分类方法,一般按照操作系统的结构和功能可分为:批处理操作系统、分时操作系统、实时操作系统、网络操作系统和分布式操作系统。

1. 批处理操作系统

在批处理环境中,用户以提交作业的方式把任务交给计算机去完成。所谓"作业"是指用户提交给计算机系统的一个独立的处理单位,它由用户程序、数据和作业命令组成。批处理操作系统能不断地接受用户提交作业,同时将作业保存到输入队列中,由系统自动地高速执行这些作业。

2. 分时操作系统

分时操作系统将 CPU 的运行时间分成很短的时间片,按时间片轮流把 CPU 分配给各个作业使用。若某个作业在分配给它的时间片内不能完成其计算,则该作业暂时中断,把处理机让给另一个作业使用。由于计算机运行速度快,作业轮转的也很快,仿佛每个作业任务在"独占"一台计算机系统,并可用交互式方式直接控制自己的作业任务。

3. 实时操作系统

实时操作系统是指使计算机能及时响应外部事件的请求在规定的严格时间内完成对该事件的处理,并控制所有实时设备和实时任务协调一致地工作的操作系统。实时操作系统要追求的目标是:对外部请求在严格时间范围内做出反应,有高可靠性和完整性,常用于过程控制。

4. 网络操作系统

网络操作系统通常用于计算机网络中的服务器上。它是基于计算机网络、在计算机操作系统基础上安装网络体系结构和协议标准开发的系统软件,可以在网络环境下管理更大范围内的资源。网络操作系统功能主要是提供高效而可靠的网络通信能力,提供多种网络服务,实现互相通信和资源共享。

5. 分布式操作系统

大量的计算机通过网络被联结在一起,可以获得极高的运算能力及广泛的数据共享,这种系统被称作分布式系统。分布式操作系统是为分布式计算机系统配置的系统软件,它在资源管理、通信控制和操作系统的结构等方面与其他操作系统有较大的区别。

五、典型操作系统

● 服务器操作系统：是安装在大型计算机上的操作系统，主要有 Windows、Unix、Linux、Netware。

● PC 操作系统：是安装在个人计算机上的操作系统，如 DOS、Windows、MacOS。

● 实时操作系统：是保证在一定时间限制内完成特定任务的操作系统，如 VxWorks。

● 嵌入式操作系统：是以应用为中心，以计算机技术为基础，软件硬件可裁剪，适应应用系统对功能、可靠性、成本、体积、功耗严格要求的专用计算机系统，如 Palm OS。

第 2 章章节测试

选择题

1. 组成一个计算机系统的两大部分是_____。
   A. 硬件系统和软件系统　　　　　　B. 系统软件和应用软件
   C. 主机和输入/输出设备　　　　　　D. 主机和外部设备

2. 一个完整计算机系统的组成部分应该是_____。
   A. 硬件系统和软件系统　　　　　　B. 主机、键盘和显示器
   C. 主机和它的外部设备　　　　　　D. 系统软件和应用软件

3. 计算机的硬件系统主要包括：中央处理器（CPU）、存储器、输出设备和_____。
   A. 扫描仪　　　B. 鼠标　　　C. 键盘　　　D. 输入设备

4. 一般计算机硬件系统的主要组成部件有五大部分，下列选项中不属于这五部分的是_____。
   A. 输入设备和输出设备　　　　　　B. 软件
   C. 运算器　　　　　　　　　　　　D. 控制器

5. 下列叙述中，错误的是_____。
   A. 内存储器中存储当前正在执行的程序和处理的数据
   B. 计算机硬件主要包括：主机、键盘、显示器、鼠标器和打印机五大部件
   C. CPU 主要由运算器和控制器组成
   D. 计算机软件分系统软件和应用软件两大类

6. 下列选项中不属于计算机的主要技术指标的是_____。
   A. 重量　　　B. 存储容量　　　C. 字长　　　D. 时钟主频

7. 下列不属于微型计算机的技术指标的一项是_____。
   A. 运算速度　　　B. 存取周期　　　C. 字节　　　D. 时钟主频

8. 计算机的技术性能指标主要是指_____。
   A. 显示器的分辨率、打印机的性能等配置
   B. 字长、运算速度、内/外存容量和 CPU 的时钟频率
   C. 硬盘的容量和内存的容量
   D. 计算机所配备的语言、操作系统、外部设备

9. 通常所说的微型机主机是指_____。
   A. CPU 和内存　　　　　　　　　　B. CPU、内存和硬盘

C. CPU 和硬盘　　　　　　　　　　　　D. CPU、内存与 CD‐ROM
10. 微型计算机硬件系统中最核心的部位是＿＿＿＿。
    A. 主板　　　　　B. 内存储器　　　　C. I/O 设备　　　　D. CPU
11. 组成计算机硬件系统的基本部分是＿＿＿＿。
    A. 主机和输入/出设备　　　　　　　　B. CPU、键盘和显示器
    C. CPU 和输入/出设备　　　　　　　　D. CPU、硬盘、键盘和显示器
12. CPU 的中文名称是＿＿＿＿。
    A. 中央处理器　　B. 算术逻辑部件　　C. 控制器　　　　　D. 不间断电源
13. 构成 CPU 的主要部件是＿＿＿＿。
    A. 控制器和运算器　　　　　　　　　　B. 内存和控制器
    C. 内存、控制器和运算器　　　　　　　D. 高速缓存和运算器
14. CPU 主要技术性能指标有＿＿＿＿。
    A. 耗电量和效率　　　　　　　　　　　B. 字长、运算速度和时钟主频
    C. 冷却效率　　　　　　　　　　　　　D. 可靠性和精度
15. 用 GHz 来衡量计算机的性能,它指的是计算机的＿＿＿＿。
    A. CPU 运算速度　B. 存储器容量　　　C. 字长　　　　　　D. CPU 时钟主频
16. 度量处理器 CPU 时钟频率的单位是＿＿＿＿。
    A. MHz　　　　　B. MB　　　　　　　C. MIPS　　　　　　D. Mbps
17. 字长是 CPU 的主要性能指标之一,它表示＿＿＿＿。
    A. 最长的十进制整数的位数　　　　　　B. 计算结果的有效数字长度
    C. 最大的有效数字位数　　　　　　　　D. CPU 一次能处理二进制数据的位数
18. 运算器的主要功能是＿＿＿＿。
    A. 实现逻辑运算　　　　　　　　　　　B. 实现加法运算
    C. 进行算术运算　　　　　　　　　　　D. 进行算术运算或逻辑运算
19. 微型计算机,控制器的基本功能是＿＿＿＿。
    A. 控制机器各个部件协调一致地工作　　B. 保持各种控制状态
    C. 存储各种控制信息　　　　　　　　　D. 进行计算运算和逻辑运算
20. 用来控制、指挥和协调计算机各部件工作的是＿＿＿＿。
    A. 存储器　　　　B. 控制器　　　　　C. 运算器　　　　　D. 鼠标器
21. 下列四条叙述中,正确的一条是＿＿＿＿。
    A. 外存储器中的信息可以直接被 CPU 处理
    B. PC 机在使用过程中突然断电,DRAM 中存储的信息不会丢失
    C. 假若 CPU 向外输出 20 位地址,则它能直接访问的存储空间可达 1 MB
    D. PC 机在使用过程中突然断电,SRAM 中存储的信息不会丢失
22. 奔腾(Pentium)是＿＿＿＿公司生产的一种 CPU 的型号。
    A. AMD　　　　　B. Microsoft　　　　C. IBM　　　　　　D. Intel
23. 下列叙述中,正确的是＿＿＿＿。
    A. CPU 能直接读取硬盘上的数据
    B. CPU 能直接存取内存储器
    C. CPU 主要用来存储程序和数据

D. CPU 由存储器、运算器和控制器组成

24. 在微机的配置中常看到"P4 2.4 G"字样,其中数字"2.4 G"表示_____。
   A. 处理器与内存间的数据交换速率是 2.4 GB/S
   B. 处理器的运算速度是 2.4 GIPS
   C. 处理器的时钟频率是 2.4 GHz
   D. 处理器是 Pentium4 第 2.4 代

25. 下列的英文缩写和中文名字的对照中,错误的是_____。
   A. CPU——控制程序部件   B. CU——控制部件
   C. OS——操作系统   D. ALU——算术逻辑部件

26. 在微型计算机内存储器中不能用指令修改其存储内容的部分是_____。
   A. DRAM   B. ROM   C. SRAM   D. RAM

27. ROM 中的信息是_____。
   A. 根据用户需求不同,由用户随时写入的
   B. 由程序临时存入的
   C. 由生产厂家预先写入的
   D. 在安装系统时写入的

28. 在微型计算机内存储器中不能用指令修改其存储内容的部分是_____。
   A. DRAM   B. RAM   C. SRAM   D. ROM

29. 当电源关闭后,下列关于存储器的说法中,正确的是_____。
   A. 存储在软盘中的数据会全部丢失
   B. 存储在硬盘中的数据会丢失
   C. 存储在 RAM 中的数据不会丢失
   D. 存储在 ROM 中的数据不会丢失

30. 下面四种存储器中,属于数据易失性的存储器是_____。
   A. CD-ROM   B. PROM   C. RAM   D. ROM

31. RAM 的特点是_____。
   A. 存储在其中的信息可以永久保存
   B. 海量存储器
   C. 只用来存储中间数据
   D. 一旦断电,存储在其上的信息将全部消失,且无法恢复

32. 半导体只读存储器(ROM)与半导体随机存取存储器(RAM)的主要区别在于_____。
   A. ROM 断电后,信息会丢失,RAM 则不会
   B. ROM 是内存储器,RAM 是外存储器
   C. ROM 可以永久保存信息,RAM 在断电后信息会丢失
   D. RAM 是内存储器,ROM 是外存储器

33. 微型计算机存储系统中,PROM 是_____。
   A. 可读写存储器   B. 可编程只读存储器
   C. 动态随机存储器   D. 只读存储器

34. SRAM 存储器是_____。
   A. 动态只读存储器   B. 静态只读存储器

C. 静态随机存储器　　　　　　　　D. 动态随机存储器

35. DRAM 存储器的中文含义是＿＿＿＿＿＿。
　　A. 静态随机存储器　　　　　　　　B. 静态只读存储器
　　C. 动态随机存储器　　　　　　　　D. 动态只读存储器

36. 存储计算机当前正在执行的应用程序和相应的数据的存储器是＿＿＿＿＿＿。
　　A. ROM　　　　B. CD-ROM　　　　C. 硬盘　　　　D. RAM

37. 用来存储当前正在运行的应用程序的存储器是＿＿＿＿＿＿。
　　A. 软盘　　　　B. 内存　　　　C. CD-ROM　　　　D. 硬盘

38. 下列关于存储的叙述中，正确的是＿＿＿＿＿＿。
　　A. CPU 既不能直接访问存储在内存中的数据，也不能直接访问存储在外存中的数据
　　B. CPU 只能直接访问存储在内存中的数据，不能直接访问存储在外存中的数据
　　C. CPU 能直接访问存储在内存中的数据，也能直接访问存储在外存中的数据
　　D. CPU 不能直接访问存储在内存中的数据，能直接访问存储在外存中的数据

39. 下列叙述中，错误的是＿＿＿＿＿＿。
　　A. 内存储器一般由 ROM 和 RAM 组成
　　B. 存储在 ROM 中的数据断电后也不会丢失
　　C. RAM 中存储的数据一旦断电就全部丢失
　　D. CPU 可以直接存取硬盘中的数据

40. 把内存中数据传送到计算机的硬盘上去的操作称为＿＿＿＿＿＿。
　　A. 写盘　　　　B. 输入　　　　C. 显示　　　　D. 读盘

41. 把存储在硬盘上的程序传送到指定的内存区域中，这种操作称为＿＿＿＿＿＿。
　　A. 输出　　　　B. 读盘　　　　C. 输入　　　　D. 写盘

42. 下列叙述中，正确的是＿＿＿＿＿＿。
　　A. 外存中存放的是当前正在执行的程序和所需的数据
　　B. 内存中只能存放指令
　　C. 内存中存放的是当前正在执行的程序和所需的数据
　　D. 内存中存放的是当前暂时不用的程序和数据

43. 下列关于硬盘的说法错误的是＿＿＿＿＿＿。
　　A. 硬盘可以进行格式化处理　　　　B. 硬盘中的数据断电后不会丢失
　　C. 每个计算机主机有且只能有一块硬盘　　D. CPU 不能够直接访问硬盘中的数据

44. 下列叙述中，错误的是＿＿＿＿＿＿。
　　A. 硬盘与 CPU 之间不能直接交换数据　　B. 硬盘在主机箱内，它是主机的组成部分
　　C. 硬盘的技术指标之一是每分钟的转速 rpm　　D. 硬盘是外部存储器之一

45. 下列关于磁道的说法中，正确的是＿＿＿＿＿＿。
　　A. 盘面上的磁道是一条阿基米德螺线
　　B. 磁道的编号是最内圈为 0，并次序由内向外逐渐增大，最外圈的编号最大
　　C. 盘面上的磁道是一组同心圆
　　D. 由于每一磁道的周长不同，所以每一磁道的存储容量也不同

46. 假设某台式计算机的内存储器容量为 128 MB，硬盘容量为 10 GB。硬盘的容量是内存容量的＿＿＿＿＿＿。

A. 60 倍　　　　B. 80 倍　　　　C. 100 倍　　　　D. 40 倍

47. 假设某台式计算机的内存储器容量为 256 MB,硬盘容量为 20 GB。硬盘的容量是内存容量的_____。
    A. 100 倍　　　B. 60 倍　　　　C. 40 倍　　　　D. 80 倍

48. 假设某台式计算机内存储器的容量为 1 KB,其最后一个字节的地址是_____。
    A. 03FFH　　　B. 1024H　　　　C. 1023H　　　　D. 0400H

49. 下面关于优盘的描述中,错误的是_____。
    A. 优盘多固定在机箱内,不便携带
    B. 断电后,优盘还能保持存储的数据不丢失
    C. 优盘的特点是重量轻、体积小
    D. 优盘有基本型、增强型和加密型三种

50. 在计算机中,每个存储单元都有一个连续的编号,此编号称为_____。
    A. 地址　　　　B. 位置号　　　　C. 房号　　　　D. 门牌号

51. 下列各存储器中,存取速度最快的是_____。
    A. CD - ROM　　B. 硬盘　　　　C. 内存储器　　　D. 软盘

52. 在 CD 光盘上标记有"CD - RW"字样,此标记表明这光盘_____。
    A. 可多次擦除型光盘
    B. 只能读出,不能写入的只读光盘
    C. RW 是 Read and Write 的缩写
    D. 只能写入一次,可以反复读出的一次性写入光盘

53. 操作系统对磁盘进行读/写操作的单位是_____。
    A. KB　　　　　B. 字节　　　　C. 磁道　　　　D. 扇区

54. 通常所说的 I/O 设备是指_____。
    A. 网络设备　　B. 输入输出设备　C. 通信设备　　　D. 控制设备

55. 在微机的硬件设备中,有一种设备在程序设计中既可以当做输出设备,又可以当做输入设备,这种设备是_____。
    A. 绘图仪　　　B. 磁盘驱动器　　C. 手写笔　　　　D. 扫描仪

56. 下面设备中,既能向主机输入数据又能接收由主机输出数据的设置是_____。
    A. 软磁盘存储器　B. CD - ROM　　C. 光笔　　　　D. 显示器

57. 下列设备组中,完全属于输入设备的一组是_____。
    A. CD - ROM 驱动器,键盘,显示器　　B. 绘图仪,键盘,鼠标
    C. 打印机,硬盘,条码阅读器　　　　D. 键盘,鼠标,扫描仪

58. 在下列设备中,不能作为微机输出设备的是_____。
    A. 绘图仪　　　B. 打印机　　　　C. 显示器　　　　D. 鼠标

59. 下列设备组中,完全属于计算机输出设备的一组是_____。
    A. 激光打印机,键盘,鼠标　　　　B. 喷墨打印机,显示器,键盘
    C. 打印机,绘图仪,显示器　　　　D. 键盘,鼠标,扫描仪

60. 在外部设备中,扫描仪属于_____。
    A. 存储设备　　B. 输入设备　　　C. 特殊设备　　　D. 输出设备

61. 在计算机中,鼠标器属于_____。

A. 输入设备　　　　B. 应用程序的控制设备　　C. 输出设备　　　　D. 菜单选取设备
62. 显示器的主要技术指标之一是_____。
　　A. 亮度　　　　　B. 分辨率　　　　　C. 彩色　　　　　D. 对比度
63. 通常打印质量最好的打印机是_____。
　　A. 喷墨打印机　　B. 激光打印机　　　C. 针式打印机　　D. 点阵打印机
64. 下列有关计算机结构的叙述中，错误的是_____。
　　A. 最早的计算机基本上采用直接连接的方式，冯·诺依曼研制的计算机IAS，基本上就采用了直接连接的结构
　　B. 数据总线的位数，通常与CPU的位数相对应
　　C. 直接连接方式连接速度快，而且易于扩展
　　D. 现代计算机普遍采用总线结构
65. 在微型计算机技术中，通过系统_____把CPU、存储器、输入设备和输出设备连接起来，实现信息交换。
　　A. 通道　　　　　B. 总线　　　　　　C. 电缆　　　　　D. I/O接口
66. _____是系统部件之间传送信息的公共通道，各部件由总线连接并通过它传递数据和控制信号。
　　A. 总线　　　　　B. 电缆　　　　　　C. 扁缆　　　　　D. I/O接口
67. 下列有关总线和主板的叙述中，错误的是_____。
　　A. 主板上配有插CPU，内存条、显示卡等的各类扩展槽或接口，而光盘驱动器和硬盘驱动器则通过扁缆与主板相连
　　B. 总线体现在硬件上就是计算机主板
　　C. 外设可以直接挂在总线上
　　D. 在电脑维修中，把CPU、主板、内存、显卡加上电源所组成的系统叫最小化系统
68. 计算机的系统总线是计算机各部件间传递信息的公共通道，它分_____。
　　A. 地址总线和数据总线　　　　　　　B. 数据总线、控制总线和地址总线
　　C. 地址总线和控制总线　　　　　　　D. 数据总线和控制总线
69. 计算机系统采用总线结构对存储器和外设进行协调。总线主要由_____3部分组成。
　　A. 数据总线、地址总线和控制总线　　B. 输入总线、输出总线和控制总线
　　C. 通信总线、接收总线和发送总线　　D. 外部总线、内部总线和中枢总线
70. UPS的中文译名是_____。
　　A. 高能电源　　　B. 稳压电源　　　　C. 不间断电源　　D. 调压电源
71. 通常用MIPS为单位来衡量计算机的性能，它指的是计算机的_____。
　　A. 传输速率　　　B. 存储容量　　　　C. 字长　　　　　D. 运算速度
72. 组成计算机指令的两部分是_____。
　　A. 运算符和运算结果　　　　　　　　B. 数据和字符
　　C. 运算符和运算数　　　　　　　　　D. 操作码和地址码
73. 在计算机指令中，规定其所执行操作功能的部分称为_____。
　　A. 操作码　　　　B. 源操作数　　　　C. 操作数　　　　D. 地址码
74. 下列说法中，正确的是_____。
　　A. 只要将高级程序语言编写的源程序文件（如try.c）的扩展名更改为.exe，则它就成为可

执行文件了

B. 源程序只有经过编译和链接后才能成为可执行程序

C. 高档计算机可以直接执行用高级程序语言编写的程序

D. 用高级程序语言编写的程序可移植性和可读性都很差

75. 用高级程序设计语言编写的程序,要转换成等价的可执行程序,必须经过_____。

A. 编辑　　　　　　B. 编译和链接　　　　C. 解释　　　　　　D. 汇编

76. 下列叙述中,正确的是_____。

A. 机器语言就是汇编语言

B. 用机器语言编写的程序可读性最差

C. 计算机能直接识别并执行用高级程序语言编写的程序

D. 高级语言的编译系统是应用程序

77. 为了提高软件开发效率,开发软件时应尽量采用_____。

A. 机器语言　　　　B. 指令系统　　　　　C. 高级语言　　　　D. 汇编语言

78. 下列各类计算机程序语言中,不属于高级程序设计语言的是_____。

A. C语言　　　　　B. Visual C++　　　　C. 汇编语言　　　　D. Visual Basic

79. _____是一种符号化的机器语言。

A. 计算机语言　　　B. C语言　　　　　　C. 机器语言　　　　D. 汇编语言

80. 计算机硬件能够直接识别和执行的语言是_____。

A. 汇编语言　　　　B. 机器语言　　　　　C. C语言　　　　　　D. 符号语言

81. 将高级语言编写的程序翻译成机器语言程序,采用的两种翻译方法是_____。

A. 解释和汇编　　　B. 编译和解释　　　　C. 编译和连接　　　　D. 编译和汇编

82. 汇编语言是一种_____。

A. 计算机能直接执行的程序设计语言　　　B. 面向问题的程序设计语言

C. 依赖于计算机的低级程序设计语言　　　D. 独立于计算机的高级程序设计语言

83. 用高级程序设计语言编写的程序_____。

A. 执行效率高但可读性差　　　　　　　　B. 计算机能直接执行

C. 具有良好的可读性和可移植性　　　　　D. 依赖于具体机器,可移植性差

84. 在下列叙述中,正确的选项是_____。

A. 机器语言编写的程序具有良好的可移植性

B. 用高级语言编写的程序称为源程序

C. 计算机直接识别并执行的是汇编语言编写的程序

D. 机器语言编写的程序需编译和链接后才能执行

85. 下列叙述中,正确的是_____。

A. C++是高级程序设计语言的一种

B. 当代最先进的计算机可以直接识别、执行任何语言编写的程序

C. 用C++程序设计语言编写的程序可以直接在机器上运行

D. 机器语言和汇编语言是同一种语言的不同名称

86. 完整的计算机软件指的是_____。

A. 操作系统和办公软件　　　　　　　　　B. 系统软件与应用软件

C. 程序、数据与相应的文档　　　　　　　D. 操作系统与应用软件

87. 计算机软件分系统软件和应用软件两大类,系统软件的核心是_____。
    A. 数据库管理系统　　B. 程序语言系统　　C. 操作系统　　D. 财务管理系统
88. 在所列的软件中,1. WPS Office 2003;2. Windows 2000;3.财务管理软件;4.UNIX;5.学籍管理系统;6.MS－DOS;7. Linux;属于应用软件的有_____。
    A. 2,4,6,7　　B. 1,2,3　　C. 1,3,5　　D. 1,3,5,7
89. 在所列出的:1.字处理软件,2. Linux,3.UNIX,4.学籍管理系统,5. Windows XP 和 6. Office 2003 这六个软件中,属于系统软件的有_____。
    A. 1,2,3　　B. 1,2,3,5　　C. 2,3,5　　D. 全部都不是
90. Word 字处理软件属于_____。
    A. 应用软件　　B. 网络软件　　C. 管理软件　　D. 系统软件
91. 下列各组软件中,全部属于应用软件的是_____。
    A. Word 2000、Photoshop、Windows 98
    B. 财务处理软件、金融软件、WPS Office 2003
    C. 程序语言处理程序、操作系统、数据库管理系统
    D. 文字处理程序、编辑程序、UNIX 操作系统
92. 下列软件中,属于应用软件的是_____。
    A. Linux　　B. UNIX　　C. WPS Office 2003　　D. Windows XP
93. 下列叙述中,正确的是_____。
    A. Cache 一般由 DRAM 构成　　B. 数据库管理系统 Oracle 是系统软件
    C. 指令由控制码和操作码组成　　D. 汉字的机内码就是它的国标码
94. 下列叙述中,错误的是_____。
    A. 把数据从内存传输到硬盘的操作称为写盘
    B. 计算机内部对数据的传输、存储和处理都使用二进制
    C. WPS Office 2003 属于系统软件
    D. 把高级语言源程序转换为等价的机器语言目标程序的过程叫编译
95. 下列关于系统软件的四条叙述中,正确的一条是_____。
    A. 系统软件与具体硬件逻辑功能无关
    B. 系统软件是在应用软件基础上开发的
    C. 系统软件与具体应用领域无关
    D. 系统软件并不是具体提供人机界面
96. 下列关于软件的叙述中,正确的是_____。
    A. 计算机软件分为系统软件和应用软件两大类
    B. 软件可以随便复制使用,不用购买
    C. Windows 就是广泛使用的应用软件之一
    D. 所谓软件就是程序
97. 计算机系统软件中最核心的是_____。
    A. 数据库管理系统　　B. 语言处理系统
    C. 操作系统　　D. 诊断程序
98. 操作系统的主要功能是_____。
    A. 对用户的数据文件进行管理,为用户提供管理文件方便

B. 对汇编语言程序进行翻译

C. 对计算机的所有资源进行统一控制和管理,为用户使用计算机提供方便

D. 对源程序进行编译和运行

99. 计算机操作系统通常具有的五大功能是_____。

　　A. 处理器(CPU)管理、存储管理、文件管理、设备管理和作业管理

　　B. 启动、打印、显示、文件存取和关机

　　C. 硬盘管理、软盘驱动器管理、CPU 的管理、显示器管理和键盘管理

　　D. CPU 管理、显示器管理、键盘管理、打印机管理和鼠标器管理

100. 对计算机操作系统的作用描述完整的是_____。

　　A. 管理计算机系统的全部软、硬件资源,合理组织计算机的工作流程,以充分发挥计算机资源的效率,为用户提供使用计算机的友好界面。

　　B. 是为汉字操作系统提供运行的基础

　　C. 对用户存储的文件进行管理,方便用户

　　D. 执行用户键入的各类命令

第 3 章　因特网基础与简单应用

3.1　计算机网络基本概念

一、计算机网络

计算机网络是指分布在不同地理位置上的具有独立功能的多个计算机系统,通过通信设备和通信线路相互连接起来,在网络软件的管理下实现数据传输和资源共享的系统。

计算机网络系统具有丰富的功能,其中最重要的是资源共享和快速通信。

1. 快速通信(数据传输)

这是计算机网络最基本的功能之一。

2. 共享资源

这是计算机网络的重要功能。计算机资源包括硬件、软件和数据等。所谓共享资源就是指网络中各计算机的资源可以互相通用。

3. 提高可靠性

在一个较大的系统中,个别部件或计算机出现故障是不可避免的。计算机网络中各台计算机可以通过网络互相设置为后备机,一旦某台计算机出现故障时,网络中的后备机即可代替继续执行,保证任务正常完成,避免系统瘫痪,从而提高了计算机的可靠性。

4. 分担负荷

当网上某台计算机的任务过重时,可将部分任务转交到其他较空闲的计算机上去处理,从而均衡计算机的负担,减少用户的等待时间。

5. 实现分布式处理

将一个复杂的大任务分解成若干个子任务,由网上的计算机分别承担其中的一个子任务,共同运作、完成,以提高整个系统的效率,这就是分布式处理模式。计算机网络使分布式处理成为可能。

二、数据通信

通信是指在两个计算机或终端之间经信道(如电话线、同轴电缆、光缆等)传输数据或信息的过程,有时也叫数据通信、远程通信、网络通信等。

有关通信的几个常用术语。

1. 信道

信道是传输信息的必经之路。计算机网络中,信道有物理信道和逻辑信道之分,物理信道是指用来传输数据和信号的物理通路,它由传输介质和相关的通信设备组成。

计算机网络中常用的传输介质有双绞线、同轴电缆和无线电波等。

逻辑信道也是网络的一种通路,它是在发送点和接收点之间的众多物理信道的基础上,再通过结点内部的连接来实现的,称为"连接"。

根据传输介质的不同,物理信道可分为有线信道、无线信道和卫星信道。

如根据信道中传输的信号类型来分,则物理信道又可划分为模拟信道和数字信道。模拟信道传输模拟信号,如调幅或调频波。数字信道直接传输二进制脉冲信号。

2. 数字信号和模拟信号

通信的上报是传输数据,信号则是数据的表现形式。信号分为数字信号和模拟信号两类。数字信号是一种离散的脉冲序列,通常用一个脉冲表示一位二进制数。

模拟信号是一种连续变化的信号,可以用连续的电波表示,声音就是一种典型的模拟信号。

3. 调制与解调

普通电话线是针对话音受话而设计的模拟信号的传输。如果要在模拟信道上传输数字信号,就必须在信道两端分别安装调制解调器(Modem),用数字脉冲信号对模拟信号进行调制和解调。在发送端将数字脉冲信号转换成能在模拟信道上传输的模拟信号,此过程称为调制;在接收端再将模拟信号转换还原成数字脉冲信号,这个反过程称为解调。把这两种功能结合在一起的设备称为调制解调器。

4. 带宽与数据传输速率

在模拟信道中,以带宽表示信道传输信息的能力。带宽用传送信息信号的高频率与低频率之差表示,以 Hz、MHz、GHz 为单位。

在数字信道中,用数据传输速率表示信道的传输能力,即每秒传输的二进制位数(bps),单位为 bps,Mbps 或 Gbps。

5. 误码率

它是指在信息传输过程中的出错率,是通信系统的可靠性指标。在计算机网络系统中,一般要求误码率低于 10^{-6}(百万分之一)。

三、计算机网络的组成

从系统功能的角度看,计算机网络主要由资源子网和通信子网两部分组成。

资源子网主要包括:联网的计算机、终端、外部设备、网络协议及网络软件等,其主要任务是收集、存储和处理信息,为用户提供网络服务和资源共享功能等。通信子网即把各站点互相连接起来的数据通信系统,主要包括通信线路(即传输介质)、网络连接设备(如通信控制处理器)网络协议和通信控制软件等,其主要任务是连接网上的各种计算机,完成数据的传输、交换和通信处理。

四、计算机网络的分类

按网络覆盖的地理范围进行分类是普遍的分类方法,它能较好地反映出网络的本质特征。按这种方法,可把计算机网络分为 3 类:局域网、广域网和城域网。

1. 局域网

局域网(LAN)是一种在小区域内使用的网络,其传送距离一般在几公里之内,最大距离不超过 10 公里。适合于一个部门或一个单位组建网络。

特点：传输速率高,误码率低,成本低,容易组网,易维护,易管理,使用灵活方便。

2. 广域网

广域网(WAN)也叫远程网络,覆盖地理范围比局域网要大得多,可从几十公里到几千公里。广域网覆盖一个地区、国家或横跨几个洲,可使用电话线、微波、卫星等它们的组合信道进行通信。广域网络的传输速率较低,一般在 96 Kbps～45 Mbps 左右。

3. 城域网

城域网(MAN)是一种介于局域网和广域网之间的高速网络,覆盖地理范围介于局域网和广域网之间,一般为几公里到几十公里,传输速率一般在 50 Mbps 左右。

五、网络的拓扑结构

网络的拓扑结构主要有星型、环型和总线型等几种。

1. 星型结构

星型结构是最早的通用网络拓扑结构形式,其中每个站点都通过连线与主控机相连,相邻站点之间的通信都通过主控机进行,所以,要求主控机有很高的可靠性。

优点：结构简单,控制处理也较为简便,增加工作站点容易；缺点：一旦主控机出现故障,会引起整个系统的瘫痪,可靠性较差。

2. 环型结构

网络中各工作站通过中继器连接到一个闭合的环路上,信息沿环形线路单向(或双向)传输,由目的站点接收。

优点：结构简单、成本低；缺点：环中任意一点的故障都会引起网络瘫痪,可靠性低。

3. 总线结构

网络中各个工作站均经一根总线相连,信息可沿两个不同的方向由一个站点传向另一站点。

优点：工作站连入或从网络中卸下都非常方便；系统中某工作站出现故障也不会影响其他站点之间的通信；系统可靠性较高；结构简单,成本低。

六、组网和联网的硬件设备

计算机网络系统由网络软件和硬件设备两部分组成。网络操作系统对网络进行控制与管理。目前,在局域网上流行的网络操作系统有 Windows NT Server、NetWare、Unix 和 Linux 等。下面主要介绍常见的网络硬件设备。

1. 局域网的组网设备

(1) 传输介质

局域网中常用的传输介质有同轴电缆、双绞线和光缆等。

(2) 网络接口卡

网络接口卡(简称网卡)是构成网络必需的基本设备,它用于将计算机和通信电缆连接起来,以便经电缆在计算机之间进行高速数据传输。

(3) 集线器

集线器(Hub)是局域网的基本连接设备。在传统的局域网中,联网的结点通过双绞线与集线器连接,构成物理上的星型结构。

2. 网络互联设备

（1）路由器

处于不同地理位置的局域网通过广域网进行互联是当前网络互联的一种常见的方式。路由器是实现局域网与广域网互联的主要设备。

路由器用于检测数据的目的地址，对路径进行动态分配，根据不同的地址将数据分流到不同的路径中。如果存在多条路径，则根据路径的工作状态和忙闲情况，选择一条合适的路径，动态平衡通信负载。

（2）调制解调器

调制解调器是个人电脑通过电话线接入因特网的必备设备，它具有调制和解调两种功能。调制解调器分外置和内置两种，外置调制解调器是在计算机机箱之外使用的，一端用电缆连接在计算机上，另一端与电话插口连接，其优点是便于从一台设备移到另一台设备上去。内置调制解调器是一块电路板，插在计算机或终端内部，价格比外置调制解调器便宜，但是一旦插入机器就不易移动了。

3.2 因特网初步

一、因特网概述

1. 何谓因特网

因特网是通过路由器将世界不同地区、规模大小不一、类型不同的网络互相连接起来的网络，是一个全球性的计算机互联网络，音译为"因特网"，也称"国际互联网"。它是一个信息资源极丰富的、世界上最大的计算机网络。

2. 因特网提供的服务

因特网提供丰富的服务，主要包括：

① 电子邮件（E-mail）：电子邮件是因特网的一个基本服务。通过因特网和电子邮件地址，通信双方可以快速、方便和经济地收发电子邮件。而且电子邮件不受用户所在的地理位置限制，只要能连接上因特网，就能使用电子信箱。正因为它具有省时、省钱、方便和不受地理位置限制的优点，所以，它是因特网上应用最广的一种服务之一。

② 文件传输（FTP）：文件传输为因特网用户提供在网上传输各种类型的文件的功能，是因特网的基本服务之一。FTP 服务分普通 FTP 服务和匿名 FTP 服务两种。普通 FTP 服务向注册用户提供文件传输服务，而匿名 FTP 服务能向任何因特网用户提供核定的文件传输服务。

③ 远程登录：远程登录是一台主机的因特网用户，使用另一台主机的登录账号和口令与该主机实现连接，作为它的一个远程终端使用该主机的资源的服务。

④ 万维网（WWW）交互式信息浏览：WWW 是因特网的多媒体信息查询工具，是因特网上发展最快和使用最广的服务。它使用超文本和链接技术，使用户能以任意的次序自由地从一个文件跳转到另一个文件，浏览或查阅各自所需的信息。

此外，因特网还提供如电子公告板（BBS）、新闻（Usenet）、文件查询（Archie）、关键字检索（WAIS）、菜单检索（Gopher）、图书查询系统（Libraries）、网络论坛（NetNews）、聊天室（IRC）、网络电话、电子商务、网上购物和网上服务等多种服务功能。

二、TCP/IP 协议

TCP/IP 是用于计算机通信的一组协议,而 TCP 和 IP 是这些众多协议中最重要的两个核心协议。TCP/IP 由网络接口层、网间网层、传输层和应用层 4 个层次组成。其中,网络接口层是最底层,包括各种硬件协议,面向硬件;应用层面向用户,提供一组常用的应用程序,如电子邮件、文件传送等。

1. IP 协议

它位于网间网层,主要将不同格式的物理地址转换为统一的 IP 地址,将不同格式的帧转换为"IP 数据报"向 TCP 协议所在的传输层提供 IP 数据报,实现无连接数据报传送;IP 的另一个功能是数据报的路由选择,简单说,路由选择就是在网上一端点到另一端点的传输路径的选择,将数据从一地传输到另一地。

2. TCP 协议

它位于传输层。TCP 协议向应用层提供面向连接的服务,确保网上所发送的数据包可以完整地接收,一旦数据报丢失或破坏,则由 TCP 负责将被丢失或破坏的数据包重新传输一次,实现数据的可靠传输。

三、IP 地址和域名

1. IP 地址

为了信息能准确传送到网络的指定站点,各站点的主机都必须有一个唯一的可以识别的地址,称作 IP 地址。

一台主机的 IP 地址由网络号和主机号两部分组成。IP 地址的结构如下图:

网络号	主机号

IP 地址用 32 个比特(4 个字节)表示。为便于管理,将每个 IP 地址分为 4 段(一个字节一段),用 3 个圆点隔开,每段用一个十进制整数表示。每个十进制整数的范围是 0~255,例如 202.112.128.50。

由于网络中 IP 地址很多,所以又将它们按照第一段的取值范围划分为 5 类:0 到 127 为 A 类;128 到 191 为 B 类;192 到 223 为 C 类;D 类和 E 类留于特殊用途。

IP 地址是由各级因特网管理组织分配给网上计算机的。

2. 域名

用数字表示各主机的 IP 地址对计算机来说是合适的,但对于用户来说,记忆一组毫无意义的数字就相当困难了。为此,TCP/IP 协议引进了一种字符型的主机命名制,这就是域名。域名的实质就是用一组具有助记功能的英文简写名代替 IP 地址。为了避免重名,主机的域名采用层次结构,各层次的子域名之间用圆点"."隔开,从右至左分别为第一级域名(也称最高级域名),第二级域名,直到主机名(最低级域名)。其结构如下:

主机名.…….第二级域名.第一级域名

关于域名应该注意以下几点:

① 只能以字母字符开头,以字母字符或数字结尾,其他位置可用字符、数字、边字符或下划线。

② 域名中大、小写字母视为相同。

③ 各子域名之间以圆点分开。
④ 域名中最左边的子域名通常代表机器所在单位名；中间各子域名代表相应层次的区域，第一级子域名是标准化了的代码（常用的第一级域名标准代码见下表）。
⑤ 整个域名的长度不得超过 255 个字符。

域名和 IP 地址都是表示主机的地址，实际上是同一件事物的不同表示。用户可以使用主机的 IP 地址，也可以使用它的域名。从域名到 IP 地址或都从 IP 地址到域名的转换由域名服务器完成。

域名代码	意义
COM	商业组织
EDU	教育机构
GOV	政府机关
MIL	军事部门
NET	主要网络支持中心
ORG	其他组织
INT	国际组织

图 1　常用一级子域名的标准代码

国际上，第一级域名采用通用的标准代码，它分组织机构和地理模式两类。

四、因特网的接入方式

1. 因特网的接入方式
因特网的接入方式通常有专线连接、局域网连接、无线连接和电话拨号连接 4 种。
2. 连接因特网的步骤
采用电话拨号连接的具体步骤如下：
① 配置微机和调制解调器。
② 选择 ISP 关申请账号。
ISP 是指因特网服务提供商，用户必须通过它接入因特网。
③ 调制解调器硬件连接和驱动程序的安装。
④ 安装拨号网络组件。
⑤ 安装和配置 TCP/IP 协议。
⑥ 创建新的连接。

3.3　因特网的简单应用

一、拨号上网

1. 连接
经过上述的安装和设置后，就可以拨号上网了。拨号上网的操作步骤比较简单，具体如下：

① 在"我的电脑"窗口中，双击"拨号网络"图标，打开"拨号网络"窗口。

② 双击"拨号网络"窗口中选定的连接图标，打开"连接到"对话框，分别输入用户名和口令，并单击"连接"按钮。在连接过程中出现信息框显示连接的进程。

③ 连接登录完成后，显示标题为"已创建连接"的对话框，表示已连接到因特网上了。此后，可单击"关闭"按钮关闭此对话框，并单击"快速工具栏"中的 IE 图标，启动 IE，浏览网页。

2. 断开连接

网络使用结束后，应及时断开连接，以免造成电话费和上网费的浪费。断开连接的操作如下：

① 双击任务栏右端的"连接"标志，打开标题为"连接到＊＊＊"的对话框，在此对话框中提供有关本次连接的一些信息，如连接时间、收到和发送的字节数等。

② 单击"断开连接"按钮，稍候一会，就会完成断开连接。

二、网上漫游

浏览的相关概念

1. 万维网 WWW

万维网是一种建立在因特网上的全球性的、交互的、动态的、多平台的、分布式的超文本超媒体信息查询系统。

2. 超文本和超链接

超文本中不仅含有文本信息，而且还包含图形、声音、图像和视频等多媒体信息，最主要的是超文本中还包含着指向其他网页的链接，这种链接称为超链接。

3. 统一资源定位器

WWW 用统一资源定位器 URL 来描述 Web 页的地址和访问它时所用的协议。URL 的格式如下：

协议：//IP 地址或域名/路径/文件名，其中：

协议：是服务方式或获取数据的方法。如 http，ftp 等。

IP 地址或域名：是指存放该资源的主机的 IP 地址或域名。

路径和文件名：是用路径的形式表示 Web 页在主机中的具体位置（如文件夹、文件名等）。

4. 浏览器

浏览器是用于浏览 WWW 的工具，安装在用户端的机器上，是一种客户软件。它能够把用超文本标记语言描述的信息转换成便于理解的形式。此外，它还是用户与 WWW 之间的桥梁。

三、电子邮件

电子邮件是因特网上使用最广泛的一种服务之一。类似普通邮件传递方式，电子邮件采用存储转发方式传递，根据电子邮件地址由网上多个主机合作实现存储转发，从发信源节点出发，经过路径上若干个网络节点的存储和转发，最终使电子邮件传送到目的信箱。

1. 电子邮件地址的格式

与通过邮局寄发邮件，在邮件上应写明收件人的地址类似，使用因特网上的电子邮件系统的用户首先要有一个电子信箱,每个电子信箱应当有一个唯一可识别的电子邮件地址。电子邮件地址的格式是:〈用户标识〉@〈主机域名〉。它由收件人用户标识(如姓名或缩写),字符"@"(读作"at")和电子信箱所在计算机的域名3部分组成。地址中间不能有空格或逗号。例如,xqxue@sohu.com 就是一个电子邮件地址。

2. 电子邮件的格式

电子邮件都有两个基本部分:信头和信体。信头相当于信封,信体相当于信件内容。

① 信头

信头中通常包括如下几项:

收件人:收件人的 E-mail 地址。多个收件人地址之间一般用分号";"或逗号","隔开。

抄送:表示同时可接到此信的其他人的 E-mail 地址。

主题:类似一本书的章节标题,它概括描述信件内容的主题,可以是一句话,或一个词。

② 信体

信体就是希望收件人看到的内容,有时还可以包含附件。

第 3 章章节测试

选择题

1. 计算机网络最突出的优点是_____。
   A. 存储容量大 　　　　　　　　　B. 可以实现资源共享
   C. 运算容量大 　　　　　　　　　D. 运算速度快
2. 计算机网络的目标是实现_____。
   A. 资源共享和信息传输 　　　　　B. 数据处理
   C. 文献检索 　　　　　　　　　　D. 信息传输
3. 下列各指标中,数据通信系统的主要技术指标之一的是_____。
   A. 分辨率　　　　B. 误码率　　　　C. 频率　　　　D. 重码率
4. 在一间办公室内要实现所有计算机联网,一般应选择_____网。
   A. MAN　　　　　B. LAN　　　　　C. GAN　　　　 D. WAN
5. 在计算机网络中,英文缩写 LAN 的中文名是_____。
   A. 无线网　　　　B. 广域网　　　　C. 局域网　　　　D. 城域网
6. 计算机网络按地理范围可分为_____。
   A. 因特网、城域网和局域网　　　　B. 广域网、城域网和局域网
   C. 因特网、广域网和对等网　　　　D. 广域网、因特网和局域网
7. 因特网属于_____。
   A. 城域网　　　　B. 广域网　　　　C. 万维网　　　　D. 局域网
8. 计算机网络分为局域网、城域网和广域网,下列属于局域网的是_____。
   A. Internet　　　B. ChinaDDN 网　　C. Chinanet 网　　D. Novell 网
9. 下列不属于网络拓扑结构形式的是_____。
   A. 星型　　　　　B. 总线型　　　　C. 环型　　　　　D. 分支型
10. 拥有计算机并以拨号方式接入 Internet 网的用户需要使用_____。

A. Modem B. 鼠标 C. 软盘 D. CD-ROM

11. 调制解调器的功能是_____。
    A. 在数字信号与模拟信号之间进行转换 B. 将数字信号转换成其他信号
    C. 将模拟信号转换成数字信号 D. 将数字信号转换成模拟信号

12. 若要将计算机与局域网连接，则至少需要具有的硬件是_____。
    A. 网关 B. 路由器 C. 集线器 D. 网卡

13. Internet 是覆盖全球的大型互联网络，用于链接多个远程网和局域网的互联设备主要是_____。
    A. 路由器 B. 主机 C. 网桥 D. 防火墙

14. Internet 网中不同网络和不同计算机相互通讯的基础是_____。
    A. X.25 B. Novell C. ATM D. TCP/IP

15. 正确的 IP 地址是_____。
    A. 202.257.14.13 B. 202.112.111.1 C. 202.202.1 D. 202.2.2.2.2

16. 下列各项中，非法的 Internet 的 IP 地址是_____。
    A. 112.256.23.8 B. 202.196.72.140 C. 202.96.12.14 D. 201.124.38.79

17. 在 Internet 中完成从域名到 P 地址或者从 IP 到域名转换的是_____服务。
    A. WWW B. ADSL C. DNS D. FTP

18. 下列 URL 的表示方法中，正确的是_____。
    A. http;www.microsoft.com/index.html
    B. http://www.microsoft.com/index.html
    C. http:\\www.microsoft.com/index.html
    D. http;://www.microsoft.com/index.html

19. 域名 MH.BIT.EDU.CN 中主机名是_____。
    A. BIT B. CN C. EDU D. MH

20. 有一域名为 bit.edu.cn，根据域名代码的规定，此域名表示_____。
    A. 商业组织 B. 政府机关 C. 教育机构 D. 军事部门

21. 对于众多个人用户来说，接入因特网最经济、最简单、采用最多的方式是_____。
    A. 局域网连接 B. 专线连接 C. 无线连接 D. 电话拨号

22. Internet 实现了分布在世界各地的各类网络的互联，其最基础和核心的协议是_____。
    A. FTP B. HTML C. TCP/IP D. HTTP

23. 所有与 Internet 相连接的计算机必须遵守的一个共同协议是_____。
    A. IPX B. http C. TCP/IP D. IEEE 802.11

24. 电话拨号连接是计算机个人用户常用的接入因特网的方式。称为"非对称数字用户线"的接入技术的英文缩写是_____。
    A. TCP B. ADSL C. ISP D. ISDN

25. 对于众多个人用户来说，接入因特网最经济、最简单、采用最多的方式是_____。
    A. 局域网连接 B. 专线连接
    C. 无线连接 D. 电话拨号

26. 因特网上的服务都是基于某一种协议的，Web 服务是基于_____。
    A. HTTP 协议 B. TELNET 协议

C. SNMP 协议　　　　　　　　　D. SMTP 协议

27. 下列关于使用 FTP 下载文件的说法中错误的是_____。
    A. FTP 即文件传输协议
    B. 可以使用专用的 FTP 客户端下载文件
    C. FTP 使用客户/服务器模式工作
    D. 使用 FTP 协议在因特网上传输文件,这两台计算必须使用同样的操作系统

28. 下列各项中,正确的电子邮箱地址是_____。
    A. TT202♯yahoo.com　　　　　B. L202@sina.com
    C. K201yahoo.com.cn　　　　　D. A112.256.23.8

29. 下列用户 XUEJY 的电子邮件地址中,正确的是_____。
    A. XUEJY @ bj163.com　　　　B. XUEJY♯bj163.com
    C. XUEJY@bj163.com　　　　　D. XUEJ Ybj163.com

30. 假设邮件服务器的地址是 email.bj163.com,则用户的正确的电子邮箱地址的格式为_____。
    A. 用户名 email.bj163.com　　　B. 用户名@email.bj163.com
    C. 用户名$email.bj163.com　　　D. 用户名♯email.bj163.com

31. 下列关于电子邮件的说法中错误的是_____。
    A. 收件人必须有自己的邮政编码
    B. 发件人必须有自己的 E-mail 帐户
    C. 可使用 Outlook Express 管理联系人信息
    D. 必须知道收件人的 E-mail 地址

32. 以下关于电子邮件的说法,不正确的是_____。
    A. 加入因特网的每个用户通过申请都可以得到一个"电子信箱"
    B. 今个人可以申请多个电子信箱
    C. 电子邮件的英文简称是 E-mail
    D. 在一台计算机上申请的"电子信箱",以后只有通过这台计算机上网才能收信

33. 能保存网页地址的文件夹是_____。
    A. 公文包　　　B. 收藏夹　　　C. 收件箱　　　D. 我的文档

34. IE 浏览器收藏夹的作用是_____。
    A. 记忆感兴趣的页面内容　　　　B. 收集感兴趣的文件名
    C. 收集感兴趣的页面地址　　　　D. 收集感兴趣的文件内容

35. 以下关于流媒体技术的说法中,错误的是_____。
    A. 流媒体可用于在线直播等方面　　B. 媒体文件全部下载完成才可以播放
    C. 实现流媒体需要合适的缓存　　　D. 流媒体格式包括 asf、rm、ra 等

提高篇

第4章 数据结构与算法

4.1 算法

算法,是解题方案的准确而完整的描述。通俗地说,算法就是计算机解题的过程。算法不等于程序,也不等于计算方法,程序的编制不可能优于算法的设计。

算法的基本特征是一组严谨地定义运算顺序的规则,每一个规则都是有效的,是明确的,此顺序将在有限的次数下终止。

特征包括:

(1) 确定性,算法中每一步骤都必须有明确定义,不允许有模棱两可的解释,不允许有多义性。

(2) 有穷性,算法必须能在有限的时间内做完,即能在执行有限个步骤后终止。

(3) 可行性,算法原则上能够精确地执行。

(4) 输入和输出(至少有一个输出)。

算法的基本要素:

(1) 对数据对象的运算和操作:算术运算、逻辑运算、关系运算、数据传输。

(2) 算法的控制结构:算法中各操作之间的执行顺序。一个算法一般可以用顺序、选择、循环三种基本结构组合而成。

算法基本设计方法:列举法、归纳法、递推、递归、减半递推技术、回溯法。

算法效率的度量——算法时间复杂度和算法空间复杂度(两者无直接关系)。

算法时间复杂度:指执行算法所需要的计算工作量。即算法执行过程中所需要的基本运算次数(独立于机器)。

算法空间复杂度:指执行这个算法所需要的内存空间。

4.2 数据结构的基本概念

数据结构研究的3个方面:

(1) 数据集合中各数据元素之间所固有的逻辑关系,即数据的逻辑结构。

(2) 在对数据进行处理时,各数据元素在计算机中的存储关系,即数据的存储结构。

(3) 对各种数据结构进行的运算。

数据结构:指相互有关联的数据元素的集合。数据元素是数据的基本单位,即数据集合中的个体。有时一个数据元素可由若干数据项(Data Item)组成。数据项是数据的最小单位。

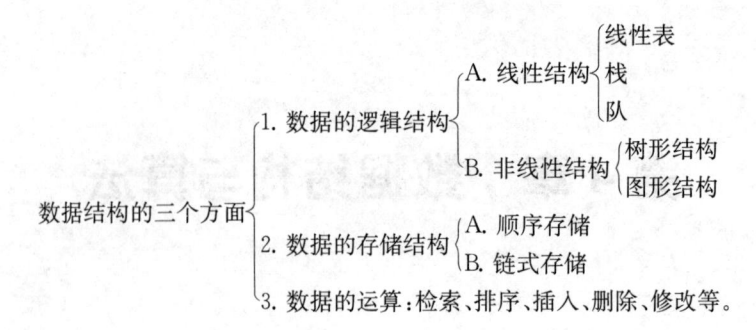

$$
\text{数据结构的三个方面}\begin{cases}
1.\text{数据的逻辑结构}\begin{cases}
A.\text{线性结构}\begin{cases}\text{线性表}\\\text{栈}\\\text{队}\end{cases}\\
B.\text{非线性结构}\begin{cases}\text{树形结构}\\\text{图形结构}\end{cases}
\end{cases}\\
2.\text{数据的存储结构}\begin{cases}A.\text{顺序存储}\\B.\text{链式存储}\end{cases}\\
3.\text{数据的运算:检索、排序、插入、删除、修改等。}
\end{cases}
$$

数据的逻辑结构包含：
(1) 表示数据元素的信息。
(2) 表示各数据元素之间的前后件关系。数据的存储结构有顺序、链接、索引等。
线性结构的条件(一个非空数据结构)：
(1) 有且只有一个根结点。
(2) 每一个结点最多有一个前件，也最多有一个后件。
非线性结构：不满足线性结构条件的数据结构。

4.3 线性表及其顺序存储结构

线性表是由一组数据元素构成，数据元素的位置只取决于自己的序号，元素之间的相对位置是线性的。

在复杂线性表中，由若干项数据元素组成的数据元素称为记录，而由多个记录构成的线性表又称为文件。

非空线性表的结构特征：
(1) 且只有一个根结点 a_1，它无前件。
(2) 有且只有一个终端结点 a_n，它无后件。
(3) 除根结点与终端结点外，其他所有结点有且只有一个前件，也有且只有一个后件。结点个数 n 称为线性表的长度，当 n=0 时，称为空表。

线性表的顺序存储结构具有以下两个基本特点：
(1) 线性表中所有元素所占的存储空间是连续的。
(2) 线性表中各数据元素在存储空间中是按逻辑顺序依次存放的。

顺序表的运算：查找、插入、删除。顺序存储结构表示的线性表，在做插入或删除操作时，平均需要移动大约一半的数据元素(长度为 n 的顺序存储线性表中，当在任何位置上插入一个元素概率都相等时，插入一个元素所需移动元素的平均个数为 n/2)。

4.4 线性链表

数据结构中的每一个结点对应于一个存储单元；这种存储单元称为存储结点，简称结点。结点由两部分组成：

(1) 用于存储数据元素值,称为数据域。
(2) 用于存放指针,称为指针域,用于指向前一个或后一个结点。

在链式存储结构中,存储数据结构的存储空间可以不连续,各数据结点的存储顺序与数据元素之间的逻辑关系可以不一致,而数据元素之间的逻辑关系是由指针域来确定的。

链式存储方式既可用于表示线性结构,也可用于表示非线性结构。

线性链表中 HEAD 称为头指针,HEAD=NULL(或 0)称为空表。如果是两指针:左指针(Llink)指向前件结点,右指针(Rlink)指向后件结点。

线性链表的基本运算:查找、插入、删除。

顺序存储结构:将逻辑上相邻的数据元素存储在物理上相邻的存储单元里,具有以下特点:
(1) 随机存取。
(2) 插入或删除操作时,需移动大量元数。
(3) 长度变化较大时,需按最大空间分配。
(4) 表的容量难以扩充。

线性链表的特点:
(1) 比顺序存储结构多占用空间;其存储密度小,每个节点都由数据域和指针域组成。
(2) 逻辑上相邻的节点物理上不必相邻。
(3) 插入、删除灵活(不必移动节点,只要改变节点中的指针)。
(4) 非随机存取。

因链式存储结构中为了表示出每个元素与其直接后继元素之间的关系,除了存储元素本身的信息外,还需存储一个指示其直接后继的存储位置信息,所以线性表的链式存储结构所需的存储空间一般要多于顺序存储结构。

4.5 栈和队列

栈:限定在一端进行插入与删除的线性表。允许插入与删除的一端称为栈顶,用指针 top 表示栈顶位置。不允许插入与删除的另一端称为栈底,用指针 bottom 表示栈底。

栈按照"先进后出(FILO)"或"后进先出(LIFO)"组织数据,栈具有记忆作用。栈的存储方式有顺序存储和链式存储。

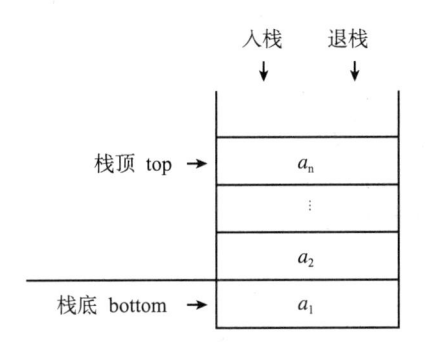

栈的基本运算：
(1) 入栈运算，在栈顶位置插入元素。
(2) 退栈运算，删除元素(取出栈顶元素并赋给个指定的变量)。
(3) 读栈顶元素，将栈顶元素赋给一个指定的变量，此时指针无变化。
队列：指允许在一端(队尾)进入插入，而在另一端(队头)进行删除的线性表。

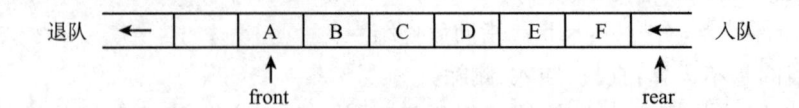

```
退队 ←   |   | A | B | C | D | E | F |   | ← 入队
             ↑                       ↑
           front                   rear
```

用 rear 指针指向队尾，用 front 指针指向队头元素的前一个位置。
队列是"先进先出(FIFO)"或"后进后出(LILO)"的线性表。
队列运算：
(1) 入队运算：从队尾插入一个元素；
(2) 退队运算：从队头删除一个元素。
循环队列 s=0 表示队列空，s=1 且 front=rear 表示队列满。计算循环队列的元素个数："尾指针减头指针"，若为负数，再加其容量即可。即：|rear-front + M|％M
当尾指针－头指针＞0 时，尾指针－头指针
当尾指针－头指针＜0 时，尾指针－头指针＋容量
计算栈的元素个数：
栈底－栈顶＋1

4.6　树与二叉树

1. 树的基本概念

树是一种简单的非线性结构，其所有元素之间具有明显的层次特性。

在树结构中，每一个结点只有一个前件，称为父结点。没有前件的结点只有一个，称为树的根结点，简称树的根。每一个结点可以有多个后件，称为该结点的子结点。没有后件的结点称为叶子结点。

在树结构中，一个结点所拥有的后件的个数称为该结点的度。所有结点中最大的度称为树的度。结点的层次：从根结点开始算起，根为第一层。树的最大层次称为树的深度。

2. 二叉树及其基本性质

满足下列两个特点的树，即为二叉树。
(1) 非空二叉树只有一个根结点。
(2) 每一个结点最多有两棵子树(即二叉树中不存在度大于 2 的结点)，且子树有左右之分，次序不能颠倒，分别称为该结点的左子树与右子树。

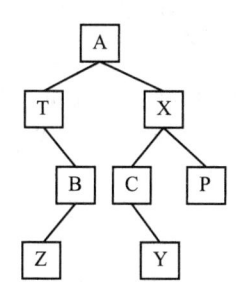

二叉树基本性质：

[性质1] 在二叉树的第 k 层上，最多有 $2^{k-1}(k \geqslant 1)$ 个结点。

[性质2] 深度为 m 的二叉树最多有个 2^m-1 个结点。

[性质3] 在任意一棵二叉树中，度数为 0 的结点（即叶子结点）总比度为 2 的结点多一个（如果其终端结点数为 n^0，度为 2 的结点数为 n^2，则 $n^0=n^2+1$）。

[性质4] 具有 n 个结点的二叉树，其深度至少为 $(\log_2 n)+1$，其中 $(\log_2 n)$ 表示取 $\log_2 n$ 的整数部分。完全二叉树时，深度为 $(\log_2 n)+1$。

某二叉树中有 n 个度为 2 的结点，则该二叉树中的叶子结点数为 n+1（叶子结点度为 0）（性质 3）。若已知度为 1 的结点数为 m，则此二叉树的总结点数为 2n+1+m。

3. 满二叉树与完全二叉树

满二叉树：除最后一层外，每一层上的所有结点都有两个子结点。深度为 k 的满二叉树中，叶子节点数目为 2^{k-1}。

完全二叉树：除最后一层外，每一层上的结点数均达到最大值；在最后一层上只缺少右边的若干结点（若一棵二叉树至多只有最下面的两层上的结点的度数可以小于 2，并且最下层上的结点都集中在该层最左边的若干位置上，则此二叉树成为完全二叉树）。

二叉树存储结构采用链式存储结构，对于满二叉树与完全二叉树可以按层序进行顺序存储。

下图(a)表示的是满二叉树，下图(b)表示的是完全二叉树。

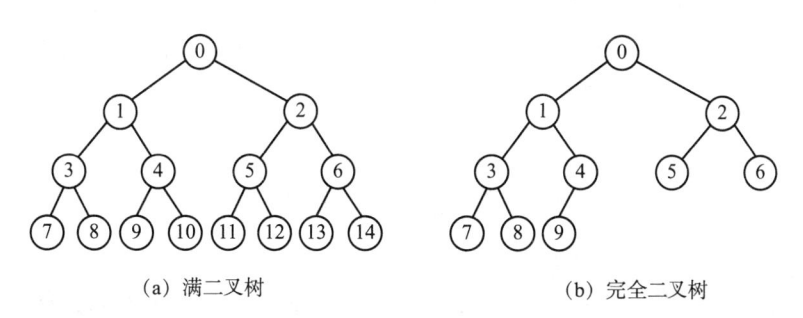

(a) 满二叉树　　　　　　　(b) 完全二叉树

4. 二叉树的遍历

二叉树的遍历是指不重复地访问二叉树中的所有结点。二叉树的遍历可以分为以下 3 种：

(1) 前序遍历(DIR)：若二叉树为空，则结束返回。否则，首先访问根结点，然后遍历左子树，最后遍历右子树；并且，在遍历左右子树时，仍然先访问根结点，然后遍历左子树，最后遍历右子树。

(2) 中序遍历(LDR)：若二叉树为空，则结束返回。否则，首先遍历左子树，然后访问根结点,最后遍历右子树;并且,在遍历左、右子树时,仍然先遍历左子树,然后访问根结点,最后遍历右子树。

(3) 后序遍历(LRD):若二叉树为空,则结束返回。否则,首先遍历左子树,然后遍历右子树,最后访问根结点,并且,在遍历左、右子树时,仍然先遍历左子树,然后遍历右子树,最后访问根结点。

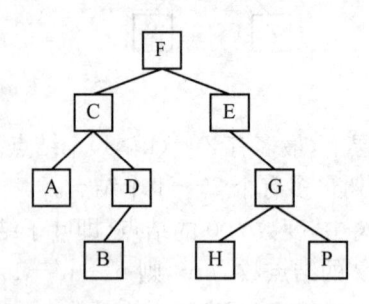

针对图例二叉树,三种二叉树的遍历:
该二叉树前序遍历为:FCADBEGHP
该二叉树中序遍历为:ACBDFEHGP
该二叉树后序遍历为:ABDCHPGEF

4.7 查找技术

查找:根据给定的某个值,在查找表中确定一个其关键字等于给定值的数据元素。不同的数据结构采用不同的查找方法。查找的效率直接影响数据处理的效率。

查找结果:查找成功——找到;查找不成功则没找到。

平均查找长度:查找过程中关键字和给定值比较的平均次数。

查找方式:顺序查找、二分法查找。对于长度为 n 的有序线性表,最坏情况二分查找法只需比较 $\log_2 n$ 次,而顺序查找最坏情况需要比较 n 次。二分法查找只适用于顺序存储的有序表。

4.8 排序技术

排序是指将一个数据元素(或记录)的任意序列,重新排成一个按关键字有序的序列。

排序过程的组成步骤:

(1) 首先比较两个关键字的大小。

(2) 然后将记录从一个位置移动到另一个位置。

- 交换类排序法(冒泡排序(适用于数据较少),快速排序)
- 插入类排序法(简单插入排序(适用于数据较少算法),希尔排序)
- 选择类排序法(简单选择排序,堆排序)

冒泡排序法、快速排序法、简单插入排序法($O(n^2)$)、简单选择排序法最坏需要比较的次数为 n(n−1)/2。希尔排序最坏需要比较的次数为 O($n^{1.5}$)，堆排序最坏需要比较的次数为 O($nlog_2n$)。

查找：

方法	比较次数	使用条件
顺序	最好:1　最坏:n	任何表
折半	log_2n	顺序存储结构的有序表

排序：

类别	排序方法	最坏情况下比较次数或时间复杂度	基本思想	使用建议
插入	简单插入	n(n−1)/2	待排序的元素看成为一个有序表和一个无序表，将无序表中元素插入到有序表中	正序的表，n 小的表
	希尔排序	O($n^{1.5}$)	分隔成若干个子序列分别进行直接插入排序	
选择	简单选择	n(n−1)/2	扫描整个线性表，从中选出最小的元素，将它交换到表的最前面	与表的初始数据无关，n 小的表
	堆排序	O($nlog_2n$)	选建堆，然后将堆顶元素与堆中最后一个元素交换，再调整为堆	n 大的表
交换	起泡排序	n(n−1)/2	相邻元素比较，不满足条件时交换	正序的表，n 小的表
	快速排序	n(n−1)/2	选择基准元素，通过交换，划分成两个子序列	n 大的表，但逆序的表会蜕变为起泡排序
	归并排序			借助辅助空间最多的方法

第 4 章章节测试

一、选择题

1. 下列叙述中正确的是_____。
   A. 算法就是程序
   B. 设计算法时只需要考虑数据结构的设计
   C. 设计算法时只需要考虑结果的可靠性
   D. 以上 3 种说法都不对
2. 在计算机中，算法是指_____。
   A. 查询方法
   B. 加工方法
   C. 解题方案的准确而完整的描述
   D. 排序方法

3. 算法的有穷性是指_____。
   A. 算法程序的运行时间是有限的   B. 算法程序所处理的数据量是有限的
   C. 算法程序的长度是有限的   D. 算法只能被有限的用户使用
4. 在下列选项中，_____不是一个算法一般应该具有的基本特征。
   A. 确定性   B. 可行性   C. 无穷性   D. 拥有足够的情报
5. 算法的时间复杂度是指_____。
   A. 算法的执行时间   B. 算法所处理的数据量
   C. 算法程序中的语句或指令条数   D. 算法在执行过程中所需要的基本运算次数
6. 算法的空间复杂度是指_____。
   A. 算法程序的长度   B. 算法程序中的指令条数
   C. 算法程序所占的存储空间   D. 算法执行过程中所需要的存储空间
7. 下列叙述中正确的是_____。
   A. 一个算法的空间复杂度大，则其时间复杂度也必定大
   B. 一个算法的空间复杂度大，则其时间复杂度必定小
   C. 一个算法的时间复杂度大，则其空间复杂度必定小
   D. 上述 3 种说法都不对
8. 下列叙述中正确的是_____。
   A. 算法的效率只与问题的规模有关，而与数据的存储结构无关
   B. 算法的时间复杂度是指执行算法所需要的计算工作量
   C. 数据的逻辑结构与存储结构是一一对应的
   D. 算法的时间复杂度与空间复杂度一定相关
9. 下面叙述正确的是_____。
   A. 算法的执行效率与数据的存储结构无关
   B. 算法的空间复杂度是指算法程序中指令（或语句）的条数
   C. 算法的有穷性是指算法必须能在执行有限个步骤之后终止
   D. 以上 3 种描述都不对
10. 算法分析的目的是_____。
    A. 找出数据结构的合理性   B. 找出算法中输入和输出之间的关系
    C. 分析算法的易懂性和可靠性   D. 分析算法的效率以求改进
11. 数据处理的最小单位是_____。
    A. 数据   B. 数据元素   C 数据项   D. 数据结构
12. 下列叙述中正确的是_____。
    A. 线性表是线性结构   B. 栈与队列是非线性结构
    C. 线性链表是非线性结构   D. 二叉树是线性结构
13. 下列数据结构中,属于非线性结构的是_____。
    A. 循环队列   B. 带链队列
    C. 二叉树   D. 带链栈
14. 以下数据结构中不属于线性数据结构的是_____。
    A. 队列   B. 线性表   C. 二叉树   D. 栈
15. 下列叙述中正确的是_____。

A. 有一个以上根结点的数据结构不一定是非线性结构

B. 只有一个根结点的数据结构不一定是线性结构

C. 循环链表是非线性结构

D. 双向链表是非线性结构

16. 下列叙述中正确的是_____。

    A. 数据的逻辑结构与存储结构必定是一一对应的

    B. 由于计算机存储空间是向量式的存储结构,因此,数据的存储结构一定是线性结构

    C. 程序设计语言中的数组一般是顺序存储结构,因此,利用数组只能处理线性结构

    D. 以上3种说法都不对

17. 下列叙述中正确的是_____。

    A. 一个逻辑数据结构只能有一种存储结构

    B. 数据的逻辑结构属于线性结构,存储结构属于非线性结构

    C. 一个逻辑数据结构可以有多种存储结构,且各种存储结构不影响数据处理的效率

    D. 一个逻辑数据结构可以有多种存储结构,且各种存储结构影响数据处理的效率

18. 数据结构中,与所使用的计算机无关的是数据的_____。

    A. 存储结构　　　　B. 物理结构　　　　C. 逻辑结构　　　　D. 物理和存储结构

19. 数据的存储结构是指_____。

    A. 存储在外存中的数据　　　　　　B. 数据所占的存储空间量

    C. 数据在计算机中的顺序存储方式　　D. 数据的逻辑结构在计算机中的表示

20. 下列对于线性链表的描述中正确的是_____。

    A. 存储空间不一定是连续,且各元素的存储顺序是任意的

    B. 存储空间不一定是连续,且前件元素一定存储在后件元素的前面

    C. 存储空间必须连续,且前件元素一定存储在后件元素的前面

    D. 存储空间必须连续,且各元素的存储顺序是任意的

21. 下列关于队列的叙述中正确的是_____。

    A. 在队列中只能插入数据　　　　B. 在队列中只能删除数据

    C. 队列是先进先出的线性表　　　D. 队列是先进后出的线性表

22. 设循环队列的存储空间为 Q(1：35),初始状态为 front＝rear＝35。现经过一系列入队与退队运算后,front＝15,rear＝15,则循环队列中的元素个数为_____。

    A. 0 或 35　　　　B. 20　　　　C. 16　　　　D. 15

23. 下列叙述中正确的是_____。

    A. 循环队列是队列的一种链式存储结构　　B. 循环队列是一种逻辑结构

    C. 循环队列是非线性结构　　　　　　　　D. 循环队列是队列的一种顺序存储结构

24. 下列叙述中正确的是_____。

    A. 循环队列有队头和队尾两个指针,因此,循环队列是非线性结构

    B. 在循环队列中,只需要队头指针就能反映队列中元素的动态变化情况

    C. 在循环队列中,只需要队尾指针就能反映队列中元素的动态变化情况

    D. 循环队列中元素的个数是由队头指针和队尾指针共同决定

25. 对于循环队列,下列叙述中正确的是_____。

    A. 队头指针是固定不变的

B. 队头指针一定大于队尾指针

C. 队头指针一定小于队尾指针

D. 队头指针可以大于队尾指针,也可以小于队尾指针

26. 下列数据结构中,能够按照"先进后出"原则存取数据的是_____。
    A. 循环队列　　　　B. 栈　　　　　　C. 队列　　　　　　D. 二叉树

27. 下列关于栈的叙述中,正确的是_____。
    A. 栈操作遵循先进后出的原则　　　　B. 栈顶元素一定是最先入栈的元素
    C. 栈底元素一定是最后入栈的元素　　D. 以上3种说法都不对

28. 下列关于栈的描述中错误的是_____。
    A. 栈是先进后出的线性表
    B. 栈只能顺序存储
    C. 栈具有记忆作用
    D. 对栈的插入与删除操作中,不需要改变栈底指针

29. 下列关于栈的描述正确的是_____。
    A. 在栈中只能插入元素而不能删除元素
    B. 在栈中只能删除元素而不能插入元素
    C. 栈是特殊的线性表,只能在一端插入或删除元素
    D. 栈是特殊的线性表,只能在一端插入元素,而在另一端删除元素

30. 下列关于栈叙述正确的是_____。
    A. 栈顶元素最先能被删除　　　　B. 栈顶元素最后才能被删除
    C. 栈底元素永远不能被删除　　　D. 以上3种说法都不对

31. 下列叙述中正确的是_____。
    A. 栈是一种先进先出的线性表　　　B. 队列是一种后进先出的线性表
    C. 栈与队列都是非线性结构　　　　D. 以上3种说法都不对

32. 下列叙述中正确的是_____。
    A. 在栈中,栈中元素随栈底指针与栈顶指针的变化而动态变化
    B. 在栈中,栈顶指针不变,栈中元素随栈底指针的变化而动态变化
    C. 在栈中,栈底指针不变,栈中元素随栈顶指针的变化而动态变化
    D. 上述3种说法都不对

33. 支持子程序调用的数据结构是_____。
    A. 栈　　　　　　B. 树　　　　　　C. 队列　　　　　　D. 二叉树

34. 一个栈的初始状态为空。现将元素1、2、3、4、5、A、B、C、D、E依次入栈,然后再依次出栈,则元素出栈的顺序是_____。
    A. 12345ABCDE　　B. EDCBA54321　　C. ABCDE12345　　D. 54321EDCBA

35. 按照"后进先出"原则组织数据的数据结构是_____。
    A. 队列　　　　　B. 栈　　　　　　C. 双向链表　　　　D. 二叉树

36. 下列关于线性链表的叙述中,正确的是_____。
    A. 各数据结点的存储空间可以不连续,但它们的存储顺序与逻辑顺序必须一致
    B. 各数据结点的存储顺序与逻辑顺序可以不一致,但它们的存储空间必须连续
    C. 进行插入与删除时,不需要移动表中的元素

D. 以上3种说法都不对
37. 下列链表中,其逻辑结构属于非线性结构的是_____。
   A. 循环链表　　　　B. 二叉链表　　　　C. 双向链表　　　　D. 带链的栈
38. 在单链表中,增加头结点的目的是_____。
   A. 方便运算的实现　　　　　　　　B. 使单链表至少有一个结点
   C. 标志表结点中首结点的位置　　　D. 说明单链表是线性表的链式存储实现
39. 下列叙述中正确的是_____。
   A. 线性表的链式存储结构与顺序存储结构所需要的存储空间是相同的
   B. 线性表的链式存储结构所需要的存储空间一般要多于顺序存储结构
   C. 线性表的链式存储结构所需要的存储空间一般要少于顺序存储结构
   D. 上述3种说法都不对
40. 下列叙述中正确的是_____。
   A. 栈是"先进先出"的线性表
   B. 队列是"先进后出"的线性表
   C. 循环队列是非线性结构
   D. 有序线性表既可以采用顺序存储结构,也可以采用链式存储结构
41. 栈和队列的共同点是_____。
   A. 都是先进后出　　　　　　　　B. 都是先进先出
   C. 只允许在端点处插入和删除元素　D. 没有共同点
42. 线性表的顺序存储结构和线性表的链式存储结构分别是_____。
   A. 顺序存取的存储结构、顺序存取的存储结构
   B. 随机存取的存储结构、顺序存取的存储结构
   C. 随机存取的存储结构、随机存取的存储结构
   D. 任意存取的存储结构、任意存取的存储结构
43. 下列叙述中正确的是_____。
   A. 顺序存储结构的存储一定是连续的,链式存储结构的存储空间不一定是连续的
   B. 顺序存储结构只针对线性结构,链式存储结构只针对非线性结构
   C. 顺序存储结构能存储有序表,链式存储结构不能存储有序表
   D. 链式存储结构比顺序存储结构节省存储空间
44. 用链表表示线性表的优点是_____。
   A. 便于插入和删除操作　　　　　B. 数据元素的物理顺序与逻辑顺序相同
   C. 花费的存储空间较顺序存储少　D. 便于随机存取
45. 下列叙述中正确的是_____。
   A. 线性链表是线性表的链式存储结构　B. 栈与队列是非线性结构
   C. 双向链表是非线性结构　　　　　　D. 只有根结点的二叉树是线性结构
46. 一棵二叉树共有25个结点,其中5个是叶子结点,则度为1的结点数为_____。
   A. 43　　　　　B. 10　　　　　C. 6　　　　　D. 16
47. 下列关于二叉树的叙述中,正确的是_____。
   A. 叶子结点总是比度为2的结点少一个
   B. 叶子结点总是比度为2的结点多一个

C. 叶子结点数是度为2的结点数的两倍

D. 度为2的结点数是度为1的结点数的两倍

48. 某二叉树共有7个结点,其中叶子结点只有1个,则该二叉树的深度为(假设根结点在第1层)_____。
    A. 3   B. 4   C. 6   D. 7

49. 某二叉树有5个度为2的结点,则该二叉树中的叶子结点数是_____。
    A. 10   B. 8   C. 6   D. 4

50. 某二叉树中有n个度为2的结点,则该三叉树中的叶子结点为_____。
    A. n+1   B. n−1   C. 2n   D. n/2

51. 一棵二叉树中共有70个叶子结点与80个度为1的结点,则该二叉树中的总结点数为_____。
    A. 219   B. 221   C. 229   D. 231

52. 在深度为7的满二叉树中,叶子结点的个数为_____。
    A. 32   B. 31   C. 64   D. 63

53. 在一棵二叉树上第5层的结点数最多是_____。
    A. 8   B. 16   C. 32   D. 15

54. 在深度为5的满二叉树中,叶子结点的个数为_____。
    A. 32   B. 31   C. 16   D. 15

55. 设一棵完全二叉树共有699个结点,则在该二叉树中的叶子结点数为_____。
    A. 349   B. 350   C. 255   D. 351

56. 对下列二叉树进行前序遍历的结果为_____。
    A. DYBEAFCZX   B YDEBFZXCA
    C. ABDYECFXZ   D. ABCDEFXYZ

第 56 题图   第 57 题图   第 58 题图

57. 对下列二叉树进行中序遍历的结果是_____。
    A. ACBDFEG   B. ACBDFGE   C. ABDCGEF   D. FCADBEG

58. 对如下二叉树进行后序遍历的结果为_____。
    A. ABCDEF   B. DBEAFC   C. ABDECF   D. DEBFCA

59. 已知二叉树后序遍历序列是dabec,中序遍历序列是debac,它的前序遍历序列是_____。
    A. cedba   B. acbed   C. decab   D. deabc

60. 下列叙述中正确的是_____。
    A. 对长度为n的有序链表进行查找,最坏情况下需要的比较次数为n

B. 对长度为 n 的有序链表进行对分查找,最坏情况下需要的比较次数为(n/2)

C. 对长度为 n 的有序链表进行对分查找,最坏情况下需要的比较次数为($\log_2 n$)

D. 对长度为 n 的有序链表进行对分查找,最坏情况下需要的比较次数为($n\log_2 n$)

61. 在长度为 n 的有序线性表中进行二分查找,最坏情况下需要比较的次数是_____。
    A. $O(n)$ B. $O(n^2)$ C. $O(\log_2 n)$ D. $O(n\log_2 n)$

62. 在长度为 64 的有序线性表中进行顺序查找,最坏情况下需要比较的次数为_____。
    A. 63   B. 64   C. 6   D. 7

63. 下列数据结构中,能用二分法进行查找的是_____。
    A. 顺序存储的有序线性表   B. 线性链表
    C. 二叉链表   D. 有序线性链表

64. 对于长度为 n 的线性表进行顺序查找,在最坏情况下所需要的比较次数为_____。
    A. $\log_2 n$ B. n/2   C. n   D. n+1

65. 下列排序方法中,最坏情况下比较次数最少的是_____。
    A. 冒泡排序   B. 简单选择排序   C. 直接插入排序   D. 堆排序

66. 对长度为 n 的线性表排序,在最坏情况下,比较次数不是 n(n—1)/2 的排序方法是_____。
    A. 快速排序   B. 冒泡排序   C. 直接插入排序   D. 堆排序

67. 冒泡排序在最坏情况下的比较次数是_____。
    A. n(n+1)/2   B. $n\log_2 n$ C. n(n—1)/2   D. n

68. 对于长度为 n 的线性表,在最坏的情况下,下列各排序法所对应的比较次数中正确的是_____。
    A. 冒泡排序为 n/2   B. 冒泡排序为 n
    C. 快速排序为 n   D. 快速排序为 n(n—1)/2

69. 希尔排序法属于哪一种类型的排序法_____。
    A. 交换类排序法   B. 插入类排序法
    C. 选择类排序法   D. 建堆排序法

70. 在下列几种排序方法中,要求内存量最大的是_____。
    A. 插入排序   B. 选择排序   C. 快速排序   D. 归并排序

71. 已知数据表 A 中每个元素距其最终位置不远,为节省时间,应采用的算法是_____。
    A. 堆排序   B. 直接插入排序   C. 快速排序   D. 直接选择排序

二、填空题

1. 算法的基本特征是可行性、确定性、_____和拥有足够的情报。
2. 算法复杂度主要包括时间复杂度和_____复杂度。
3. 实现算法所需的存储单元多少和算法的工作量大小分别称为算法的_____。
4. 数据结构包括数据的_____结构和数据的存储结构。
5. 数据结构包括数据的逻辑结构、数据的_____以及对数据的操作运算。
6. 数据的逻辑结构在计算机存储空间中的存放形式称为数据的_____。
7. 数据结构分为线性结构与非线性结构,带链的栈属于_____。
8. 顺序存储方法是把逻辑上相邻的结点存储在物理位置_____的存储单元中。
9. 在长度为 n 的顺序存储的线性表中删除一个元素,最坏情况下需要移动表中的元素个数为

_____。

10. 在长度为 n 的顺序存储的线性表中插入一个元素，最坏情况下需要移动表中_____个元素。
11. 线性表的存储结构主要分为顺序存储结构和链式存储结构。队列是一种特殊的线性表，循环队列是队列的_____存储结构。
12. 数据结构分为线性结构和非线性结构，带链的队列属于_____。
13. 一个队列的初始状态为空。现将元素 A,B,C,D,E,F,5,4,3,2,1 依次入队,然后再依次退队,则元素退队的顺序为_____。
14. 设某循环队列的容量为 50,如果头指针 front＝45(指向队头元素的前一位置),尾指针 rear＝10(指向队尾元素),则该循环队列中共有_____个元素。
15. 设某循环队列的容量为 50，头指针 front＝5(指向队头元素的前一位置),尾指针 rear＝29(指向队尾元素),则该循环队列中共有_____个元素。
16. 设循环队列的存储空间为 Q(1∶30),初始状态为 front＝rear＝30。现经过一系列入队与退队运算后,front＝16,rear＝15,则循环队列中有_____个元素。
17. 按"先进后出"原则组织数据的数据结构是_____。
18. 栈的基本运算有 3 种：入栈、退栈和_____。
19. 设栈的存储空间为 s(1∶40),初始状态为 bottom＝0,top＝0。现经过一系列入栈与出栈运算后,top＝20,则当前栈中有_____个元素。
20. 假设用一个长度为 50 的数组(数组元素的下标从 0 到 49)作为栈的存储空间,栈底指针 bottom 指向栈底元素,栈顶指针 top 指向栈顶元素,如果 bottom＝49,top＝30(数组下标),则栈中具有_____个元素。
21. 一个栈的初始状态为空。首先将元素 5,4,3,2,1 依次入栈,然后退栈一次,再将元素 A,B,C,D 依次入栈,之后将所有元素全部退栈,则所有元素退栈(包括中间退栈的元素)的顺序为_____。
22. 一棵二叉树共有 47 个结点,其中有 23 个度为 2 的结点。假设根结点在第 1 层,则该二叉树的深度为_____。
23. 一棵二叉树有 10 个度为 1 的结点,7 个度为 2 的结点,则该二叉树共有_____个结点。
24. 某二叉树有 5 个度为 2 的结点以及 3 个度为 1 的结点,则该二叉树中共有_____个结点。
25. 某二叉树中度为 2 的结点有 18 个,则该二叉树中有_____个叶子结点。
26. 深度为 5 的满二叉树有_____个叶子结点。
27. 在深度为 7 的满二叉树中,度为 2 的结点个数为_____。
28. 设一棵完全二叉树共有 500 个结点,则在该二叉树中有_____个叶子结点。
29. 在先左后右的原则下，根据访问根结点的次序,二叉树的遍历可以分为 3 种：前序遍历、_____遍历和后序遍历。
30. 一棵二叉树的中序遍历结果为 DBEAFC,前序遍历结果为 ABDECF,则后序遍历结果为_____。
31. 设二叉树如下：
    对该二叉树进行后序遍历的结果为_____。

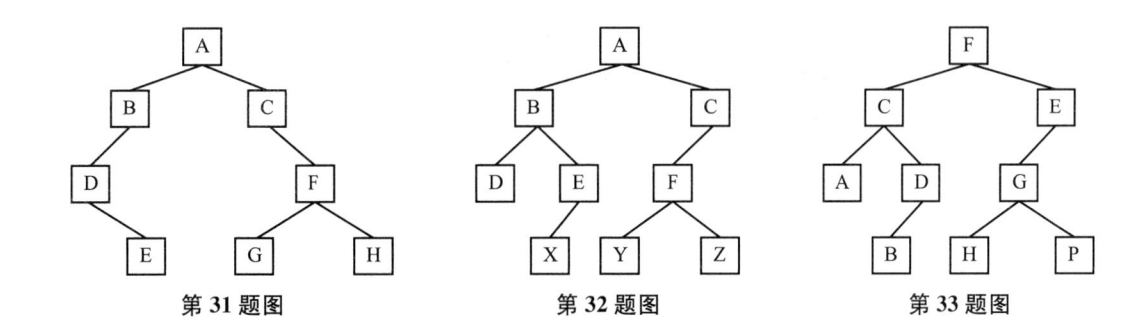

第 31 题图　　　　第 32 题图　　　　第 33 题图

32. 对下列二叉树进行中序遍历的结果_____。
33. 对下列二叉树进行中序遍历的结果为_____。
34. 在长度为 n 的线性表中,寻找最大项至少需要比较_____次。
35. 有序线性表能进行二分查找的前提是该线性表必须是_____存储的。
36. 对长度为 10 的线性表进行冒泡排序,最坏情况下需要比较的次数为_____。
37. 在最坏情况下,冒泡排序的时间复杂度为_____。
38. 在最坏情况下,堆排序需要比较的次数为_____。

第 5 章　程序设计基础

5.1　程序设计方法和风格

程序设计方法:结构化设计方法、面向对象程序设计方法。
"清晰第一,效率第二"已成为当今主导的程序设计风格。
形成良好的程序设计风格需注意:
(1) 源程序文档化。
(2) 数据说明的方法。
(3) 语句的结构。
(4) 输入和输出。
注释分序言性注释和功能性注释。语句结构清晰第一、效率第二。

5.2　结构化程序设计

对大型的程序设计,使用一些基本的结构来设计程序,无论多复杂的程序,都可以使用这些基本结构按一定的顺序组合起来。这些基本结构的特点都是只有一个入口、一个出口。由这些基本结构组成的程序就避免了任意转移、阅读起来需要来回寻找的问题。
结构化程序设计方法的 4 条原则:
(1) 自顶向下(先总体后细节)。
(2) 逐步求精(设计子目标过渡)。
(3) 模块化(分解总目标)。
(4) 限制使用 goto 语句。
结构化程序的基本结构及特点:
(1) 顺序结构:一种简单的程序设计,最基本、最常用的结构。
(2) 选择结构:又称分支结构,包括简单选择和多分支选择结构,可根据条件,判断应该选择哪一条分支来执行相应的语句序列。
(3) 循环结构:又称重复结构,可根据给定条件,判断是否需要重复执行某一相同或类似的程序段。
结构化程序设计方法特点(优缺点):
(1) 要求把程序的结构规定为顺序、选择和循环 3 种基本结构,并提出了自顶向下、逐步求精、模块化程序设计等原则。
(2) 结构化程序设计是把模块分割方法作为对大型系统进行分析的手段,使其最终转化为 3 种基本结构,其目的是为了解决由许多人共同开发大型软件时,如何高效率地完成可靠系统的问题。

（3）缺点:程序和数据结构松散地耦合在一起（程序执行的效率与数据的存储结构密切相关）。解决此问题的方法就是采用面向对象的程序设计方法（OOP）。

5.3 面向对象的程序设计

对系统的复杂性进行概括、抽象和分类,使软件的设计与现实形成一个由抽象到具体、由简单到复杂这样一个循序渐进的过程,从而解决大型软件研制中存在的效率低,质量难以保证.调试复杂、维护困难等问题。

面向对象的程序设计,以 20 世纪 60 年代末挪威奥斯陆大学和挪威计算机中心研制的 SIMULA 语言为标志。

面向对象的程序设计方法的优点:
(1) 与人类习惯的思维方法一致。
(2) 稳定性好。
(3) 可重用性好。
(4) 易于开发大型软件产品。
(5) 可维护性好。

对象是面向对象方法中最基本的概念,可以用来表示客观世界中的任何实体,对象是实体的抽象。

面向对象的程序设计方法中,对象是由数据的容许的操作组成的封装体,是系统中用来描述客观事物的一个实体,是构成系统的一个基本单位,由一组表示其静态特征的属性和它可执行的一组操作组成。操作描述了对象执行的功能,是对象的动态属性,操作也称为方法或服务。面向对象方法中的对象是由描述该对象属性的数据以及可以对这些数据施加的所有操作封装在一起构成的统一体实体，它既包括数据（属性）,也包括作用于数据的操作（行为）。一个对象通常可由对象名、属性和操作 3 部分组成。

对象的基本特点:
(1) 标志唯一性（对象可区分性）。
(2) 分类性（对象抽象成类）。
(3) 多态性（同一操作可以是不同对象的行为）。
(4) 封装性（只能看到对象的外部特性）（信息隐蔽）。
(5) 模块独立性好（对象内部各元素结合紧密、内聚性强）。

类是指具有共同属性、共同方法的对象的集合。类是关于对象性质的描述。类是对象的抽象,对象是类的具体化,是对应类的一个实例。

● 封装:将数据和操作数据的函数衔接在一起,构成一个具有类类型的对象的描述。其作用是对象的内部实现受保护,外界不能访问,同时简化了程序员对对象的使用。

● 消息:是一个实例与另一个实例之间传递的信息。对象间的通信靠消息传递。它请求对象执行某一处理或回答某一要求的信息,它统一了数据流和控制流。

● 继承:是使用已有的类定义作为基础建立新类的定义技术,广义指能够直接获得已有的性质和特征,而不必重复定义他们。继承具有传递性,一个类实际上继承了它上层的全部基类的特性(属性和操作)。继承分单继承和多重继承。
● 多态性:是指同样的消息被不同的对象接受时可导致完全不同的行动的现象。

第 5 章章节测试

一、选择题
1. 对建立良好的程序设计风格,下面描述正确的是_____。
   A. 程序应简单、清晰、可读性好   B. 符号名的命名只要符合语法
   C. 充分考虑程序的执行效率   D. 程序的注释可有可无
2. 结构化程序设计主要强调的是_____。
   A. 程序的规模   B. 程序的易读性
   C. 程序的执行效率   D. 程序的可移植性
3. 信息隐蔽的概念与下述_____概念直接相关?
   A. 软件结构定义   B. 模块独立性
   C. 模块类型划分   D. 模块耦合度
4. 在面向对象方法中,一个对象请求另一对象为其服务的方式是通过发送_____。
   A. 调用语句   B. 命令   C. 口令   D. 消息
5. 下面对对象概念描述错误的是_____。
   A. 任何对象都必须有继承性   B. 对象是属性和方法的封装体
   C. 对象间的通讯靠消息传递   D. 操作是对象的动态属性
6. 下面描述中,符合结构化程序设计风格的是_____。
   A. 使用顺序、选择和重复(循环)3 种基本控制结构表示程序的控制逻辑
   B. 模块只有一个入口,可以有多个出口
   C. 注重提高程序的执行效率
   D. 不使用 goto 语句
7. 下面概念中,不属于面向对象方法的是_____。
   A. 对象   B. 继承   C. 类   D. 过程调用
8. 结构化程序设计主要强调的是_____。
   A. 程序的规模   B. 程序的易读性
   C. 程序的执行效率   D. 程序的可移植性
9. 面向对象的设计方法与传统的面向过程的方法有本质不同,它的基本原理是_____。
   A. 模拟现实世界中不同事物之间的联系
   B. 强调模拟现实世界中的算法而不强调概念
   C. 使用现实世界的概念抽象地思考问题从而自然地解决问题
   D. 鼓励开发者在软件开发的绝大部分中都用实际领域的概念去思考
10. 在设计程序时,应采纳的原则之一是_____。
    A. 程序结构应有助于读者理解   B. 不限制 goto 语句的使用
    C. 减少或取消注解行   D. 程序越短越好
11. 在设计程序时,应采纳的原则之一是_____。
    A. 程序结构应有助于读者理解   B. 不限制 goto 语句的使用

C. 减少或取消注解行　　　　　　　D. 程序越短越好
12. 下列叙述中,不属于良好程序设计风格要求的是_____。
　　A. 程序的效率第一,清晰第二　　　B. 程序的可读性好
　　C. 程序中要有必要的注释　　　　　D. 输入数据前要有提示信息
13. 下列选项中不符合良好程序设计风格的是_____。
　　A. 源程序要文档化　　　　　　　　B. 数据说明的次序要规范化
　　C. 避免滥用 goto 语句　　　　　　D. 模块设计要保证高耦合、高内聚
14. 下列选项中不属于结构化程序设计方法的是_____。
　　A. 自顶向下　　　B. 逐步求精　　　C. 模块化　　　D. 可复用
15. 在面向对象方法中,实现信息隐藏是依靠_____。
　　A. 对象的继承　　B. 对象的多态　　C. 对象的封装　D. 对象的分类
16. 下面选项中不属于面向对象程序设计特征的是_____。
　　A. 继承性　　　　B. 多态性　　　　C. 类比性　　　D. 封装性
17. 以下叙述中错误的是_____。
　　A. 用户所定义的标识符允许使用关键字
　　B. 用户所定义的标识符应尽量做到"见名知意"
　　C. 用户所定义的标识符必须以字母或下划线开头
　　D. 用户定义的标识符中,大、小写字母代表不同标志
18. 下列描述中正确的是_____。
　　A. 程序就是软件
　　B. 软件开发不受计算机系统的限制
　　C. 软件既是逻辑实体,又是物理实体
　　D. 软件是程序、数据与相关文档的集合

二、填空题
1. 在面向对象方法中,信息隐蔽是通过对象的_____性来实现的。
2. 类是一个支持集成的抽象数据类型,而对象是类的_____。
3. 在面向对象方法中,类之间共享属性和操作的机制称为_____。
4. 结构化程序设计的 3 种基本逻辑结构为顺序、选择和_____。
5. 源程序文档化要求程序应加注释。注释一般分为序言性和_____。
6. 结构化程序设计方法的主要原则可以概括为自顶向下、逐步求精、_____和限制使用 goto 语句。
7. 面向对象的程序设计方法中涉及的对象是系统中用来描述客观事物的一个_____。
8. 一个类可以从直接或间接的祖先中继承所有属性和方法。采用这个方法提高了软件的_____。
9. 面向对象的模型中,最基本的概念是对象和_____。
10. 面向对象的程序设计方法中涉及的对象是系统中用来描述客观事物的一个_____。
11. 在面向对象方法中,_____描述的是具有相似属性与操作的一组对象。
12. 在面向对象方法中,类的实例称为_____。

第6章 软件工程基础

6.1 软件工程基本概念

1. 软件的相关概念

计算机软件是包括程序、数据及相关文档的完整集合。

软件的特点包括：

（1）软件是一种逻辑实体，而不是物理实体，具有抽象性。

（2）软件的生产与硬件不同，它没有明显的制作过程。

（3）软件在运行和使用期间不存在磨损、老化问题。

（4）软件的开发、运行对计算机系统具有依赖性，受计算机系统的限制，这导致了软件移植的问题。

（5）软件复杂性高，成本昂贵。

（6）软件开发涉及诸多的社会因素。

2. 软件危机与软件工程

早期的软件主要指程序，采用个体工作方式，缺少相关文档，质量低，维护困难，这些问题称为"软件危机"，软件工程源自软件危机。所谓软件危机是泛指在计算机软件的开发和维护过程中所遇到的一系列严重问题。

软件工程的主要思想是将工程化原则运用到软件开发过程，它包括3个要素：方法、工具和过程。方法是完成软件工程项目的技术手段；工具用于支持软件的开发、管理、文档生成；过程支持软件开发的各个环节的控制、管理；将方法和工具综合起来，以达到合理、及时地进行计算机软件开发的目的。

软件工程过程是把输入转化为输出的一组彼此相关的资源和活动。

3. 软件生命周期

软件生命周期：软件产品从提出、实现、使用维护到停止使用退役的过程。

软件生命周期分为软件定义、软件开发及软件运行维护3个阶段：

（1）软件定义阶段：包括可行性研究与制订计划和需求分析。

制订计划：确定总目标，可行性研究，探讨解决方案，制订开发计划。

需求分析：对待开发软件提出的需求进行分析并给出详细的定义（确定软件系统必须做什么和必须具备哪些功能）。确定系统的逻辑模型。参加人员有用户、项目负责人和系统分析员（产生需求规格说明书）。

（2）软件开发阶段：

软件设计：分为概要设计和详细设计两个部分。

软件实现：把软件设计转换成计算机可以接受的程序代码（高级程序员和程序员产生源程序清单）。

软件测试:在设计测试用例的基础上检验软件的各个组成部分(产生软件测试计划和软件测试报告)。

(3) 软件运行维护阶段:软件投入运行,并在使用中不断地维护,进行必要的扩充和删改。

4. 软件工程的目标和与原则

(1) 软件工程目标:在给定成本、进度的前提下,开发出具有有效性、可靠性、可理解性、可维护性、可重用性、可适应性、可移植性、可追踪性和可互操作性且满足用户需求的产品。

(2) 软件工程需要达到的基本目标应是:付出较低的开发成本;达到要求的软件功能;取得较好的软件性能;开发的软件易于移植;需要较低的维护费用;能按时完成开发,及时交付使用。

(3) 软件工程的理论和技术性研究的内容主要包括:软件开发技术和软件工程管理。

(4) 软件工程原则:抽象、信息隐蔽、模块化、局部化、确定性、一致性、完备性和可验证性。

6.2 结构化分析方法

1. 需求分析

需求分析方法有:① 结构化需求分析方法(面向数据流的结构化方法(SA)、面向数据结构 Jackson 方法(JSD)、面向数据结构的结构化数据系统开发方法(DSSD));② 面向对象的分析方法(OOA)。

2. 结构化分析方法

结构化分析方法是结构化程序设计理论在软件需求分析阶段的应用。

结构化分析方法的实质:着眼于数据流,自顶向下,逐层分解,建立系统的处理流程,以数据流图和数据字典为主要工具,建立系统的逻辑模型。

结构化分析的常用工具:① 数据流图(DFD);② 数据字典(DD);③ 判定树;④ 判定表。

数据流图:描述数据处理过程的工具,是需求理解的逻辑模型的图形表示,它直接支持系统功能建模。数据流的类型有变换型和事务型。

数据字典:对所有与系统相关的数据元素的一个有组织的列表,以及精确的、严格的定义,使得用户和系统分析员对于输入、输出、存储成分和中间计算结果有共同的理解。数据字典是各类数据描述的集合,它通常包括 5 个部分,即数据项、数据结构、数据流、数据存储和处理过程。数据字典是结构化分析的核心。

在结构化分析使用的数据流图(DFD)中,利用数据字典对其中的图形元素进行确切解释。

数据流图的基本图形元素:

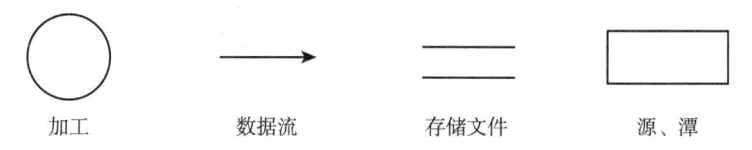

加工　　　数据流　　　存储文件　　　源、潭

加工(转换):输入数据经加工变换产生输出。

数据流:沿箭头方向传送数据的通道,一般在旁边标注数据流名。

存储文件(数据源):表示处理过程中存放各种数据的文件。

源、潭:表示系统和环境的接口,属系统之外的实体。

软件需求分析阶段的工作,可以分为4个方面:需求获取、需求分析、编写需求规格说明书以及需求评审。

软件需求规格说明书(SRS)是需求分析阶段的最后成果,通过建立完整的信息描述、详细的功能和行为描述、性能需求和设计约束的说明、合适的验收标准,给出对目标软件的各种需求。

软件需求规格说明书应具有完整性、无歧义性、正确性、可验证性、可修改性等特性,其中最重要的是无歧义性。

6.3 结构化设计方法

1. 软件设计的基础

从技术观点来看,软件设计包括软件结构设计、数据设计、接口设计、过程设计。
- 结构设计:定义软件系统各主要部件之间的关系。
- 数据设计:将分析时创建的模型转化为数据结构的定义。
- 接口设计:描述软件内部、软件和协作系统之间以及软件与人之间如何通信。
- 过程设计:把系统结构部件转换成软件的过程描述。

从工程角度来看,软件设计分两步完成,即概要设计(总体设计)和详细设计。
- 概要设计:又称结构设计,将软件需求转化为软件体系结构,确定系统级接口、全局数据结构或数据库模式。
- 详细设计:确定每个模块的实现算法和局部数据结构,用适当方法表示算法和数据结构的细节。

软件设计的基本原理包括:抽象、模块化、信息隐蔽和模块独立性。
- 抽象。抽象是一种思维工具,就是把事物本质的共同特性提取出来而不考虑其他细节。
- 模块化。解决一个复杂问题时自顶向下逐步把软件系统划分成一个个较小的、相对独立但又不相互关联的模块的过程。
- 信息隐蔽(靠封装实现)。每个模块的实施细节对于其他模块来说是隐蔽的。
- 模块独立性。软件系统中每个模块只涉及软件要求的具体的子功能,而和软件系统中其他的模块的接口是简单的。

模块分解的主要指导思想是信息隐蔽和模块独立性。

模块的耦合性和内聚性是衡量软件的模块独立性的两个定性指标。
- 内聚性:是一个模块内部各个元素间彼此结合的紧密程度的度量。

按内聚性由弱到强排列,内聚可以分为以下几种:偶然内聚、逻辑内聚、时间内聚、过程内聚、通信内聚、顺序内聚及功能内聚。
- 耦合性:是模块间互相连接的紧密程度的度量。

按耦合性由高到低排列,耦合可以分为以下几种:内容耦合、公共耦合、外部耦合、控制耦合、标记耦合、数据耦合(系统中至少必须存在)以及非直接耦合。

一个设计良好的软件系统应具有高内聚、低耦合的特征。

在结构化程序设计中,模块划分的原则是:模块内具有高内聚度,模块间具有低耦合度。

深度、宽度、扇出、扇入应适当。深度表示软件结构中控制的层数,它往往能粗略地标志一个系统的大小和复杂的程度。宽度是软件结构内同一个层次上的模块总数的最大值。一般说来,宽度越大系统越复杂。对宽度影响最大的因素是模块的扇出。扇出是一个模块直接控制(调用)的模块数目,扇出过大意味着模块过分复杂,需要控制和协调过多的下级模块;扇出过小也不好。经验表明,一个设计得好的典型的系统的平均扇出是3~4。一个模块的扇入表明有多少个上级模块直接调用它,扇入越大则共享该模块的上级模块数目越多,这是有好处的,但是,不能违背模块独立原理单纯追求高扇入。

2. 总体设计(概要设计)和详细设计

(1) 总体设计(概要设计)

软件概要设计的基本任务是:① 设计软件系统结构;② 数据结构及数据库设计;③ 编写概要设计文档;④ 概要设计文档评审。

常用的软件结构设计工具是结构图,也称程序结构图。在程序结构图中,模块用一个矩形表示,箭头表示模块间的调用关系。在结构图中还可以用带注释的箭头表示模块调用过程中来回传递的信息,还可用带实心圆的箭头表示传递的是控制信息,空心圆箭头表示传递的是数据信息。

(2) 详细设计

详细设计是为软件结构图中的每一个模块确定实现算法和局部数据结构,用某种选定的表达工具表示算法和数据结构的细节。

常用的过程设计(即详细设计)工具有以下几种:

图形工具:程序流程图,N-S(方盒图)、PAD(问题分析图)和 HIPO(层次图+输入/处理/输出图)。

表格工具:判定表。

语言工具:PDL(伪码)。

6.4 软件测试

软件测试定义:使用人工或自动手段来运行或测定某个系统的过程,其目的在于检验它是否满足规定的需求或是弄清预期结果与实际结果之间的差别。

软件测试的目的:尽可能地多发现程序中的错误,不能也不可能证明程序没有错误。软件测试的关键是设计测试用例,一个好的测试用例能找到迄今为止尚未发现的错误(测试用例:[(输入值集),(输出值集)])。

软件测试方法:静态测试和动态测试。

● 静态测试:包括代码检查、静态结构分析、代码质量度量。不实际运行软件,主要通过人工进行。

● 动态测试:是基于计算机的测试,主要包括白盒测试方法和黑盒测试方法。

(1) 白盒测试

白盒测试方法也称为结构测试或逻辑驱动测试。它是根据软件产品的内部工作过程,检查内部成分,以确认每种内部操作符合设计规格要求。

白盒测试的基本原则:保证所测模块中每一独立路径至少执行一次;保证所测模块所有判

断的每一分支至少执行一次;保证所测模块每一循环都在边界条件和一般条件下至少各执行一次;验证所有内部数据结构的有效性。

白盒测试法的测试用例是根据程序的内部逻辑来设计的,主要用软件的单元测试,主要方法有逻辑覆盖、基本路径测试等。

● 逻辑覆盖。逻辑覆盖泛指一系列以程序内部的逻辑结构为基础的测试用例设计技术。通常程序中的逻辑有判断、分支、条件等几种表示方法。

语句覆盖:选择足够的测试用例,使得程序中每一个语句至少都能被执行一次。

路径覆盖:执行足够的测试用例,使程序中所有的可能的路径都至少经历一次。

判定覆盖:使设计的测试用例保证程序中每个判断的每个取值分支(T 或 F)至少经历一次。

条件覆盖:设计的测试用例保证程序中每个判断的每个条件的可能取值至少执行一次。

判断—条件覆盖:设计足够的测试用例,使判断中每个条件的所有可能取值至少执行一次,同时每个判断的所有可能取值分支至少执行一次。

逻辑覆盖的强度依次是:语句覆盖＜路径覆盖＜判定覆盖＜条件覆盖＜判断—条件覆盖。

● 基本路径测试。其思想和步骤是,根据软件过程性描述中的控制流程确定程序的环路复杂性度量,用此度量定义基本路径集合,并由此导出一组测试用例,对每一条独立执行路径进行测试。

(2) 黑盒测试

黑盒测试方法也称为功能测试或数据驱动测试。黑盒测试是对软件已经实现的功能是否满足需求进行测试和验证。

黑盒测试主要诊断功能不对或遗漏、接口错误、数据结构或外部数据库访问错误、性能错误、初始化和终止条件错误。

黑盒测试不关心程序内部的逻辑,只是根据程序的功能说明来设计测试用例,主要方法有等价类划分法、边界值分析法、错误推测法等,主要用于软件的确认测试。

软件测试过程一般按 4 个步骤进行:单元测试(模块的测试)、集成测试、确认测试(验收测试)和系统测试。

单元测试:是对模块进行正确性检验的测试;是软件测试的最小单位。主要采用静态和动态测试法,动态测试以白盒测试法为主,辅助于黑盒测试。

集成测试:是测试和组装软件的过程,主要目的是发现与接口有关的错误。

确认测试:验证软件的功能和性能及其他特性是否满足了需求规格说明中确定的各种要求。

系统测试:将通过确认测试的软件,与计算机硬件、外设等其他元素组合在一起,在实际环境下对计算机系统进行一系列的集成测试和确认测试。

6.5 程序的调试

程序调试的任务是诊断和改正程序中的错误,主要在开发阶段进行,调试程序应该由编制源程序的程序员来完成。根据测试时发现的错误,找出原因和具体位置,进行改正排除错误。

程序调试的基本步骤:① 错误定位;② 纠正错误;③ 回归测试,防止新的错误。

软件调试可分为静态调试和动态调试。静态调试主要是指通过人的思维来分析源程序代码和排错，它是主要的调试手段，而动态调试是辅助静态调试。

对软件主要的调试方法可以采用：

(1) 强行排错法。

(2) 回溯法。

(3) 原因排除法。

6.6 软件维护

在软件产品被开发出来并交付用户使用之后，就进入了软件的运行维护阶段。这个阶段是软件生命周期的最后一个阶段，其基本任务是保证软件在一个相当长的时期能够正常运行。软件在交付给用户使用后，由于应用需求、环境变化以及自身问题，对它进行维护不可避免，并且软件维护是一个长期过程，耗费较大。

所谓软件维护就是在软件已经交付使用之后，为了改正错误或满足新的需要而修改软件的过程。

软件维护内容有 4 种：正确性维护、适应性维护、完善性维护和预防性维护。

第 6 章章节测试

一、选择题

1. 下面不属于软件工程的 3 个要素的是_____。
   A. 工具　　　　　　　B. 过程　　　　　　　C. 方法　　　　　　　D. 环境
2. 软件开发的结构化生命周期方法将软件生命周期划分成_____。
   A. 定义、开发、运行维护　　　　　　B. 设计阶段、编程阶段、测试阶段
   C. 总体设计、详细设计、编程调试　　D. 需求分析、功能定义、系统设计
3. 软件生命周期可分为定义阶段、开发阶段和维护阶段。详细设计属于_____。
   A. 定义阶段　　　　　　　　　　　　B. 开发阶段
   C. 维护阶段　　　　　　　　　　　　D. 上述 3 个阶段
4. 软件生命周期是指_____。
   A. 软件的开发过程
   B. 软件的运行维护过程
   C. 软件产品从提出、实现、使用维护到停止使用退役的过程
   D. 软件从需求分析、设计、实现到测试完成的过程
5. 软件生命周期中的活动不包括_____。
   A. 软件维护　　　　　B. 市场调研　　　　　C. 软件测试　　　　　D. 需求分析
6. 软件工程的出现是由于_____。
   A. 程序设计方法学的影响　　　　　　B. 软件产业化的需要
   C. 软件危机的出现　　　　　　　　　D. 计算机的发展
7. 下列描述中正确的是_____。

A. 程序就是软件 B. 软件开发不受计算机系统的限制
C. 软件既是逻辑实体，又是物理实体 D. 软件是程序、数据与相关文档的集合

8. 下列描述中正确的是_____。
   A. 软件工程只是解决软件项目的管理问题
   B. 软件工程主要解决软件产品的生产率问题
   C. 软件工程的主要思想是强调在软件开发过程中需要应用工程化原则
   D. 软件工程只是解决软件开发中的技术问题

9. 下列叙述中,正确的是_____。
   A. 软件就是程序清单 B. 软件就是存放在计算机中的文件
   C. 软件应包括程序清单及运行结果 D. 软件包括程序和文档

10. 开发大型软件时,产生困难的根本原因是_____。
    A. 大系统的复杂性 B. 人员知识不足 C. 客观世界千变万化 D. 时间紧、任务重

11. 下面描述中,不属于软件危机表现的是_____。
    A. 软件质量难以控制 B. 软件成本不断提高
    C. 软件过程不规范 D. 软件开发生产率低

12. 开发软件所需高成本和产品的低质量之间有着尖锐的矛盾,这种现象称作_____。
    A. 软件投机 B. 软件危机 C. 软件工程 D. 软件产生

13. 软件工程的理论和技术性研究的内容主要包括软件开发技术和_____。
    A. 消除软件危机 B. 软件工程管理
    C. 程序设计自动化 D. 实现软件可重用

14. 软件按功能可以分为：应用软件、系统软件和支撑软件(或工具软件)。下面属于应用软件的是_____。
    A. 编译程序 B. 操作系统 C. 教务管理系统 D. 汇编程序

15. 软件按功能可以分为应用软件、系统软件和支撑软件(或工具软件)。下面属于应用软件的是_____。
    A. 学生成绩管理系统 B. C语言编译程序
    C. UNIX 操作系统 D. 数据库管理系统

16. 软件按功能可以分为应用软件、系统软件和支撑软件(或工具软件)。下面属于系统软件的是_____。
    A. 编辑软件 B. 操作系统 C 教务管理系统 D. 浏览器

17. 下面对软件特点描述不正确的是_____。
    A. 软件是一中逻辑实体,具有抽象性
    B. 软件开发、运行对计算机系统具有依赖性
    C. 软件开发涉及软件知识产权,法律及心理等社会因素
    D. 需求软件运行存在磨损和老化问题

18. 开发软件时对提高开发人员工作效率至关重要的是_____。
    A. 操作系统的资源管理功能 B. 先进的软件开发工具和环境
    C. 程序人员的数量 D. 计算机的并行处理能力

19. 软件复杂性度量的参数包括_____。
    A. 效率 B. 规模 C. 完整性 D. 容错性

20. 下列软件全都属于应用软件的是_____。
    A. WPS、Excel、AutoCAD   B. Windows XP、SPSS、Word
    C. Photoshop、DOS、Word   D. UNIX、WPS、PowerPoint
21. ① Windows ME ② Windows XP ③ Windows NT ④ Frontpage ⑤ Access 97
    ⑥ Unix ⑦ Linux 对于以上列出的6个软件，_____均为操作系统软件。
    A. ①②③④   B. ①②③⑤⑦   C. ①③⑤⑥   D. ①②③⑥⑦
22. 下列不属于软件危机表现的是_____。
    A. 对软件开发成本估计不准确   B. 软件质量不可靠
    C. 供过于求   D. 软件成本比重上升
23. 下列不属于软件工程基本原则的是_____。
    A. 可选取任何开发范型   B. 采用合适的设计方法
    C. 提供高质量的工程支持   D. 重视开发过程的管理
24. 软件生命周期中最先发生的阶段是_____。
    A. 需求分析   B. 总体设计   C. 详细设计   D. 编码
25. 在软件生命周期过程中持续时间最长的阶段是_____。
    A. 需求分析阶段   B. 软件测试阶段
    C. 编码阶段   D. 软件维护阶段
26. 在软件生命周期中，能准确地确定软件系统必须做什么和必须具备哪些功能的阶段是_____。
    A. 概要设计   B. 详细设计   C. 可行性分析   D. 需求分析
27. 需求分析阶段的任务是确定_____。
    A. 软件开发方法   B. 软件开发工具
    C. 软件开发费用   D. 软件系统功能
28. 下面不属于需求分析阶段任务的是_____。
    A. 确定软件系统的功能需求   B. 确定软件系统的性能需求
    C. 制定软件集成测试计划   D. 需求规格说明书审评
29. 需求分析中开发人员要从用户那里了解_____。
    A. 软件做什么   B. 用户使用界面   C. 输入的信息   D. 软件的规模
30. 在软件生产过程中，给出的需求信息是_____。
    A. 程序员   B. 项目管理者   C. 软件分析设计人员 D. 软件用户
31. 在结构化方法中，用数据流程图(DFD)作为描述工具的软件开发阶段是_____。
    A. 可行性分析   B. 需求分析   C. 详细设计   D. 程序编码
32. 数据流程图(PFD图)是_____。
    A. 软件概要设计的工具   B. 软件详细设计的工具
    C. 结构化方法的需求分析工具   D. 面向对象方法的需求分析工具
33. 数据流图用于抽象描述一个软件的逻辑模型，数据流图由一些特定的图符构成。下列图符名标志的图符不属于数据流图合法图符的是_____。
    A. 控制流   B. 加工   C. 数据存储   D. 源和潭
34. 程序流程图(PFD)中的箭头代表的是_____。
    A. 数据流   B. 控制流   C. 调用关系   D. 组成关系

35. 程序流程图中带有箭头的线段表示的是_____。
    A. 控制流　　　　　B. 调用关系　　　　C. 图元关系　　　　D. 数据流
36. 在数据流图(DFD)中,带有名字的箭头表示_____。
    A. 控制程序的执行顺序　　　　　　　B. 模块之间的调用关系
    C. 数据的流向　　　　　　　　　　　D. 程序的组成成分
37. 数据流图中带有箭头的线段表示的是_____。
    A. 控制流　　　　　B. 事件驱动　　　　C. 模块调用　　　　D. 数据流
38. 数据字典(DD)所定义的对象都包含于_____。
    A. 程序流程图　　　　　　　　　　　B. 数据流图(DFD图)
    C. 方框图　　　　　　　　　　　　　D. 软件结构图
39. 数据流图中的_____用来表示数据流。
    A. 箭头　　　　　　B. 圆圈　　　　　　C. 双直线段　　　　D. 方框
40. 数据流图中的_____用来表示加工。
    A. 箭头　　　　　　B. 圆圈　　　　　　C. 双直线段　　　　D. 方框
41. 数据流图中的_____用来表示文件。
    A. 箭头　　　　　　B. 圆圈　　　　　　C. 双直线段　　　　D. 方框
42. 数据流图中的_____用来表示数据源及数据终点。
    A. 箭头　　　　　　B. 圆圈　　　　　　C. 双直线段　　　　D. 方框
43. 为了避免流程图在描述程序逻辑时的灵活性,提出了用方框图来代替传统的程序流程图,通常也把这种图称为_____。
    A. PAD图　　　　　B. N-S图　　　　　C. 结构图　　　　　D. 数据流图
44. 下列不属于结构化分析的常用工具的是_____。
    A. 数据流图　　　　B. 数据字典　　　　C. 判定树　　　　　D. PAD图
45. 下列工具中属于需求分析常用工具的是_____。
    A. PAD　　　　　　B. PFD　　　　　　C. N-S　　　　　　D. DFD
46. 在软件开发中,需求分析阶段可以使用的工具是_____。
    A. N-S图　　　　　B. DFD图　　　　　C. PAD图　　　　　D. 程序流程图
47. 下列叙述中,不属于软件需求规格说明书的作用的是_____。
    A. 便于用户、开发人员进行理解和交流
    B. 反映出用户问题的结构,可以作为软件开发工作的基础和依据
    C. 作为确认测试和验收的依据
    D. 便于开发人员进行需求分析
48. 软件需求规格说明书的作用不包括_____。
    A. 软件可行性研究的依据
    B. 用户与开发人员对软件要做什么的共同理解
    C. 软件验收的依据
    D. 软件设计的依据
49. 下列属于软件需求说明的作用是_____。
    A. 作为软件人员与用户之间事实上的技术合同书
    B. 作为软件人员下一步进行设计和编码的基础

C. 作为测试和验收的依据
   D. 以上都对
50. 软件开发中,需求分析阶段产生的主要文档是_____。
   A. 可行性分析报告   B. 软件需求规格说明书
   C. 概要设计说明书   D. 集成设计计划
51. 需求分析最终结果是产生_____。
   A. 项目开发计划   B. 需求规格说明书
   C. 设计说明书   D. 可行性分析报告
52. 软件需求分析阶段的工作,可以分为4个方面:需求获取、需求分析、编写需求规格说明书以及_____。
   A. 阶段性报告   B. 需求评审   C. 总结   D. 都不正确
53. 下列叙述中,不属于结构化分析方法的是_____。
   A. 面向数据流的结构化分析方法
   B. 面向数据结构的Jackson方法
   C. 面向数据结构的结构化数据系统开发方法
   D. 面向对象的分析方法
54. 从工程管理角度,软件设计一般分为两步完成,它们是_____。
   A. 概要设计与详细设计   B. 数据设计与接口设计
   C. 软件结构设计与数据设计 D. 过程设计与数据设计
55. 在结构化方法中,软件功能分解属于下列软件开发中的阶段是_____。
   A. 详细设计   B. 需求分析   C. 总体设计   D. 编程调试
56. 面向对象的设计方法与传统的面向过程的方法有本质不同,它的基本原理是_____。
   A. 模拟现实世界中不同事物之间的联系
   B. 强调模拟现实世界中的算法而不强调概念
   C. 使用现实世界的概念抽象地思考问题从而自然地解决问题
   D. 鼓励开发者在软件开发的绝大部分中都用实际领域的概念去思考
57. 下面概念中,不属于面向对象方法的是_____。
   A. 对象   B. 继承   C. 类   D. 过程调用
58. 软件详细设计的主要任务是确定每个模块的_____。
   A. 算法和使用的数据结构   B. 外部接口
   C. 功能   D. 编程
59. 在结构化设计方法中,生成的结构图(SC)中,带有箭头的连线表示_____。
   A. 模块之间的调用关系   B. 程序的组成成分
   C. 控制程序的执行顺序   D. 数据的流向
60. 在软件开发中,下面任务不属于设计阶段的是_____。
   A. 数据结构设计   B. 给出系统模块结构
   C. 定义模块算法   D. 定义需求并建立系统模型
61. 下面不属于软件设计阶段任务的是_____。
   A. 软件的功能确定   B. 软件的总体结构设计
   C. 软件的数据设计   D. 软件的过程设计

62. 下面不属于软件设计阶段任务的是_____。
    A. 数据库设计   B. 算法设计
    C. 软件总体设计   D. 制定软件确认测试计划
63. 下列选项中不属于结构化程序设计方法的是_____。
    A. 自顶向下   B. 逐步求精   C. 模块化   D. 可复用
64. 软件设计包括软件的结构、数据接口和过程设计,其中软件的过程设计是指_____。
    A. 模块间的关系   B. 系统结构部件转换成软件的过程描述
    C. 软件层次结构   D. 软件开发过程
65. 下面描述中错误的是_____。
    A. 系统总体结构图支持软件系统的详细设计
    B. 软件设计是将软件需求转换为软件表示的过程
    C. 数据结构与数据库设计是软件设计的任务之一
    D. PAD 图是软件详细设计的表示工具
66. 下面不属于软件设计原则的是_____。
    A. 抽象   B. 模块化   C. 自底向上   D. 信息隐蔽
67. 模块独立性是软件模块化所提出的要求,衡量模块独立性的度量标准则是模块的_____。
    A. 抽象和信息隐蔽   B. 局部化和封装化
    C. 内聚性和耦合性   D. 激活机制和控制方法
68. 为了使模块尽可能独立,要求_____。
    A. 模块的内聚程度要尽量高,且各模块间的耦合程度要尽量强
    B. 模块的内聚程度要尽量高,且各模块间的耦合程度要尽量弱
    C. 模块的内聚程度要尽量低,且各模块间的耦合程度要尽量弱
    D. 模块的内聚程度要尽量低,且各模块间的耦合程度要尽量强
69. 软件设计中模块划分应遵循的准则是_____。
    A. 低内聚低耦合   B. 高内聚低耦合
    C. 低内聚高耦合   D. 高内聚高耦合
70. 软件设计中,有利于提高模块独立性的一个准则是_____。
    A. 低内聚低耦合   B. 低内聚高耦合
    C. 高内聚低耦合   D. 高内聚高耦合
71. 在结构化程序设计中,模块划分的原则是_____。
    A. 各模块应包括尽量多的功能
    B. 各模块的规模应尽量大
    C. 各模块直接的联系应尽量紧密
    D. 模块内具有高内聚度、模块间具有低耦合度
72. 耦合性和内聚性是对模块独立性度量的两个标准。下列叙述中正确的是_____。
    A. 提高耦合性降低内聚性有利于提高模块的独立性
    B. 降低耦合性提高内聚性有利于提高模块的独立性
    C. 耦合性是指一个模块内部各个元素间彼此结合的紧密程度
    D. 内聚性是指模块间互相连接的紧密程度
73. 下列选项中,不属于模块间耦合的是_____。

A. 数据耦合　　　　B. 同构耦合　　　　C. 异构耦合　　　　D. 公用耦合

74. 两个或两个以上模块之间关联的紧密程度称为＿＿＿＿＿。
    A. 耦合度　　　　　B. 内聚度　　　　　C. 复杂度　　　　　D. 数据传输特性

75. 软件设计的基本原理中，＿＿＿＿＿是评价设计好坏的重要度量标准。
    A. 信息隐蔽性　　　B. 模块独立性　　　C. 耦合性　　　　　D. 内聚性

76. 模块耦合性最低的是＿＿＿＿＿。
    A. 内容耦合　　　　B. 公共耦合　　　　C. 控制耦合　　　　D. 数据耦合

77. 系统中至少必须存在＿＿＿＿＿耦合。
    A. 内容耦合　　　　B. 公共耦合　　　　C. 控制耦合　　　　D. 数据耦合

78. 下面属于模块高内聚的是＿＿＿＿＿。
    A. 功能性内聚　　　B. 过程性内聚　　　C. 时间性内聚　　　D. 偶然性内聚

79. 下列设计方法中，属于面向数据的设计方法的是＿＿＿＿＿。
    A. 数据流分析　　　B. 事务分析　　　　C. Jackson 方法　　 D. 以上都不对

80. 在软件设计中，不属于过程设计工具的是＿＿＿＿＿。
    A. PDL（过程设计语言）　　　　　　　　B. PAD 图
    C. N－S 图　　　　　　　　　　　　　　D. DFD 图

81. 在软件设计中不使用的工具是＿＿＿＿＿。
    A. 系统结构图　　　B. 程序流程图　　　C. PAD 图　　　　　D. 数据流图（DFD 图）

82. 软件详细设计产生的图如下：

    该图是＿＿＿＿＿。
    A. N－S 图　　　　 B. PAD 图　　　　　C. 程序流程图　　　D. E－R 图

83. 详细设计的结果基本决定了最终程序的＿＿＿＿＿。
    A. 代码的规模　　　B. 运行速度　　　　C. 质量　　　　　　D. 可维护性

84. 在结构化设计方法中，生成的结构图（SC）中，带有箭头的连线表示＿＿＿＿＿。
    A. 模块之间的调用关系　　　　　　　　B. 程序的组成成分
    C. 控制程序的执行顺序　　　　　　　　D. 数据的流向

85. 某系统总结构图如下图所示：

该系统总体结构图的深度是_____。
A. 7　　　　　　　B. 6　　　　　　　C. 3　　　　　　　D. 2

86. 检查软件产品是否符合需求定义的过程称为_____。
A 确认测试　　　　B. 集成测试　　　　C. 验证测试　　　　D. 验收测试

87. 在软件工程中，白盒测试法可用于测试程序的内部结构。此方法将程序看作是_____。
A. 循环的集合　　　B. 地址的集合　　　C. 路径的集合　　　D. 目标的集合

88. 为了提高测试的效率，应该_____。
A. 随机选取测试数据
B. 取一切可能的输入数据作为测试数据
C. 在完成编码以后制定软件的测试计划
D. 集中对付那些错误群集的程序

89. 下列对于软件测试的描述中正确的是_____。
A. 软件测试的目的是证明程序是否正确
B. 软件测试的目的是使程序运行结果正确
C. 软件测试的目的是尽可能多地发现程序中的错误
D. 软件测试的目的是使程序符合结构化原则

90. 完全不考虑程序的内部结构和内部特征，而只是根据程序功能导出测试用例的测试方法是_____。
A. 黑盒测试法　　　B. 白盒测试法　　　C. 错误推测法　　　D. 安装测试法

91. 不列叙述中，不属于测试的特征的是_____。
A. 测试的挑剔性　　　　　　　　　　B. 完全测试的不可能性
C. 测试的可靠性　　　　　　　　　　D. 测试的经济性

92. 下列叙述中正确的是_____。
A. 程序设计就是编程序
B. 程序的测试必须由程序员自己去完成
C. 程序经调试改错后还应进行再测试
D. 程序经调试改错后不必进行再测试

93. 下列叙述中正确的是_____。
A. 软件测试应该由程序开发者来完成
B. 程序经调试后一般不需要再测试
C. 软件维护只包括对程序代码的维护
D. 以上3种说法都不对

94. 下面不属于静态测试方法的是_____。
A. 代码检查　　　　B. 白盒法　　　　C. 静态结构分析　　　D. 代码质量度量

95. 下面叙述中错误的是_____。
A. 软件测试的目的是发现错误并改正错误
B. 对被调试的程序进行"错误定位"是程序调试的必要步骤
C. 程序调试通常也称为Debug
D. 软件测试应严格执行测试计划，排除测试的随意性

96. 下列叙述中正确的是_____。

A. 软件测试的主要目的是发现程序中的错误
B. 软件测试的主要目的是确定程序中错误的位置
C. 为了提高软件测试的效率,最好由程序编制者自己来完成软件测试的工作
D. 软件测试是证明软件没有错误

97. 软件测试的目的是_____。
   A. 改正程序中的错误　　　　　　B. 发现程序中的错误
   C. 评估软件可靠性　　　　　　　D. 发现并改正程序中的错误

98. 在黑盒测试方式中,设计测试用例的主要根据是_____。
   A. 程序外部功能　　　　　　　　B. 程序内部逻辑
   C. 程序数据结构　　　　　　　　D. 程序流程图

99. 下面属于黑盒测试方法的是_____。
   A. 基本路径测试　　　　　　　　B. 等价类划分
   C. 判定覆盖测试　　　　　　　　D. 语句覆盖测试

100. 下面属于黑盒测试方法的是_____。
   A. 逻辑覆盖　　　B. 语句覆盖　　　C. 路径覆盖　　　D. 边界值分析

101. 黑盒技术测试用例的方法之一为_____。
   A. 因果图　　　　B. 逻辑覆盖　　　C. 循环覆盖　　　D. 基本路径测试

102. 在软件测试设计中,软件测试的主要目的是_____。
   A. 实验性运行软件　　　　　　　B. 证明软件正确
   C. 找出软件中全部错误　　　　　D. 发现软件错误而执行程序

103. 软件开发离不开系统环境资源的支持,其中必要的测试数据属于_____。
   A. 硬件资源　　　B. 通信资源　　　C. 支持软件　　　D. 辅助资源

104. 在进行单元测试时,常用的方法是_____。
   A. 采用白盒测试,辅之以黑盒测试　　B. 采用黑盒测试,辅之以白盒测试
   C. 只使用白盒测试　　　　　　　　　D. 只使用黑盒测试

105. 下列动态测试技术中,不属于黑盒测试方法的是_____。
   A. 基本路径测试法　　　　　　　B. 因果图
   C. 边界值分析　　　　　　　　　D. 等价类划分

106. 软件调试的目的是_____。
   A. 发现错误　　　　　　　　　　B. 改正错误
   C. 改善软件的性能　　　　　　　D. 挖掘软件的潜能

107. 下列不属于软件调试技术的是_____。
   A. 强行排错法　　　　　　　　　B. 集成测试法
   C. 回溯法　　　　　　　　　　　D. 原因排除法

108. 软件(程序)调试的任务是_____。
   A. 诊断和改正程序中的错误　　　B. 尽可能多地发现程序中的错误
   C. 发现并改正程序中的所有错误　D. 确定程序中错误的性质

109. 程序调试的任务是_____。
   A. 设计测试用例　　　　　　　　B. 验证程序的正确性
   C. 发现程序中的错误　　　　　　D. 诊断和改正程序中的错误

110. 软件生命周期中所花费用最多的阶段是_____。
　　A. 详细设计　　　　B. 软件编码　　　　C. 软件测试　　　　D. 软件维护
111. 下列叙述中正确的是_____。
　　A. 软件交付使用后还需要进行维护
　　B. 软件一旦交付使用就不需要再进行维护
　　C. 软件交付使用后其生命周期就结束
　　D. 软件维护是修复程序中被破坏的指令
112. 下列选项中不属于软件生命周期开发阶段任务的是_____。
　　A. 软件测试　　　　　　　　　　B. 概要设计
　　C. 软件维护　　　　　　　　　　D. 详细设计
113. 因计算机硬件和软件环境的变化而做出的修改软件的过程称为_____。
　　A. 纠正性维护　　　　　　　　　B. 适应性维护
　　C. 完善性维护　　　　　　　　　D. 预防性维护

二、填空题

1. 软件工程研究的内容主要包括_____技术和软件工程管理。
2. 通常,将软件产品从提出、实现,使用维护到停止使用退役的过程称为_____。
3. 软件是程序、数据和_____的集合。
4. 软件是_____、数据和文档的集合。
5. 软件按功能可以分为:应用软件、系统软件和支撑软件(或工具软件)。UNIX 操作系统属于_____软件。
6. 软件开发环境是全面支持软件开发全过程的_____集合。
7. 软件工程3要素包括方法、工具和过程,其中,_____支持软件开发的各个环节的控制和管理。
8. 软件工程3要素包括方法、工具和过程,其中,_____是完成软件工程项目的技术手段。
9. 软件工程3要素包括方法、工具和过程,其中,_____支持软件的开发、管理文档生成。
10. 软件生命周期可分为3个阶段,一般分为定义阶段、开发阶段和维护阶段。编码和测试属于_____阶段。
11. 软件危机出现于20世纪60年代末,为了解决软件危机,人们提出了_____的原理来设计软件,这就是软件工程诞生的基础。
12. 软件工程的出现是由于_____。
13. 软件按功能可以分为:应用软件、_____和支撑软件(或工具软件)。
14. 软件危机的解决主要通过两个途径,分别是_____和技术措施。
15. 软件工程的目标是提高软件的_____与生产率。
16. 软件生命周期一般包括可行性研究与需求分析、设计、实现、_____、交付使用以及维护等活动。
17. 数据字典是各类数据描述的集合,它通常包括5个部分,即数据项、数据结构、数据流、_____和处理过程。
18. 数据流的类型有_____和事务型。
19. 在结构化分析使用的数据流图(DFD)中,利用_____对其中的图形元素进行确切解释。
20. 软件的需求分析阶段的工作,可以概括为4个方面:_____、需求分析、编写需求规格说明书和需求评审。
21. 软件需求规格说明书应具有完整性、无歧义性、正确性、可验证性、可修改性等特性，其中最重要的是_____。
22. 软件开发过程主要分为需求分析、设计、编码与测试 4 个阶段，其中_____阶段产生"软件需求规格说明书"。
23. 常见的软件工程方法有结构化方法和面向对象方法，类、继承以及多态性等概念属于_____。
24. 常见的软件工程方法有结构化方法和面向对象方法。对某应用系统经过需求分析建立数据流图(DFD)，则应采用_____方法。
25. 程序流程图中的菱形框表示的是_____。
26. 数据流图中的箭头表示_____。
27. 数据流图中用标有名字的圆圈表示_____。
28. 数据流图中以标有名字的双直线段表示_____。
29. 与结构化需求分析方法相对应的是_____方法。
30. 软件的_____设计又称为总体结构设计，其主要任务是建立软件系统的总体结构。
31. Jackson 结构化程序设计方法是英国的 M.Jackson 提出的，它是一种面向_____的设计方法。
32. Jackson 方法是一种面向_____的结构化方法。
33. 在面向对象方法中，信息隐蔽是通过对象的_____性来实现的。
34. 软件结构是以_____为基础而组成的一种控制层次结构。
35. 对模块独立性度量的两个定性标准是耦合度与内聚度。描述模块间互相连接的紧密程度的是_____。
36. 在程序设计阶段应该采取_____和逐步求精的方法，把一个模块的功能逐步分解，细化为一系列具体的步骤，进而用某种程序设计语言写成程序。
37. 耦合和内聚是评价模块独立性的两个主要标准，其中_____反映了模块内各成分之间的联系。
38. 下列软件系统结构图的宽度为_____。

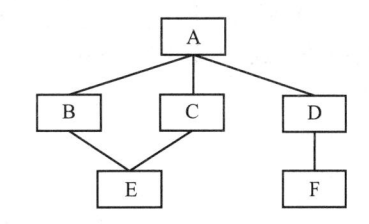

39. "软件系统"的系统结构图如下图所示：该系统的最大扇出数是_____。

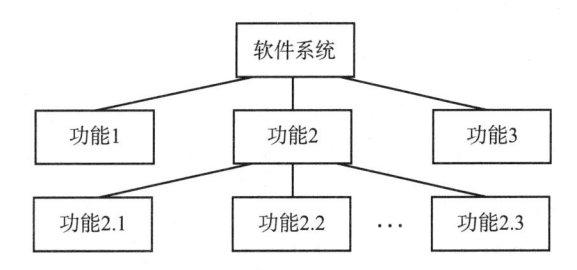

40. 若按功能划分,软件测试的方法通常分为白盒测试方法和_____测试方法。
41. 为了便于对照检查,测试用例应由输入数据和预期的_____两部分组成。
42. 对软件是否能达到用户所期望的要求的测试称为_____。
43. 测试用例包括输入值集和_____值集。
44. 在进行模块测试时,要为每个被测试的模块另外设计两类模块:驱动模块和承接模块(桩模块)。其中_____的作用是将测试数据传送给被测试的模块,并显示被测试模块所产生的结果。
45. 程序测试分为静态测试和动态测试。其中_____是指不执行程序,而只是对程序文本进行检查,通过阅读和讨论,分析和发现程序中的错误。
46. 白盒测试与黑盒测试都属于软件的动态测试,其中_____是对软件已经实现的功能是否满足需求进行测试和验证。
47. 在两种基本测试方法中,_____测试的原则之一是保证所测模块中每一个独立路径至少要执行一次。
48. 常用的黑盒测试有等价分类法、_____、因果图法和错误推测法 4 种。
49. 按照软件测试的一般步骤,集成测试应在_____测试之后进行。
50. 软件测试可分为白盒测试和黑盒测试。基本路径测试属于_____测试。
51. 软件测试分为白箱(盒)测试和黑箱(盒)测试。等价类划分法属于_____测试。
52. 对软件设计的最小单位(模块或程序单元)进行的测试通常称为_____测试。
53. 单元测试又称模块测试,一般采用_____测试。
54. 黑盒测试也称为_____测试。
55. 白盒测试又称为_____测试。
56. 测试的目的是暴露错误,评价程序的可靠性;而_____的目的是发现错误的位置并改正错误。
57. 软件的调试方法主要有:强行排错法、_____和原因排除法。
58. 诊断和改正程序中错误的工作通常称为_____。
59. 软件_____阶段的任务是诊断和改正程序中的错误。
60. 诊断和改正程序中错误的工作通常称为软件_____。
61. 软件维护活动包括以下几类:改正性维护、适应性维护、_____维护和预防性维护。

第7章　数据库设计基础

7.1　数据库系统的基本概念

1. 数据、数据库、数据管理系统
(1) 数据：实际上就是描述事物的符号记录。
(2) 数据库(DB)：长期存储在计算机内的、有组织的、可共享的数据集合。
数据库中的数据按一定的数学模型组织、描述和存储，具有较小的冗余度，较高的数据独立性和易扩展性，并可为各种用户共享。
(3) 数据库管理系统(DBMS)：是指位于用户和操作系统之间的数据库管理软件。DBMS是一种系统软件，负责数据库中的数据组织、数据操纵、数据维护、控制及保护和数据服务等，是数据库系统的核心。解决如何科学地组织和存储数据，如何高效地获取和维护数据的系统软件(为数据库建立、使用和维护而配置的软件)。

数据库管理系统功能：
(1) 数据模式定义。
(2) 数据存取的物理构建。
(3) 数据操纵。
(4) 数据的完整性、安全性定义与检查。
(5) 数据库的并发控制与故障恢复。
(6) 数据的服务。
数据库技术是指在已有数据管理系统的基础上建立数据库。数据库技术的根本目标是解决数据的共享问题。
在数据库管理系统中提供了数据定义语言、数据操纵语言和数据控制语言。数据定义(描述)语言(DDI)负责数据的模式定义和数据的物理存取构建；数据操纵语言(DML)负责数据的操纵，包括查询、增、删、改等操作。

2. 数据库系统的发展
数据库系统(DBS)：由数据库(数据)、数据库管理系统(软件)、数据库管理员(人员)、系统平台之硬件平台(硬件)和软件平台(软件)构成。
数据库管理发展至今已经历了3个阶段：人工管理阶段、文件系统阶段和数据库系统阶段，其中数据库系统阶段数据独立性最高。
人工管理阶段：计算机出现的初期，主要用于科学计算，没有大容量的存储设备。处理方式只能是批处理，数据不共享，不同程序不能交换数据。文件系统阶段：把有关的数据组织成一种文件，这种数据文件可以脱离程序而独立存在，有一个专门的文件管理系统实施统一管理。但数据文件仍高度依赖于其对应的程序，不能被多个程序通用。数据库系统阶段：对所有的数据实行统一规划管理，形成一个数据中心，构成一个数据仓库，数据库中的数据能够满足所有用户的不同要求,供不同用户共享,数据共享性显著增强。

数据库应用系统中的一个核心问题就是设计一个能满足用户需求、性能良好的数据库,这就是数据库设计。

3. 数据库系统的基本特点

(1) 数据的高集成性(采用统一的数据结构方式)。
(2) 数据的高共享性与低冗余性。
(3) 数据独立性。
(4) 数据统一管理与控制(数据的完整性检测、数据的安全性检测、并发控制)。

数据独立性一般分为物理独立性与逻辑独立性两级。

● 物理独立性:物理独立性即是数据的物理结构(包括存储结构,存取方式等)的改变,如存储设备的更换、物理存储的更换、存取方式改变等都不影响数据库的逻辑结构,从而不致引起应用程序的变化。

● 逻辑独立性:数据库总体逻辑结构的改变,如修改数据模式,增加新的数据类型、改变数据间联系等,不需要相应修改应用程序,这就是数据的逻辑独立性。

4. 数据库系统的内部结构体系

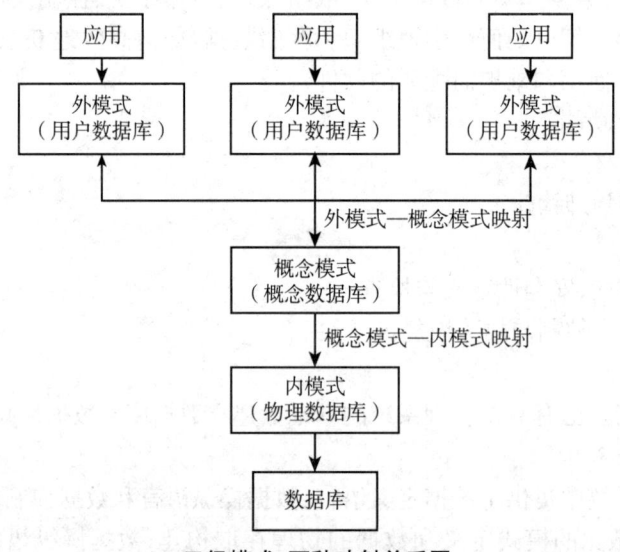

三级模式、两种映射关系图

(1) 数据库系统的三级模式

● 概念模式:处于中层,它反映了设计者的数据全局逻辑要求。数据库系统中全局数据逻辑结构的描述,是全体用户(应用)公共数据视图。

● 外模式:也称子模式或用户模式,处于最外层,它反映了用户对数据的要求。它是用户的数据视图,也就是用户所见到的数据模式,它由概念模式推导而出。

● 内模式:又称物理模式,处于最底层,它反映了数据在计算机物理结构中的实际存储形式。内模式的物理性主要体现在操作系统及文件级上,它还未深入到设备级上(如磁盘及磁盘操作)。内模式对一般用户是透明的,但它的设计直接影响数据库的性能。

(2) 数据库系统的两级映射

● 概念模式—内模式的映射:实现了概念模式到内模式之间的相互转换。当数据库的存储结构发生变化时,通过修改相应的概念模式—内模式的映射,使得数据库的逻辑模式不变,其外模式不变,应用程序不用修改,从而保证数据具有很高的物理独立性。

● 外模式—概念模式的映射:实现了外模式到概念模式之间的相互转换。当逻辑模式发生变化时,通过修改相应的外模式—逻辑模式映射,使得用户所使用的那部分外模式不变,从而应用程序不必修改,保证数据具有较高的逻辑独立性。

7.2 数据模型

1. 概念模型

它是按用户的观点来对数据和信息建模,主要用于数据库设计。

数据模型:是现实世界数据特征的抽象。在数据库中用数据模型这个工具来抽象、表示和处理现实世界中的数据和信息。通俗地讲数据模型就是现实世界的模拟。根据数据建立联系方式,主要包括网状模型、层次模型、关系模型,它是按计算机系统对数据建模,主要用于DBMS 的实现。层次模型主要用树形结构来表示。

2. 实体联系模型及 E-R 图

E-R 模型的图示法:

| student | course | (S#) (Sn) (Sa) | ◇SC |
| 实体集表示法 | 属性表示法 | 联系表示法 |

(1) 实体集:用矩形表示。

(2) 属性:用椭圆形表示。

(3) 联系:用菱形表示。

一对一(1:1)

一对多(1:M 或 M:1)

多对多(M:N)

(4) 实体集与属性间的联接关系:用无向线段表示。

(5) 实体集与联系间的联接关系:用无向线段表示。

关键字,也称主键或码,是在关系中用于唯一标志记录的字段或字段集合。

3. 数据库管理系统常见的数据模型

常见的数据模型有层次模型、网状模型和关系模型 3 种。

关系模型:采用二维表来表示,简称表,用来表示实体之间联系。在关系数据库中,把数据表示成二维表,每个二维表称为关系。关系表里列就是属性、字段,行就是元组、记录,一个元组又由许多个分量组成,每个元组分量是表框架中每个属性的投影值(分量不可再分割)。

二维表的性质:① 元素个数有限性;② 元组的唯一性;③ 元组的次序无关性;④ 元组分量的原子性;⑤ 属性名唯一性;⑥ 属性的次序无关性;⑦ 分量值域的同一性。

关系中的数据约束:

(1) 实体完整性约束:针对现实世界的一个实体集,而现实世界中的实体是可区分的。该规则的目的是利用关系模式中的主键来区分现实世界中的实体集中的实体,不能取空,并且在表中不能出现主码值完全相同的两个记录。

(2) 参照完整性约束:约定两个关系之间的联系。理论上规定:若 M 是关系 S 中的一个属性组,且 M 是另一关系 Z 的主关键字,则称 M 为关系 S 对应关系 Z 的外关键字。若 M 是关系 S 的外关键字,则 S 中每一个元组在 M 上的值必须是空值或者是对应关系 Z 中某个元组的主关键字值。

(3) 用户定义的完整性约束:不同的关系数据库系统根据其应用环境的不同,往往还需要一些特殊的约束条件。用户自定义的完整性就是针对某一具体关系数据库的约束条件。它反映某一具体应用所涉及的数据必须满足的语义要求。

7.3 关系代数

1. 关系的数据结构

关系是由若干个不同的元组所组成,因此关系可视为元组的集合。n 元关系是一个 n 元有序组的集合。

关系模型的基本运算:插入、删除、修改、查询(包括投影、选择、笛卡尔积运算)。

2. 关系操纵

关系模型的数据操作即是建立在关系上的数据操作,一般有查询、增加、删除和修改 4 种操作。

3. 集合运算及选择、投影、连接运算

(1) 并(∪):关系 R 和 S 具有相同的关系模式,R 和 S 的并是由属于 R 或属于 S 的元组构成的集合。

(2) 差(—):关系 R 和 S 具有相同的关系模式,R 和 S 的差是由属于 R 但不属于 S 的元组构成的集合。

(3) 交(∩):关系 R 和 S 具有相同的关系模式,R 和 S 的交是由属于 R 且属于 S 的元组构成的集合。

(4) 广义笛卡尔积(×):设关系 R 和 S 的属性个数分别为 n,m,则 R 和 S 的广义笛卡尔积是一个有(n+m)列的元组的集合。每个元组的前 n 列来自 R 的一个元组,后 m 列来自 S 的一个元组,记为 R×S。

根据笛卡尔积的定义:有 n 元关系 R 及 m 元关系 S,它们分别有 p、q 个元组,则关系 R 与 S 经笛卡尔积记为 R×S,该关系是一个 n+m 元关系,元组个数是 p×q,由 R 与 S 的有序组组合而成。

(5) 除运算(/):笛卡尔积的逆运算。设被除关系 R 为 m 元关系,除关系 S 为 n 元关系,那么商为 m-n 元关系,记为 R/S。其运算原则为:将被除关系 R 中的 m-n 列,按其值分成若干组,检查每一组的 n 列值的集合是否包含除关系 S,若包含则取 m-n 列值作为商的一个元组,否则不取。

例:有两个关系 R 和 S,分别进行并、差、交和广义笛卡尔积运算。

(6) 在关系型数据库管理系统中,基本的关系运算有选择、投影与连接 3 种操作。

● 选择:选择指的是从二维关系表的全部记录中,把那些符合指定条件的记录挑出来,是一种横向操作。

● 投影：投影是从所有字段中选取一部分字段及其值进行操作，它是一种纵向操作。
● 连接：将两个关系模式拼接成一个更宽的关系模式，生成的新关系中包含满足连接条件的元组。
● 自然连接：是一种特殊的等值连接，它要求两个关系中进行比较的分量是相同的属性组，并且在结果中把重复的属性列去掉。

7.4 数据库设计方法和步骤

数据库设计阶段包括需求分析、概念分析、逻辑设计、物理设计。数据库设计的每个阶段都有各自的任务。

（1）需求分析阶段：这是数据库设计的第一个阶段，任务主要是收集和分析数据，这一阶段收集到的基础数据和数据流图是下一步设计概念结构的基础（建立数据字典）。

（2）概念设计阶段：分析数据间内在语义关联，在此基础上建立一个数据的抽象模型，即形成 E-R 图。

（3）逻辑设计阶段：概念数据模型必须转换为逻辑数据模型才能在数据库中实现。E-R 图用来描述概念模型，层次、网状、关系模型都是逻辑模型。将 E-R 图转换成指定 RDBMS 中的关系模式。将 E-R 图转换成关系模式时，转换规则：实体和联系都可以表示为关系，属性转换成关系的属性，实体集也可以转换成关系。

（4）物理设计阶段：对数据库内部物理结构作调整并选择合理的存取路径，以提高数据库访问速度及有效利用存储空间。

第 7 章章节测试

一、选择题

1. 在数据管理技术的发展过程中，经历了人工管理阶段、文件系统阶段和数据库系统阶段。在这几个阶段中，数据独立性最高的是_____阶段。
   A. 数据库系统　　　　B. 文件系统　　　　C. 人工管理　　　　D. 数据项管理
2. 数据库系统与文件系统的主要区别是_____。
   A. 数据库系统复杂，而文件系统简单
   B. 文件系统不能解决数据冗余和数据独立性问题，而数据库系统可以解决
   C. 文件系统只能管理程序文件，而数据库系统能够管理各种类型的文件
   D. 文件系统管理的数据量较少，而数据库系统可以管理庞大的数据量
3. 数据库的概念模型独立于_____。
   A. 具体的机器和 DBMS　　　　　　B. E-R 图
   C. 信息世界　　　　　　　　　　　D. 现实世界
4. 数据库是在计算机系统中按照一定的数据模型组织、存储和应用的_____，支持数据库各种操作的软件系统叫_____，由计算机、操作系统、DBMS、数据库、应用程序及用户等组成的一个整体叫做_____。

A. 文件的集合   B. 数据的集合   C. 命令的集合   D. 程序的集合
A. 命令系统   B. 数据库管理系统   C. 数据库系统   D. 操作系统
A. 文件系统   B. 数据库系统   C. 软件系统   D. 数据库管理系

5. 数据库的基本特点是_____。
   A. 数据可以共享、数据独立性、数据冗余大，易移植、统一管理和控制
   B. 数据可以共享、数据独立性、数据冗余小，易扩充、统一管理和控制
   C. 数据可以共享、数据互换性、数据冗余小，易扩充、统一管理和控制
   D. 数据非结构化、数据独立性、数据冗余小，易扩充、统一管理和控制

6. 数据库具有_____、最小的_____和较高的_____。
   A. 程序结构化   B. 数据结构化   C. 程序标准化   D. 数据模块化
   A. 冗余度   B. 存储量   C. 完整性   D. 有效性
   A. 程序与数据可靠性   B. 程序与数据完整性
   C. 程序与数据独立性   D. 程序与数据一致性

7. 在数据库中，下列说法_____是不正确的。
   A. 数据库避免了一切数据的重复
   B. 若系统是完全可以控制的，则系统可确保更新时的一致性
   C. 数据库中的数据可以共享
   D. 数据库减少了数据冗余

8. _____是存储在计算机内有结构的数据的集合。
   A. 数据库系统   B. 数据库   C. 数据库管理系统   D. 数据结构

9. 在数据库中存储的是_____。
   A. 数据   B. 数据模型
   C. 数据以及数据之间的联系   D. 信息

10. 数据库中，数据的物理独立性是指_____。
    A. 数据库与数据库管理系统的相互独立
    B. 用户程序与 DBMS 的相互独立
    C. 用户的应用程序与存储在磁盘上数据库中的数据是相互独立的
    D. 应用程序与数据库中的数据的逻辑结构相互独立

11. 数据库的特点之一是数据的共享，严格地讲，这里的数据共享是指_____。
    A. 同一个应用中的多个程序共享一个数据集合
    B. 多个用户、同一种语言共享数据
    C. 多个用户共享一个数据文件
    D. 多种应用、多种语言、多个用户相互覆盖地使用数据集合

12. 数据库系统的核心是_____。
    A. 数据库   B. 数据库管理系统   C. 数据模型   D. 软件工具

13. 下述关于数据库系统的正确叙述是_____。
    A. 数据库系统减少了数据冗余
    B. 数据库系统避免了一切冗余
    C. 数据库系统中数据的一致性是指数据类型一致
    D. 数据库系统比文件系统能管理更多的数据

14. 下述关于数据库系统的正确叙述是_____。
    A. 数据库中只存在数据项之间的联系
    B. 数据库的数据项之间和记录之间都存在联系
    C. 数据库的数据项之间无联系,记录之间存在联系
    D. 数据库的数据项之间和记录之间都不存在联系
15. 相对于其他数据管理技术,数据库系统有_____、减少数据冗余、保持数据的一致性、_____和_____的特点。
    A. 数据独立性   B. 数据模块化   C. 数据结构化   D. 数据共享
    A. 数据结构化   B. 数据无独立性 C. 数据统一管理 D. 数据有独立性
    A. 使用专用文件   B. 不使用专用文件
    C. 数据没有安全与完整性保障 D. 数据有安全与完整性保障
16. 数据库技术中采用分级方法将数据库的结构划分成多个层次,是为了提高数据库的_____和_____。
    A. 数据独立性   B. 逻辑独立性   C. 管理规范性   D. 数据的共享
    A. 数据独立性   B. 物理独立性   C. 逻辑独立性   D. 管理规范性
17. 在数据库技术中,为提高数据库的逻辑独立性和物理独立性,数据库的结构被划分成用户级、_____和存储级3个层次。
    A. 管理员级   B. 外部级   C. 概念级   D. 内部级
18. 数据库是在计算机系统中按照一定的数据模型组织、存储和应用的_____,支持数据库各种操作的软件系统叫做_____,由计算机、操作系统、DBMS、数据库、应用程序及用户组成的一个整体叫做_____。
    A. 文件的集合   B. 数据的集合   C. 命令的集合   D. 程序的集合
    A. 命令系统   B. 数据库系统   C. 操作系统   D. 数据库管理系统
    A. 数据库系统   B. 数据库管理系统 C. 文件系统   D. 软件系统
19. 数据库(DB)、数据库系统(DBS)和数据库管理系统(DBMS)3者之间的关系是_____。
    A. DBS 包括 DB 和 DBMS   B. DBMS 包括 DB 和 DBS
    C. DB 包括 DBS 和 DBMS   D. DBS 就是 DB,也就是 DBMS
20. _____可以减少相同数据重复存储的现象。
    A. 记录   B. 字段   C. 文件   D. 数据库
21. 在数据库中,产生数据不一致的根本原因是_____。
    A. 数据存储量大   B. 没有严格保护数据
    C. 未对数据进行完整性控制   D. 数据冗余
22. 数据库管理系统(DBMS)是_____。
    A. 一个完整的数据库应用系统   B. 应用软件
    C. 一组软件   D. 既有硬件也有软件
23. 数据库管理系统(DBMS)是_____。
    A. 数学软件   B. 应用软件   C. 计算机辅助设计 D. 系统软件
24. 数据库管理系统(DBMS)的主要功能是_____。
    A. 个性数据库   B. 定义数据库
    C. 应用数据库   D. 保护数据库

25. 数据库管理系统的工作不包括_____。
    A. 定义数据库   B. 对已定义的数据库进行管理
    C. 为定义的数据库提供操作系统   D. 数据通信
26. 数据库管理系统中用于定义和描述数据库逻辑结构的语言称为_____。
    A. 数据库模式描述语言   B. 数据库子语言
    C. 数据操纵语言   D. 数据结构语言
27. _____是存储在计算机内的有结构的数据集合。
    A. 网络系统   B. 数据库系统   C. 操作系统   D. 数据库
28. 数据库系统的核心是_____。
    A. 编译系统   B. 数据库   C. 操作系统   D. 数据库管理系统
29. 数据库系统的特点是_____、数据独立、减少数据冗余、避免数据不一致和加强了数据保护。
    A. 数据共享   B. 数据存储   C. 数据应用   D. 数据保密
30. 数据库系统的最大特点是_____。
    A. 数据的三级抽象和二级独立性   B. 数据共享性
    C. 数据的结构化   D. 数据独立性
31. 数据库系统是由_____组成；而数据库应用系统是由_____组成。
    A. 数据库管理系统、应用程序系统、数据库   B. 数据库管理系统、数据库管理员、数据库
    C. 数据库系统、应用程序系统、用户   D. 数据库管理系统、数据库、用户
32. 数据的管理方法主要有_____。
    A. 批处理和文件系统   B. 文件系统和分布式系统
    C. 分布式系统和批处理   D. 数据库系统和文件系统
33. 数据库管理系统能实现对数据库中数据的查询、插入、修改和删除等操作,这种功能称为_____。
    A. 数据定义功能   B. 数据管理功能
    C. 数据操纵功能   D. 数据控制功能
34. 数据库管理系统是_____。
    A. 操作系统的一部分   B. 在操作系统支持下的系统软件
    C. 一种编译程序   D. 一种操作系统
35. 在数据库的三级模式结构中,描述数据库中全体数据的全局逻辑结构和特征的是_____。
    A. 外模式   B. 内模式   C. 存储模式   D. 模式
36. 数据库系统的数据独立性是指_____。
    A. 不会因为数据的变化而影响应用程序
    B. 不会因为系统数据存储结构与数据逻辑结构的变化而影响应用程序
    C. 不会因为存储策略的变化而影响存储结构
    D. 不会因为某些存储结构的变化而影响其他的存储结构
37. 为使程序员编程时既可使用数据库语言又可使用常规的程序设计语言,数据库系统需要把数据库语言嵌入到_____中。
    A. 编译程序   B. 操作系统   C. 中间语言   D. 宿主语言
38. 在数据库系统中,通常用三级模式来描述数据库,其中_____是用户与数据库的接口,

是应用程序可见到的数据描述。
   A. 外模式　　　　　B. 概念模式　　　　　C. 内模式　　　　　D. 逻辑结构
39. 应用数据库的主要目的是为了_____。
   A. 解决保密问题　　　　　　　　　B. 解决数据完整性问题
   C. 共享数据问题　　　　　　　　　D. 解决数据量大的问题
40. 实体是信息世界中的术语,与之对应的数据库术语为_____。
   A. 文件　　　　　　B. 数据库　　　　　C. 字段　　　　　　D. 记录
41. 层次型、网状型和关系型数据库划分原则是_____。
   A. 记录长度　　　　　　　　　　　B. 文件的大小
   C. 联系的复杂程度　　　　　　　　D. 数据之间的联系
42. 按照传统的数据模型分类,数据库系统可以分为3种类型：_____。
   A. 大型、中型和小型　　　　　　　B. 西文、中文和兼容
   C. 层次、网状和关系　　　　　　　D. 数据、图形和多媒体
43. 数据库的网状模型应满足的条件是_____。
   A. 允许一个以上的无双亲,也允许一个结点有多个双亲
   B. 必须有两个以上的结点
   C. 有且仅有一个结点无双亲,其余结点都只有一个双亲
   D. 每个结点有且仅有一个双亲
44. 在数据库的非关系模型中,基本层次联系是_____。
   A. 两个记录型以及它们之间的多对多联系
   B. 两个记录型以及它们之间的一对多联系
   C. 两个记录型之间的多对多的联系
   D. 两个记录之间的一对多的联系
45. 数据模型用来表示实体间的联系,但不同管理系统支持不同的数据模型。在常用的模型中,不包括_____。
   A. 网状模型　　　　B. 链状模型　　　　C. 层次模型　　　　D. 关系模型
46. 数据库可按照数据分成下面3种：
   (1) 对于上层的一个记录,有多个下层记录与之对应,对于下层的一个记录,只有一个上层记录与之对应,这是_____数据库。
   (2) 对于上层的一个记录,有多个下层记录与之对应,对于下层的一个记录,也有多个上层记录与之对应,这是_____数据库。
   (3) 不预先定义固定的数据结构,而是以"表"结构来表达数据之间的相互关系,这是_____数据库。
      A. 关系型　　　　　B. 集中型　　　　　C. 网状型　　　　　D. 层次型
      A. 关系型　　　　　B. 集中型　　　　　C. 网状型　　　　　D. 层次型
      A. 关系型　　　　　B. 集中型　　　　　C. 网状型　　　　　D. 层次型
47. 一个数据库系统必须能够表示实体和关系,关系可与_____实体有关。实体与实体之间的关系有一对一、一对多、多对多3种,其中_____不能描述多对多的联系。
   A. 0个　　　　　　B. 1个　　　　　　C. 2个或2个以上　　D. 1个或1个以上
   A. 关系模型　　　　B. 层次模型　　　　C. 网状模型　　　　D. 网状模型和层次模型

48. 按所使用的数据模型来分，数据库可分为_____3种模型。
    A. 层次、关系和网状　B. 网状、环状和链状　C. 大型、中型和小型　D. 独享、共享和分时
49. 通过指针链接来表示和实现实体之间联系的模型是_____。
    A. 关系模型　　　　B. 层次模型　　　　C. 网状模型　　　　D. 层次和网状模型
50. 层次模型不能直接表示_____。
    A. 1:1 关系户　　　B. 1:m 关系　　　　C. M:N 关系　　　　D. 1:1 和 1:M 关系
51. 关系数据模型_____。
    A. 只能表示实体间的 1:1 联系
    B. 只能表示实体间的 1:N 联系
    C. 只能表示实体间的 M:N 联系
    D. 可以表示实体间的上述 3 种联系
52. 在数据库设计中用关系模型来表示实体和实体之间的联系。关系模型的结构是_____。
    A. 层次结构　　　　B. 二维表结构　　　C. 网状结构　　　　D. 封装结构
53. 子模式是_____。
    A. 模式的副本　　　　　　　　　　　　B. 模式的逻辑子集
    C. 多个模式的集合　　　　　　　　　　D. 以上三者都对
54. 数据库三级模式体系结构的划分,有利于保持数据库的_____。
    A. 数据独立性　　　B. 数据安全性　　　C. 结构规范化　　　D. 操作可行性
55. 数据库技术的奠基人之一 E.F.Codd 从 1970 年起发表过多篇论文,主要论述的是_____。
    A. 层次数据模型　　　　　　　　　　　B. 网状数据模型
    C. 关系数据模型　　　　　　　　　　　D. 面向对象数据模型
56. 在 E-R 图中,用来表示实体联系的图形是_____。
    A. 椭圆形　　　　　B. 矩形　　　　　　C 菱形　　　　　　　D. 三角形
57. 数据库应用系统中的核心问题是_____。
    A. 数据库设计　　　　　　　　　　　　B. 数据库系统设计
    C. 数据库维护　　　　　　　　　　　　D. 数据库管理员培训
58. 在数据库设计中,将 E-R 图转换成关系数据模型的过程属于_____。
    A. 需求分析阶段　　　　　　　　　　　B. 概念设计阶段
    C. 逻辑设计阶段　　　　　　　　　　　D. 物理设计阶段
59. 下列叙述中正确的是_____。
    A. 为了建立一个关系,首先要构造数据的逻辑关系
    B. 表示关系的二维表中各元组的每一个分量还可以分成若干数据项
    C. 一个关系的属性名表称为关系模式
    D. 一个关系可以包括多个二维表
60. 下列叙述中错误的是_____。
    A. 在数据库系统中指的物理结构必须与逻辑结构一致
    B. 数据库技术的根本目标是解决数据共享问题
    C. 数据库技术是指已有数据管理系统的基础上建立数据库
    D. 数据库系统需要操作系统的支持
61. 下列模式中,能够给出数据库物理存储结构与物理存取方法的是_____。

A. 内模式　　　　B. 外模式　　　　C. 概念模式　　　　D. 逻辑模式
62. 数据流图用于抽象描述一个软件的逻辑模型,数据流图由一些特定的图符构成。下列图符名标志的图符不属于数据流图合法图符的是_____。
　　A. 控制流　　　　B. 加工　　　　C. 数据存储　　　　D. 源和潭
63. 关系表中的每一横行称为一个_____。
　　A. 元组　　　　B. 字段　　　　C. 属性　　　　D. 码
64. 数据库设计包括两个方面的设计内容,它们是_____。
　　A. 概念设计和逻辑设计　　　　B. 模式设计和内模式设计
　　C. 内模式设计和物理设计　　　　D. 结构特性设计和行为特性设计
65. 程序流程图(PFD)中的箭头代表的是_____。
　　A. 数据流　　　　B. 控制流　　　　C. 调用关系　　　　D. 组成关系
66. 用树形结构来表示实体之间联系的模型称为_____。
　　A. 关系模型　　　　B. 层次模型　　　　C. 网状模型　　　　D. 数据模型
67. 关系数据库管理系统能实现的专门关系运算包括_____。
　　A. 排序、索引、统计　　　　B. 选择、投影、连接
　　C. 关联、更新、排序　　　　D. 显示、打印、制表
68. 索引属于_____。
　　A. 模式　　　　B. 内模式　　　　C. 外模式　　　　D. 概念模式
69. 在关系数据库中,用来表示实体之间联系的是_____。
　　A. 树结构　　　　B. 网结构　　　　C. 线性表　　　　D. 二维表
70. 将E-R图转换到关系模式时,实体与联系都可以表示成_____。
　　A. 属性　　　　B. 关系　　　　C. 键　　　　D. 域
71. 按条件f对关系R进行选择,其关系代数表达式为_____。
　　A. R|X|R　　　　B. R|X|R　　　　C. $\sigma f(R)$　　　　D. $\Pi f(R)$
72. 数据库概念设计的过程中,视图设计一般有三种设计次序,以下各项中不对的是_____。
　　A. 自顶向下　　　　B. 由底向上　　　　C. 由内向外　　　　D. 由整体到局部
73. 在数据流图(DFD)中,带有名字的箭头表示_____。
　　A. 控制程序的执行顺序　　　　B. 模块之间的调用关系
　　C. 数据的流向　　　　D. 程序的组成成分
74. SQL语言又称为_____。
　　A. 结构化定义语言　　　　B. 结构化控制语言
　　C 结构化查询语言　　　　D. 结构化操纵语言
75. 视图设计一般有3种设计次序,下列不属于视图设计的是_____。
　　A. 自顶向下　　　　B. 由外向内　　　　C. 由内向外　　　　D. 自底向上
76. 下列有关数据库的描述,正确的是_____。
　　A. 数据库是一个DBF文件　　　　B. 数据库是一个关系
　　C. 数据库是一个结构化的数据集合　　　　D. 数据库是一组文件
77. 单个用户使用的数据视图的描述称为_____。
　　A. 外模式　　　　B. 概念模式　　　　C. 内模式　　　　D. 存储模式
78. 分布式数据库系统不具有的特点是_____。

A. 分布式 　　　　　　　　　　　　B. 数据冗余
C. 数据分布性和逻辑整体性 　　　　D. 位置透明性和复制透明性

79. 下列说法中,不属于数据模型所描述的内容的是_____。
A. 数据结构　　B. 数据操作　　C. 数据查询　　D. 数据约束

80. 数据库设计的根本目标是要解决_____。
A. 数据共享问题 　　　　　　B. 数据安全问题
C. 大量数据存储问题 　　　　D. 简化数据维护

81. 设有如下关系表:

R				S				T			
A	B	C		A	B	C		A	B	C	
1	1	2		3	1	3		1	1	2	
2	2	3						2	2	3	
								3	1	3	

则下列操作中正确的是_____。
A. T=R∩S　　B. T=R∪S　　C. T=R×S　　D. T=R/S

82. 数据库设计的4个阶段是:需求分析、概念设计、逻辑设计和_____。
A. 编码设计　　B. 测试阶段　　C. 运行阶段　　D. 物理设计

83. 设有如下3个关系表,下列操作中正确的是_____。

R		S			T		
A		B	C		A	B	C
m		1	3		m	1	3
n					n	1	3

A. T=R∩S　　B. T=R∪S　　C. T=R×S　　D. T=R/S

84. 下列叙述中正确的是_____。
A. 数据库系统是一个独立的系统,不需要操作系统的支持
B. 数据库技术的根本目标是要解决数据的共享问题
C. 数据库管理系统就是数据库系统
D. 以上3种说法都不对

85. 有三个关系R,S和T如下:

R				S				T		
B	C	D		B	C	D		B	C	D
a	0	k1		f	3	h2		a	0	k1
B	1	n1		a	0	k1				
				n	2	x1				

由关系R和S通过运算得到关系T,则所使用的运算为_____。
A. 并　　B. 自然连接　　C. 笛卡尔积　　D. 交

86. 设有表示学生选课的3张表,学生S(学号,姓名,性别,年龄,身份证号),课程(课号,课名),选课SC(学号,课号,成绩),则表SC的关键字(键或码)为_____。

A. 课号,成绩　　　B. 学号,成绩　　　C. 学号,课号　　　D. 学号,姓名,成绩

87. 一间宿舍可住多个学生,则实体宿舍和学生之间的联系是_____。
    A. 一对一　　　B. 一对多　　　C. 多对一　　　D. 多对多

88. 数据管理技术发展的3个阶段中,数据共享最好的是_____。
    A. 人工管理阶段　　　　　　B 文件系统阶段
    C. 数据库系统阶段　　　　　D. 3个阶段相同

89. 数据处理的最小单位是_____。
    A. 数据　　　B. 数据元素　　　C. 数据项　　　D. 数据结构

90. 数据独立性是数据库技术的重要特点之一,所谓数据独立性是指_____。
    A. 数据与程序独立存放
    B. 不同的数据被存放在不同的文件中
    C. 不同的数据只能被对应的应用程序所使用
    D. 以上3种说法都不对

91. 数据库的故障恢复一般是由_____。
    A. 数据流图完成的　　　　　B. 数据字典完成的
    C. DBA完成的　　　　　　　D. PAD图完成的

92. 实体是信息世界中广泛使用的一个术语,它用于表示_____。
    A. 有生命的事物　　　　　　B. 无生命的事物
    C. 实际存在的事物　　　　　D. 一切事物

93. "商品"与"顾客"两个实体集之间的联系一般是_____。
    A. 一对一　　　B. 一对多　　　C. 多对一　　　D. 多对多

94. 在关系数据库模型中,通常可以把_____称为属性,其值称为属性值。
    A. 记录　　　B. 基本表　　　C. 模式　　　D. 字段

95. 实体联系模型中实体与实体之间的联系不可能是_____。
    A. 一对一　　　B. 多对多　　　C. 一对多　　　D. 一对零

96. 关系数据库的数据及更新操作必须遵循_____等完整性规则。
    A. 实体完整性和参照完整性
    B. 参照完整性和用户定义的完整性
    C. 实体完整性和用户定义的完整性
    D. 实体完整性、参照完整性和用户定义的完整性

97. 在数据库管理系统提供的数据语言中,负责数据的查询及增、删、改等操作的是_____。
    A. 数据定义语言　　　　　　B. 数据转换语言
    C. 数据操纵语言　　　　　　D. 数据控制语言

98. 在下列关系运算中,不改变关系表中的属性个数但能减少元组个数的是_____。
    A. 并　　　B. 交　　　C. 投影　　　D. 笛卡儿乘积

99. 数据流图中带有箭头的线段表示的是_____。
    A. 控制流　　　B. 事件驱动　　　C. 模块调用　　　D. 数据流

100. 数据库管理系统中负责数据模式定义的语言是_____。
    A. 数据定义语言　　　　　　B. 数据管理语言
    C. 数据操纵语言　　　　　　D. 数据控制语言

101. 在学生管理的关系数据库中,存取一个学生信息的数据单位是_____。
    A. 文件   B. 数据库   C. 字段   D. 记录
102. 数据库设计中,用E-R图来描述信息结构但不涉及信息在计算机中的表示,它属于数据库设计的_____。
    A. 需求分析阶段   B. 逻辑设计阶段
    C. 概念设计阶段   D. 物理设计阶段
103. 一个工作人员可以使用多台计算机,而一台计算机可被多个人使用,则实体工作人员与实体计算机之间的联系是_____。
    A. 一对一   B. 一对多   C. 多对多   D. 多对一
104. 数据库设计中反映用户对数据要求的模式是_____。
    A. 内模式   B. 概念模式   C. 外模式   D. 设计模式
105. 负责数据库中查询操作的数据库语言是_____。
    A. 数据定义语言   B. 数据管理语言
    C. 数据操纵语言   D. 数据控制语言
106. 一个教师可讲授多门课程,一门课程可由多个教师讲授,则实体教师和课程间的联系是_____。
    A. 1∶1联系   B. 1∶m联系   C. m∶1联系   D. m∶n联系
107. 数据库系统的三级模式不包括_____。
    A. 概念模式   B. 内模式   C. 外模式   D. 数据模式
108. 公司中有多个部门和多名职员,每个职员只能属于一个部门,一个部门可以有多名职员。则实体部门和职员间的联系是_____。
    A. m:1联系   B. 1:m联系   C. 1:1联系   D. m:n联系
109. 在数据库系统中,通常用三级模式来描述数据库,其中_____是对数据整体的_____的描述。
    A. 外模式   B. 概念模式   C. 内模式
    D. 逻辑结构   E. 层次结构   F. 物理结构
110. 在数据库系统中,通常用三级模式来描述数据库,其中_____描述了数据的_____。
    A. 外模式   B. 概念模式   C. 内模式
    D. 逻辑结构   E. 层次结构   F. 物理结构

二、填空题
1. 关系操作的特点是_____操作。
2. 一个关系模式的定义格式为_____。
3. 一个关系模式的定义主要包括_____和_____。
4. 关系数据库中可命名的最小数据单位是_____。
5. 关系模式是关系的_____,相当于_____。
6. 在一个实体表示的信息中,称_____为关键字。
7. 关系代数运算中,传统的集合运算有_____、_____、_____和_____。
8. 关系代数运算中,基本的运算是_____、_____、_____、_____和_____。
9. 关系代数运算中,专门的关系运算有_____和_____。
10. 关系数据库中基于数学上两类运算是_____和_____。

11. 传统的集合"并、交、差"运算施加于两个关系时,这两个关系的_____必须相等,_____必须取自同一个域。
12. 关系代数中,从两个关系中找出相同元组的运算称为_____运算。
13. 已知系(系编号,系名称,系主任,电话,地点)和学生(学号,姓名,性别,入学日期,专业,系编号)两个关系,系关系的主关键字是_____。系关系的外关键字是_____,学生关系的主关键字是_____,外关键字是_____。
14. 如果一个工人可管理多个设施,而一个设施只被一个工人管理,则实体"工人"与实体"设备"之间存在_____联系。
15. 关系数据库管理系统能实现的专门关系运算包括选择、连接和_____。
16. 数据库系统的三级模式分别为_____模式,内部级模式与外部级模式。
17. _____是数据库应用的核心。
18. 关系模型的完整性规则是对关系的某种约束条件,包括实体完整性、_____和自定义完整性。
19. 数据模型按不同的应用层次分为3种类型,它们是_____数据模型、逻辑数据模型和物理数据模型。
20. 在面向对象的方法中,信息隐蔽是通过对象的_____性来实现的。
21. 数据流的类型有_____和事务型。
22. 数据库系统中实现各种数据管理功能的核心软件称为_____。
23. 关系模型的数据操纵即是建立在关系上的数据操纵,一般有_____、增加、删除和修改4种操作。
24. 数据库设计分为以下6个设计阶段:需求分析阶段、_____、逻辑设计阶段、物理设计阶段、实施阶段、运行和维护阶段。
25. 数据库保护分为安全性控制、_____、并发性控制和数据的恢复。
26. 数据库管理系统常见的数据模型有层次模型、网状模型和_____3种。
27. 数据模型所描述的内容有3个部分,它们是_____、_____与_____。
28. 在关系数据库中,把数据表示成二维表,每一个二维表称为_____。
29. 数据管理技术发展过程经过人工管理、文件系统和数据库系统3个阶段,其中数据独立性最高的阶段是_____。
30. 一个关系表的行称为_____。
31. 在E-R图中,矩形表示_____。
32. 数据独立性分为逻辑独立性与物理独立性。当数据的存储结构改变时,其逻辑结构可以不变,因此,基于逻辑结构的应用程序不必修改,称为_____。
33. 实体之间的联系可以归结为一对一联系、一对多(或多对多)的联系与多对多联系。如果一个学校有许多教师,而一个教师只归属于一个学校,则实体集学校与实体集教师之间的联系属于_____的联系。
34. 关键字ASC和DESC分别表示_____。
35. 关系数据库的关系演算语言是以_____为基础的DML语言。
36. _____是数据库设计的核心。
37. 在关系模型中,把数据看成一个二维表,每一个二维表称为一个_____。
38. 关系操作的特点是_____操作。

39. 数据库恢复是将数据库从_____状态恢复到某一已知的正确状态。
40. 数据的基本单位是_____。
41. 在数据库理论中,数据物理结构的改变,如存储设备的更换、物理存储的更换、存取方式等都不影响数据库的逻辑结构,从而不引起应用程序的变化,称为_____。
42. 数据的逻辑结构在计算机存储空间中的存放形式称为数据的_____。
43. 数据模型按不同的应用层次分为3种类型,它们是_____、数据模型、逻辑数据模型和物理数据模型。
44. 数据库管理系统是位于用户与_____之间的软件系统。
45. 数据库设计包括概念设计、_____和物理设计。
46. 在二维表中,元组的_____不能再分成更小的数据项。
47. 在关系数据库中,用来表示实体之间联系的是_____。
48. 在数据库管理系统提供的数据定义语言数据操纵语言和数据控制语言中,_____负责数据的模式定义与数据的物理存取构建。
49. 在数据库技术中,实体集之间的联系可以是一对一或一对多或多对多的,那么"学生"和"可选课程"的联系是_____。
50. 人员基本信息一般包括:身份证号、姓名、性别、年龄等。其中可以作为主关键字的是_____。
51. 实体完整性约束要求关系数据库中元组的_____属性值不能为空。
52. 在关系 A(S,SN,D)和关系 B(D,CN,NM)中,A 的主关键字是 S,B 的主关键字是 D,则称_____是关系 A 的外码。
53. 在进行关系数据的逻辑设计时,E-R 图中的属性常被转换为关系中的属性,联系通常被转换为_____。

参考答案

第1章章节测试

选择题

1. B 2. C 3. C 4. D 5. B 6. A 7. D 8. B 9. D 10. C 11. D 12. A 13. D
14. B 15. A 16. B 17. D 18. A 19. C 20. B 21. C 22. A 23. D 24. B 25. C
26. C 27. C 28. D 29. D 30. D 31. B 32. C 33. B 34. C 35. B 36. D 37. C
38. B 39. A 40. A 41. C 42. A 43. C 44. C 45. C 46. B 47. A 48. A 49. D
50. C 51. C 52. A 53. D 54. B 55. A 56. C 57. C 58. C 59. B 60. B 61. C
62. B 63. B 64. B 65. B 66. B 67. B 68. D 69. C 70. D 71. B 72. B 73. A
74. A 75. A 76. D 77. A 78. C 79. C 80. C 81. D 82. C 83. C 84. B 85. C
86. C 87. D 88. C 89. C 90. D 91. D 92. B 93. A 94. C 95. D 96. A 97. C
98. B 99. A 100. B 101. B 102. D 103. B 104. D

第2章章节测试

选择题

1. A 2. A 3. D 4. B 5. B 6. A 7. C 8. B 9. A 10. D 11. A 12. A 13. A
14. B 15. D 16. A 17. D 18. D 19. A 20. B 21. C 22. D 23. B 24. C 25. A
26. B 27. C 28. D 29. D 30. C 31. D 32. C 33. B 34. C 35. C 36. D 37. C
38. B 39. D 40. A 41. B 42. C 43. C 44. B 45. C 46. B 47. D 48. A 49. A
50. A 51. C 52. C 53. C 54. C 55. B 56. A 57. C 58. C 59. C 60. B 61. C
62. B 63. B 64. C 65. B 66. A 67. C 68. B 69. A 70. C 71. D 72. D 73. C
74. B 75. B 76. B 77. C 78. C 79. D 80. B 81. B 82. C 83. C 84. B 85. A
86. B 87. C 88. C 89. C 90. A 91. B 92. C 93. B 94. C 95. C 96. A 97. C
98. C 99. A 100. A

第3章章节测试

选择题

1. B 2. A 3. B 4. B 5. C 6. B 7. B 8. D 9. D 10. A 11. A 12. D 13. A
14. D 15. B 16. A 17. C 18. D 19. D 20. C 21. D 22. C 23. C 24. B 25. D

26. A 27. D 28. B 29. C 30. B 31. A 32. D 33. B 34. C 35. B

第 4 章章节测试

一、选择题

1. D 2. C 3. A 4. C 5. D 6. D 7. D 8. B 9. C 10. D 11. C 12. A 13. C
14. C 15. B 16. D 17. D 18. C 19. D 20. A 21. C 22. A 23. D 24. D 25. D
26. B 27. A 28. B 29. C 30. A 31. D 32. D 33. A 34. B 35. B 36. C 37. B
38. A 39. B 40. D 41. C 42. B 43. A 44. A 45. A 46. D 47. B 48. D 49. C
50. A 51. A 52. C 53. B 54. C 55. B 56. C 57. A 58. D 59. A 60. A 61. C
62. B 63. A 64. C 65. D 66. D 67. C 68. D 69. B 70. D 71. B

二、填空题

1. 有穷性 2. 空间 3. 空间复杂度和时间复杂度 4. 逻辑 5. 存储结构 6. 模式或逻辑模式或概念模式 7. 线性结构 8. 相邻 9. n−1 10. N 11. 顺序 12. 线性 13. ABCDEF4321 14. 15 15. 24 16. 29 17. 栈 18. 读栈顶元素或读栈顶的元素或读出栈顶元素 19. 20 20. 20 21. 1 D C B A 2 3 4 5 22. 6 23. 25 24. 14 25. 19 26. 16 27. 63 28. 25 29. 中序 30. DEBFCA 31. EDBGHFCA 32. DBXEAYFZC 33. ACBDFHGPE 34. n−1 35. 顺序 36. 45 37. n(n−1)/2 或 n*(n−1)/2 或 O(n(n−1)/2) 或 O(n*(n−1)/2) 38. O(nlog2n)

第 5 章章节测试

一、选择题

1. A 2. B 3. B 4. D 5. A 6. A 7. D 8. B 9. C 10. A 11. A 12. A 13. D 14. D
15. C 16. C 17. A 18. D

二、填空题

1. 封装 2. 实例 3. 继承 4. 循环 5. 功能性 6. 模块化 7. 实例 8. 可重用性 9. 类 10. 实体 11. 类 12. 对象

第 6 章章节测试

一、选择题

1. D 2. A 3. B 4. C 5. B 6. C 7. D 8. C 9. D 10. A 11. C 12. B 13. B
14. C 15. A 16. B 17. D 18. B 19. D 20. A 21. C 22. C 23. A 24. A 25. D
26. D 27. D 28. C 29. A 30. D 31. B 32. C 33. A 34. B 35. A 36. C 37. D
38. B 39. A 40. C 41. C 42. D 43. D 44. D 45. D 46. D 47. A 48. A 49. D
50. B 51. B 52. B 53. D 54. A 55. C 56. C 57. D 58. A 59. A 60. D 61. A

参考答案

62. D 63. D 64. B 65. A 66. C 67. C 68. B 69. B 70. C 71. D 72. B 73. C
74. A 75. B 76. D 77. D 78. A 79. C 80. D 81. D 82. C 83. C 84. A 85. C
86. A 87. C 88. D 89. C 90. A 91. C 92. C 93. C 94. B 95. A 96. A 97. B
98. A 99. C 100. D 101. A 102. D 103. D 104. A 105. A 106. B 107. B 108. A
109. D 110. D 111. A 112. C 113. C

二、填空题

1. 软件开发 2. 软件生命周期 3. 文档 4. 程序 5. 系统 6. 软件工具 7. 过程 8. 方法
9. 工具 10. 开发或软件开发 11. 软件工程 12. 软件危机 13. 系统软件 14. 组织管理
15. 质量 16. 测试 17. 数据存储 18. 变换型 19. 数据字典或DD 20. 需求获取 21. 无
歧义性 22. 需求分析 23. 面向对象方法 24. 结构化 25. 判断框 26. 数据流 27. 加工
28. 文件 29. 结构化设计 30. 概要 31. 数据结构 32. 数据结构 33. 封装 34. 模块
35. 低耦合高内聚 36. 自顶而下 37. 内聚 38. 3 39. 3 40. 黑盒 41. 输出结果 42. 有
效性测试 43. (预期)输出 44. 驱动模块 45. 静态分析(静态测试) 46. 黑盒测试 47. 白
盒 48. 边值分析法 49. 单元 50. 白盒 51. 黑盒 52. 单元(模块) 53. 白盒法 54. 功
能(或数据驱动) 55. 结构(或逻辑驱动)之 56. 调试 57. 回溯法惇 58. 程序调试 59. 调
试 60. 调试或程序调试或软件调式 61. 完善性

第7章章节测试

一、选择题

1. A 2. B 3. A 4. BBC 5. B 6. BAC 7. A 8. B 9. C 10. C 11. D 12. B 13. A
14. B 15. D D D 16. B 17. C 18. D 19. A 20. D 21. D 22. C
23. D 24. B 25. C 26. A 27. D 28. D 29. A 30. A 31. B C32. D 33. C 34. B
35. D 36. B 37. D 38. C 39. C 40. D 41. C 42. C 43. A 44. B 45. B 46. DCA
47. DB 48. A 49. D 50. C 51. D 52. C 53. B 54. A 55. C 56. C 57. A 58. 7
59. A 60. A 61. C 62. A 63. A 64. C 65. C 66. B 67. C 68. B 69. D 70. B
71. C 72. D 73. C 74. C 75. B 76. C 77. A 78. B 79. C 80. B 81. B 82. D
83. C 84. C 85. C 86. C 87. C 88. C 89. C 90. C 91. C 92. C 93. D 94. D
95. D 96. D97. C 98. B 99. D 100. A 101. D 102. C 103. C 104. C 105. C
106. D 107. D 108. B 109. BD 110. CF

二、填空题

1. 集合 2. 关系名(属性名1,属性名2…,属性名n) 3. 关系名、属性名、属性类型属性长度
—关键字 4. 属性名 5. 框架—记录格式 6. 能唯一标志实体的属性或属性组 7. 笛卡尔
积 并 交 差 8. 并 差 笛卡尔积 投影 选择 9. 选择 投影 连接 10. 关系代数
关系演算 11. 属性个数，相对应的属性值 12. 交 13. 系编号 无 学号 系编号
14. 一对多 或1∶N 或1∶n 15. 投影 16. 概念或概念级 17. 数据库设计 18. 参照完
整性 19. 概念 20. 封装惇 21. 变换型 22. 数据库管理系统或DBMS 23. 查询 24. 概
念设计阶段/数据库概念设计阶段惇 25. 完整性控制 26. 关系模型 27. 数据结构，数据
操作，数据约束 28. 关系或关系表 29. 数据库管理技术阶段 30. 记录/元组 31. 实体集

32. 物理独立性　33. 一对多　34. 升序排列和降序排列　35. 谓词演算　36. 数据模型　37. 关系　38. 集合操作　39. 错误　40. 数据元素　41. 物理独立性　42. 模式/逻辑模式/概念模式　43. 概念　44. 操作系统　45. 逻辑设计　46. 分量　47. 关系　48. 数据定义语言　49. 多对多　50. 身份证号　51. 主码　52. D　53. 关系